肉牛场盈利八招

ROUNIUCHANG
YINGLI
BAZHAO

魏刚才　李　凌　李世忠　主编

化学工业出版社
·北　京·

图书在版编目（CIP）数据

肉牛场盈利八招 / 魏刚才，李凌，李世忠主编 .—北京：化学工业出版社，2018.6
ISBN 978-7-122-31936-4

Ⅰ.①肉… Ⅱ.①魏… ②李… ③李… Ⅲ.①肉牛-饲养管理 Ⅳ.① S823.9

中国版本图书馆 CIP 数据核字 (2018) 第 073887 号

责任编辑：邵桂林　　文字编辑：焦欣渝
责任校对：王素芹　　装帧设计：张　辉

出版发行：化学工业出版社
（北京市东城区青年湖南街13号　邮政编码 100011）
印　　刷：北京京华铭诚工贸有限公司
装　　订：三河市瞰发装订厂
850mm×1168mm　1/32　印张10　字数250千字
2018年9月北京第1版第1次印刷

购书咨询：010-64518888（传真：010-64519686）　售后服务：010-64518899
网　　址：http：//www.cip.com.cn
凡购买本书，如有缺损质量问题，本社销售中心负责调换。

定　　价：39.80元

编写人员名单

主　　编　魏刚才　李　凌　李世忠

副 主 编　张　佩　朱凤霞　李　专　吕海坤

编写人员（按姓氏笔画排序）

吕海坤（濮阳市动物卫生监督所）

朱凤霞（驻马店市动物疫病预防控制中心）

李　专（焦作市中站区畜牧中心）

李　凌（温县动物疫病预防控制中心）

李世忠（正阳县动物卫生监督所）

杨　涛（河南农业职业学院）

杨书丽（温县动物卫生监督所）

张　佩（焦作市中站区畜产品质量安全监测中心）

董　霞（确山县动物卫生监督所）

杜海侠（新乡市疫病预防控制中心）

魏刚才（河南科技学院）

前　言

肉牛养殖业因具有产品质量好、产品种类多、饲料范围广、生态环保（可以充分利用各种农作物的副产品，减少对环境的污染）等特点，成为我国大力发展的一个产业。近年来，我国肉牛养殖业发展迅速，牛肉在肉类产品中的比例不断提高，肉牛养殖业在畜牧业中的比重逐渐增大，成为改变农业产业结构、促进农村经济发展和人们创业致富的一个好途径。但是，市场、技术和经营等问题经常影响着肉牛养殖业效益。不过，市场变化虽不是肉牛场能够完全掌控的，但如果肉牛场能够掌握市场变化规律，根据市场情况对生产计划进行必要调整，可以缓解市场变化对肉牛场的巨大冲击。另外，对于一个肉牛场来说，关键是要练好“内功”，即通过不断学习和应用新技术，加强经营管理，提高肉牛的生产性能，降低生产消耗，生产出更多更优质的产品，才能在剧烈的市场变化中处于不败之地。为此，编者组织有关人员编写了《肉牛场盈利八招》，结合生产实际，详细介绍了肉牛场盈利的关键养殖技术和经营管理知识，有利于提高肉牛场盈利能力。

本书从提高肉牛的繁殖率、注重肉牛的选购和运输管理、使肉牛长得更快、使肉牛更健康、尽量降低生产消耗、增加产品价值、注意细节管理、生产中常见问题处理八个方面进行了系统介绍。本书注重科学性、实用性、先进性，语言通俗易懂，适合于肉牛场（户）和养牛技术人员阅读。

由于笔者水平所限，书中难免存在不妥之处，恳请同行、专家和读者指正。

编者

2018 年 6 月

目　录

第八招 生产中常见问题处理

附录

参考文献

第一招 提高肉牛的繁殖率

【核心提示】

提高肉牛的繁殖率是增加养牛经济收入的重要手段。提高肉牛的繁殖率必须抓好品种选育，挑选优良种牛，掌握母牛繁殖规律，加强种牛的繁殖管理和饲养管理。

一、衡量肉牛繁殖率的指标

（一）受配率

一个地域牛的受配率是指1年内该地域（或群体）参与配种的母牛数占该区（群）内一切适繁母牛数的百分率。由此能够反映出该区（群）内繁殖母牛的发情、配种情况。受配率的计算公式为：

$$受配率=\frac{年内与配母牛数}{年内存栏适繁母牛数}\times 100\%$$

（二）受胎率

1. 总受胎率

一个年度内受胎母牛数占配种母牛数的百分率。总受胎率反映了牛群的受胎状况，能够权衡年度内的配种方案完成状况。

$$总受胎率=\frac{年内受胎母牛数}{年内配种母牛的总数}\times 100\%$$

2. 情期受胎率

在发情期，母牛配种后怀孕数占该期内与配母牛配种总数的百分比。

$$情期受胎率=\frac{受胎母牛数}{参加配种母牛总数}\times 100\%$$

以月统计的为月度情期受胎率，以年统计的为年度情期受胎率。

3. 第一次授精情期受胎率

第一次配种就受胎的母牛数占第一情期配种母牛总数的百分率。该指标可反映出公牛精液的授精能力及对母牛的繁殖管理水平。

$$第一次授精情期受胎率=\frac{第一次情期受胎母牛数}{第一情期配种母牛总数}\times 100\%$$

（三）不返情率

不返情率指受配后肯定限期内不再发情的母牛数占该限期内与配母牛总数的百分率。不返情率又分为 30 天、60 天、90 天及 120 天不返情率。限期越长，则该比率就越接近实际的受胎率（年）。

$$X天不返情率=\frac{配种X天后未再发情母牛数}{配种X天内受配母牛总数}\times 100\%$$

（四）配种指数

配种指数指母牛每次受胎平均所需的配种次数。若配种指数大于 2 则意味着配种工作没有做好。

$$配种指数=\frac{受胎母牛配种的总情期数}{怀胎母牛头数}\times100\%$$

（五）产犊率

成功产犊的母牛数占怀胎母牛数的百分率。

$$产犊率=\frac{产犊母牛数}{怀胎母牛总数}\times100\%$$

（六）产犊指数

产犊指数又称产犊间隔或平均胎间距，即母牛两次产犊间的时间间隔，以平均天数表示，是牛群繁殖力的综合指标之一。

$$产犊指数（产犊间隔）=\frac{每头牛的每两次产犊的间隔天数总和}{计算期内的总产犊间隔数}$$

（七）犊牛成活率

犊牛成活率指出生后 3 个月时成活的犊牛数占产活犊牛数的百分率。由此能够看出犊牛培养的成果。

$$犊牛成活率=\frac{生后3个月犊牛成活数}{总产活犊牛数}\times100\%$$

二、肉牛的繁殖管理

（一）肉牛的繁殖特性

1. 初情期

初情期是指母牛初次发情（公牛开始出现性行为）和排卵（公牛能够射出精子）的时间。动物初情期到来，虽然可以排卵（母牛）或产生精子（公牛），但性腺仍在继续发育，没有达到正常的繁殖力，母牛发情周期不正常，公牛精子产量很低。这个时候还不能进行繁殖利用。肉牛的初情期为 6 ～ 12 月龄，公牛略迟于母牛。由于品种、遗传、营养、气候和个体发育等因素，初情期的时间也有一定的差异。如瑞士褐牛公牛初情期平均为 264 天，海福特牛公牛则平均为 326 天。

公牛的初情期比较难判断，一般来说是指公牛能够第一次释放精子的时期。在这个时期，公牛常表现出嗅闻母牛外阴、爬跨其他牛、阴茎勃起、出现交配动作等多种性行为，但精子还不成熟，不具有配种能力。

2. 性成熟

性成熟就是指母牛卵巢能产生成熟的卵子、公牛睾丸能产生成熟的精子的现象，把这个时期牛的年龄（一般用月龄表示）叫做牛的性成熟期。性成熟期的早晚，因品种不同而有差异。培育品种的性成熟期比原始品种的早，公牛一般为 9 月龄，母牛一般为 8 ～ 14 月龄。秦川牛母牛性成熟年龄平均为 9.3 月龄，而公牛则在 12 月龄左右。性成熟并不是突然出现的，而是有一个延续若干时间的逐渐发展的过程。

3. 适配年龄

肉牛性成熟期配种虽能受胎，但因此期的肉牛尚未完全发育成熟，即未达到体成熟，势必影响母体及胎儿的生长发育和新生犊牛的存活，所以在生产中一般选择在性成熟后一定时期才开始配种，把适宜配种的年龄叫适配年龄。适配年龄的确定还应根据具体生长发育情况和使用目的而定，一般比性成熟期晚一些，在开始配种时的体重应达到其成年体重的 70%左右，体高达到 90%，胸围达到 80%。

公、母牛一般在 2 ～ 3 岁生长基本完成，可以开始配种。一

般牛的初配年龄：早熟种 16 ～ 18 月龄，中熟种 18 ～ 22 月龄，晚熟种 22 ～ 27 月龄；肉用品种母牛适配年龄在 16 ～ 18 月龄，公牛的适配年龄为 24 ～ 30 月龄。

4. 繁殖年限

繁殖年限指公牛用于配种的使用年限或母牛能繁殖后代的年限。公牛的繁殖年限一般为 5 ～ 6 年，7 岁以上的公牛性欲显著降低，精液品质下降，应该淘汰；母牛的繁殖年限一般在 13 ～ 15 岁（11 ～ 13 胎），老龄牛产奶性能下降，经济价值降低。

（二）母牛的发情与发情鉴定

1. 母牛的发情周期与排卵

（1）发情周期　母牛性活动表现为周期性。母牛出现第一次发情以后，其生殖器官及整个机体的生理状态有规律地发生一系列周期性变化，这种变化周而复始，一直到停止繁殖的年龄为止，这称之为发情的周期性变化。相邻两次发情的间隔时间为一个发情周期。成年母牛的发情周期平均为 21 天（18 ～ 25 天）；育成母牛的发情周期平均为 20 天（18 ～ 24 天）。根据母牛在发情周期中的生殖道和外部表现的变化，将一个发情周期分为发情期、发情后期、休情期和发情前期。

① 发情期。发情期也叫发情持续期，指从发情开始到发情结束的时期，一般为 18 小时（6 ～ 36 小时）。此期母牛表现为性冲动、兴奋、食欲减退等，详细描述见后文“2. 发情鉴定”。

② 发情后期。母牛由性冲动逐渐进入平静状态，表现安静，卵巢上出现黄体并逐渐发育成熟，孕酮分泌量逐渐增加，此期持续 3～4天，有90%的育成母牛和50%的成年母牛从阴道流出少量的血。

③ 休情期（间情期）。外观表现为相对生理静止时期，母牛的精神状态恢复正常，黄体由成熟到略微萎缩，孕酮的分泌量由增

长到逐渐下降，此期持续 12 ～ 15 天。

④ 发情前期。发情前期是下次发情的准备阶段。随着黄体的逐渐萎缩消失，新的卵泡开始发育，卵巢稍变大，雌激素含量开始增加，生殖器官开始充血，黏膜增生，子宫颈口稍有开放，但尚无性表现，此期持续 1 ～ 3 天。

（2）排卵时间　成熟的卵泡突出卵巢表面并破裂，卵母细胞、卵泡液及部分卵细胞一起排出，称为排卵。正确地估计排卵时间是保证适时输精的前提。在正常营养水平下，76%左右的母牛在发情开始后 21 ～ 35 小时或发情结束后 10 ～ 12 小时排卵。

（3）产后发情的出现时间　产后第 1 次发情距分娩的时间间隔平均为 63 天（40 ～ 110 天）。母牛在产犊后持续哺乳，会有相当数量的个体不发情。在营养水平低下时，通常会出现隔年产犊现象。

（4）发情季节　牛是常年、多周期发情动物，正常情况下，可以常年发情、配种。但由于营养和气候因素，我国北方地区，在冬季母牛很少发情。大部分母牛只是在牧草丰盛季节（6 ～ 9 月份），膘情恢复后，集中出现发情。这种非正常的生理反应可以通过提高饲养水平和改善环境条件来避免。

2. 发情鉴定

发情鉴定是通过综合的发情鉴定技术来判断母牛的发情阶段，确定最佳的配种时间，以便及时进行人工授精，达到用较少的输精次数和精液消耗量，最大限度地提高配种受胎率的目的。通过发情鉴定，不仅可以判断母牛是否发情以及发情所处的阶段，以便适时配种，提高母牛的受胎率，减少空怀率，而且可以判断母牛的发情是否异常，以便发现问题，及时预防，同时也可为妊娠诊断提供参考。

（1）外部观察法　母牛外表兴奋，举动不安；尤其在圈舍内表现得更为明显。经常哞叫，眼光锐利，感应刺激性提高；岔开

后腿，频频排尿；食欲减退，反刍的时间减少或停止，在运动场成群放牧时，常常爬跨其他牛，也接受其他牛爬跨。被爬跨的牛如发情，则站着不动，并举尾；如不是发情牛，则弓背逃走。发情牛爬跨其他牛时，阴门搐动并滴尿，具有与公牛交配的动作。其他牛常嗅发情牛的阴唇，发情母牛的背腰和尻部有被爬跨所留下的泥土、唾液，有时被毛蓬松不整，外阴部肿大充血，在尾上端阴门附近，可以看到黏液或分泌物的结痂，或有透明黏液在阴门流出。发情强烈的母牛，体温略有升高（升高 0.7 ～ 1℃）。

母牛的发情表现虽有一定的规律性，但由于内外因素的影响，有时表现不大明显或欠规律性，因此，在用外部观察法判断发情的同时，对于看似发情但又不能肯定的特征不太明显的母牛，可结合直肠检查法或其他方法进一步诊断。

（2）试情法　应用公牛或喜爱爬跨的母牛对母牛进行试情，根据母牛性欲反应以及爬跨情况来判断母牛的发情程度。此法简单易行，特别适用于群牧的繁殖牛群。为了清楚判断试情情况，需要给公牛或母牛安装特殊的颜料标记装置：一种是颌下钢球发情标志器，该装置由一个具有钢球活塞阀的球状染料库固定于一个扎实的皮革笼头上构成，染料库内装有一种有色染料，使用时，将此装置系在试情公牛的颌下，当它爬跨发情母牛的时候，活动阀门的钢球碰到母牛的背部，于是染料库内的染料流出，印在母牛的背上，根据此标志，便可得知该母牛发情，即被爬跨；另一种是卡马氏发情爬跨测定器，该装置是由一个装有白色染料的塑料胶囊构成，用时，先将母牛尾根上的皮毛洗净并梳刷，再将此鉴定器黏着于牛的尾根上。黏着时，注意塑料胶囊箭头要向前，不要压迫胶囊，以免引起其变红色。当母牛发情时，试情公牛爬于其上并施加压力于胶囊上，胶囊内的染料由白色变为红色，根据颜色变化程度来推测母牛接受爬跨的安定程度。

当然，除安装标记装置外，结合自己的实际情况，在没有以上装置时，也可以就简处理。例如，有的用粉笔涂擦于母牛的尾根上，如母牛发情时，公牛爬跨其上而将粉笔擦掉。有的将试情公牛的胸前涂以颜色，放在母牛群中，凡经爬跨过的发情母牛，可在尾部或背部留下标记。

（3）直肠检查法　一般正常发情的母牛外部表现明显，排卵有一定规律。但由于品种及个体间的差异，不同的发情母牛排卵时间可能提前或延迟。为了正确确定母牛发情时子宫和卵巢的变化，除进行试情及外部观察外，还需进行直肠检查。

操作方法如下：首先将被检母牛进行安全保定，一般可在保定架内进行，以确保人、畜安全；检查者要把指甲剪短磨光，洗净手臂并涂上润滑剂；术者先用手抚摸肛门，然后将五指并拢成锥状，以缓慢的旋转动作伸入肛门，掏出粪便；再将手伸入肛门，手掌展平，掌心向下，按压抚摸；在骨盆腔底部，可摸到一个长圆形质地较硬的棒状物，即为子宫颈；再向前摸，在正前方可摸到一个浅沟，即为角间沟；沟的两旁为向前下弯曲的两个子宫角，沿着子宫角大弯向下稍向外侧，可摸到卵巢；用手指检查其形状、粗细、大小、反应以及卵巢上卵泡的发育情况来判断母牛的发情。

发情母牛子宫颈稍大，较软。由于子宫黏膜水肿，子宫角也增大，子宫收缩反应比较明显，子宫角坚实；不发情母牛，子宫颈细而硬，而子宫较松弛，触摸不那么明显，收缩反应差。

大型、中型成年母牛的卵巢长3.5～4.0厘米，宽1.5～2.0厘米，高2.0～2.5厘米，成年母牛的卵巢较育成牛大。卵巢的表面有小突起，质地坚实。卵巢中的卵泡光而圆，发情时的最大直径，中型以上母牛为2.0～2.5厘米。实际上，卵泡埋于卵巢中，它的直径比所摸到的要大。发情初期卵泡直径为1.2～1.5厘米，其表面突出光滑，触摸时略有波动。在排卵前6～12小时，由于卵泡液的增多，卵泡紧张度增加，卵巢体积也有所增大。到卵泡破裂前，其质地柔软，波动明显。排卵后，原卵泡处有不光滑的

小凹陷，以后就形成黄体。

母牛在发情的不同时期，卵巢上卵泡的发育表现出不同的变化规律。卵泡发育一般分为五个时期，见表 1-1。

表 1-1 母牛在发情的不同时期卵泡发育变化规律

时期	变化规律
Ⅰ（卵泡出现期）	卵巢稍增大，卵泡直径为 0.5 ～ 0.75 厘米，触诊时为软化点，波动不明显。母牛在这时已开始出现发情
Ⅱ（卵泡发育期）	卵泡增大到 1 ～ 1.5 厘米，呈小球状，波动明显。此期母牛发情的外部表现为明显—强烈—减弱—消失过程，全期 10 ～ 12 小时
Ⅲ（卵泡成熟期）	卵泡大小不再增大，卵泡壁变薄，弹性增强，触摸时有一压就破的感觉，此期 6 ～ 8 小时。这时，发情表现完全消失
Ⅳ（排卵期）	卵泡破裂，排卵，泡液流失，泡壁变为松软，成为一个小的凹陷
Ⅴ（黄体形成期）	排卵 6 小时后，原来卵泡破裂处，可摸到一个柔软的肉样突体，这是黄体。以后黄体呈不大的面团块突出于卵巢表面

直肠检查时，要注意卵泡与黄体的区别。卵泡的成长过程是进行性变化，由小到大，由硬到软，由无波动到有波动，由无弹性到有弹性；而黄体则是退行性变化，发育时较大、较软，到退化时愈来愈小，愈来愈硬。正常的卵泡光滑，与卵巢连接处无界限，而黄体像一个条状突起，突出于卵巢表面，与卵巢连接处有明显的界限。

（4）阴道检查法　是用开膣器打开母牛阴道，观察阴道黏膜的颜色和湿润程度来判断母牛发情与否的一种方法。发情母牛阴道黏膜充血潮红，表面光滑湿润，子宫颈外口充血，松弛，柔软开张，排出大量的透明黏液，呈很长的黏液线垂于阴门之外，不易扯断。发情初期黏液较稀薄，随着发情时间的推移，逐渐变稠，量也由少变多；到发情后期，黏液量逐渐减少且黏性差。不发情的母牛阴道黏膜苍白，干燥，子宫颈口紧闭。

操作的具体方法：保定好待检母牛，尾巴用绳子拴向一边，外阴用0.1%新洁尔灭清洗消毒后用干净纱布揩干。把消毒过的开膣器轻轻插入母牛阴道，打开开膣器后，通过反光镜或手电筒光线检查阴道变化。应特别注意阴道黏膜的色泽及湿润程度，子宫颈部的颜色和形状，黏液的量、黏度和气味，以及子宫颈管开张程度。在整个操作过程中，消毒要严格，操作要仔细，防止粗暴。

（5）激素测定法　母牛在发情时，孕酮水平降低，雌激素水平升高。应用酶免疫测定技术或放射免疫测定技术测定血液、奶样或尿中雌激素或孕激素水平，便可进行发情鉴定。目前，国外已有十余种发情鉴定或妊娠诊断用酶免疫测定试剂盒供应市场，操作时只需按说明书介绍加适量的受检牛血样、奶样或尿样以及其他试剂，根据反应液颜色可方便地得出发情鉴定结果。

（6）抹片法　对发情牛的子宫颈黏液进行抹片镜检，呈羊齿植物状结晶花纹，花纹较典型，长而整齐，并且保持时间较久，达数小时以上，其他杂质如白细胞、上皮细胞等很少，这是发情盛期的表现。如结晶结构较短，呈现金鱼藻或星芒状，且保持时间较短，白细胞较多，这是进入发情末期的标志。因此，根据子宫颈黏液抹片的结晶状态及其保持时间的长短可判断发情的时期，但并非完全可靠。

3. 异常发情

母牛异常发情多见于初情期后、性成熟前以及繁殖季节开始阶段，也有因营养不良、内分泌失调、疾病以及环境温度突然变化等引起的异常发情。常见有以下几种：

（1）隐性发情　这种发情外部特征不明显，难以看出，但卵巢上的卵泡正常发育成熟而排卵。母牛产后第1次发情，年老体弱的母牛或营养状况差时易发生隐性发情。在生产实践中，当发现母牛连续2次发情之间的间隔相当于正常发情间隔的2～3倍，即可怀疑中间有隐性发情。

（2）短促发情　由于发育的卵泡迅速成熟并破裂排卵，也可能卵泡突然停止发育或发育受阻而缩短了发情期。如不注意观察，就极容易错过配种期。此种现象与炎热气候有关，多发生在夏季，也与卵泡发育停止或发育受阻有关。年老体弱的母牛或初次发情的青年牛易发生。

（3）假发情　假发情母牛只有外部发情特征明显，但卵巢上无卵泡发育且不排卵，又分为两种情况：一种是母牛怀孕后又出现爬跨其他牛的现象，而阴道检查发现子宫颈口不开张，无松弛和充血现象，无发情分泌物，直肠检查能摸到子宫增大和胎儿等特征；另一种是患有卵巢机能失调或子宫内膜炎的母牛，也常出现假发情。

（4）持续发情　持续发情是指发情频繁而没有规律性。发情时间超过正常发情周期或明显短于正常发情周期。主要是排卵不规律、生殖激素分泌紊乱所致，又分两种情况：一种情况是由卵巢囊肿而引起，这种母牛有明显发情表现，卵巢上有卵泡发育，但迟迟不成熟，不能排卵，而且继续增大、肿胀，甚至造成整个卵巢囊肿，充满卵泡液，由于卵泡过量分泌雌激素而使母牛持续发情；另一种情况是卵泡交替发育，左右 2 个卵巢交替出现卵泡发育，交替产生大量雌激素而使母牛持续发情。持续发情时发情持续期延长，有的母牛可以长达 3 天以上。

（5）不发情　不发情母牛不发情原因很多，有些是营养不良或气候因素影响，有些是母牛生殖器官先天性缺陷，有些是母牛卵巢、子宫疾病或其他疾病引起。此外，产后哺乳期母牛一般发情较迟，对不发情母牛应该仔细检查，从加强饲养管理和治疗疾病两方面采取措施。

4. 影响母牛发情的因素

影响母牛发情的因素见表 1-2。

表 1-2　影响母牛发情的因素

因素	内容
自然因素	牛一年四季均可发情，但发情持续时间的长短受到气候因素的影响。高温季节，母牛发情持续期明显比其他季节短
营养水平	营养水平对于牛的初情期和发情影响很大。自然环境对牛发情持续期的影响，从某种程度上来说是由营养水平变化导致的。一般情况下，良好的饲养水平可增加牛的生长速度，提早牛的体成熟，也可加强牛的发情表现。但营养水平过高，牛过肥会导致发情特征不明显或间情期长
饲草种类	在牛采食的饲料中，有些植物可能有某种物质，影响牛的初情期和经产牛的再发情。如豆科牧草中含有一种植物雌激素，当母牛长期采食豆科牧草，母牛流产率增高，乳房及乳头发达，导致牛繁殖力降低
饲养管理	牛产前、产后分别饲喂低、高能饲料可以缩短第一次发情间隔。如果产前喂以足够的能量而产后喂以低能量，则第一次发情间隔延长，有一部分牛在产犊后长时间内不发情。同时尽可能采取提早断奶法，让母牛提前发情

（三）母牛的配种时间和方法

1. 配种时间

母牛适宜输精时间在发情开始后 9 ～ 24 小时，两次输精间隔 8 ～ 12 小时。因为通常母牛发情持续期 18 小时，母牛在发情结束后 10 ～ 15 小时排卵，卵子存活时间 6 ～ 12 小时，卵子到受精部位需 6 小时，精子进入受精部位 0.25 ～ 4 小时，精子在生殖道内保持受精能力 24 ～ 50 小时，精子获能时间需 20 小时。

母牛多在夜间排卵，生产中应夜间输精或清晨输精，避免气温高时输精，尤其在夏季，以提高受胎率。老、弱母牛发情持续期短，配种时间应适当提前。

母牛产后第 1 次发情一般在 40 天左右或 40 天以上，与营养状况有很大关系。一般产后第 2 ～ 4 个发情期（即产犊后 60 ～ 100 天）配种，易受胎，应抓住时机及时配种。

2. 配种方法

配种方法有自然交配和人工授精。

（1）自然交配　自然交配又称本交，指公、母牛之间直接交配，这种方法公牛的利用率低，购牛价高，饲养管理成本也高，且易传染疾病，生产上不宜采用。随着科技的发展，自然交配已被人工授精替代。

（2）人工授精　在我国大面积开展黄牛改良的工作中，母牛的人工授精技术已成为养牛业的现代、科学繁殖技术，并且已在全国范围内广泛推广应用。人工授精技术是人工采集公牛精液，经质量检查并稀释、处理和冷冻后，再用输精器将精液输入母牛的生殖道内，使母牛在排出的卵子受精后妊娠，最终产下牛犊。人工授精技术的应用，提高了优良公牛的配种效率（一头公牛可配6000～12000头母牛），加速了母牛育种工作进程和繁殖改良速度（使用优质肉公牛可以生产出优良的后代），提高了配种母牛的受胎率，避免了生殖器官直接接触造成的疾病传播。

（四）牛的人工授精操作

1. 采精

只有认真做好采精前的准备，正确掌握采精技术，科学安排采精频率，才能获得量多质优的精液。

（1）采精前的准备

① 采精场地准备。采精要有一定的采精环境，以便使公牛建立起巩固的条件反射，同时防止精液污染。采精场地应选择或建立在宽敞、平坦、安静、清洁的房子中，不论什么季节或天气均可照常进行采精，温度易控制。采精室应明亮、清洁、地面平坦防滑，宜采用水泥地面，并铺设防滑垫，室内设有采精架以保定台牛或设立假台牛，供公牛爬跨进行采精。室内采精场地的尺寸一般为10米×10米，并附设喷洒消毒和紫外线照射杀菌设备。

② 假阴道准备。假阴道是一筒状结构，主要由外壳、内胎和

集精杯三部分组成。外壳为一硬橡胶圆筒，上有注水孔；内胎为弹性强、薄而柔软无毒的橡胶筒，装在外壳内，构成假阴道内壁；集精杯由暗色玻璃或塑料制成，装在假阴道的一端。外壳和内胎之间可装温水并吹入空气，以保持适宜的温度（38 ～ 40℃）和压力。

用前进行检查、安装，保温（37 ～ 40℃）备用。假阴道安装步骤如下：首先安装内胎及消毒。将内胎放入外壳，使露出两端的内胎长短相等，翻转在外壳上，以胶圈固定。用 65%～ 70%的酒精，按照先集精瓶端后阴茎入口的顺序擦拭。在采精前，用生理盐水冲洗，最后装上集精杯。然后注水。将假阴道直立，水面达到中心注水孔即可，采精时内胎温度应达到 40℃。再涂润滑剂。润滑剂多用灭菌的白凡士林，早春或冬季可用 2 ∶ 1 的白凡士林与液体石蜡的混合剂，涂抹深度约为假阴道全长的 1/2。最后调节压力。从活塞注入空气，使假阴道入口闭合为放射状三条缝时才算适度。

假阴道每次使用后应清洗干净，并用 75％酒精或紫外线灯进行消毒。对于玻璃及金属器械，有条件的地方可用高压灭菌锅消毒。

③ 台牛准备。台牛可用发情母牛、去势公牛。采精前，台牛臀部、外阴部和尾部必须消毒，顺序是：先用 2%来苏尔液擦拭，然后用净水冲洗，擦干。采精时，台牛要固定在采精架内，保持周围环境安静。

用假台牛采精则更为方便且安全可靠。假台牛可用木材或金属材料制成，要求大小适宜，坚实牢固，表面柔软干净，用牛皮伪装。用假台牛采精，应先对公牛进行调教，使其建立条件反射。

④ 种公牛准备。平时种公牛的饲养管理要良好。采精前用温水对种公牛阴茎、龟头和下腹部进行冲洗并消毒。若阴茎周围有长毛，应进行修剪。

⑤ 采精人员准备。采精人员应技术熟练，要相对固定，从而熟悉种公牛的个体习性，使种公牛射精充分。

（2）采精技术　一种理想的采精方法，应具备下列四个条件：可以全部收集公牛一次射出的精液；不影响精液品质；公牛生殖器官和性机能不会受到损伤或影响；器械用具简单，使用方便。公牛多采用假阴道法采精。假阴道法是利用模拟母牛阴道环境条件的人工阴道，诱导公牛射精而采集精液的方法。

采精员站于台牛的右后侧，公牛爬跨时，采精员右手持假阴道与地面成 30 度角固定在台牛臀部，左手握公牛包皮，将阴茎导入假阴道，让其自然插入射精，射精后随公牛下落，让阴茎慢慢回缩自动脱出。采精前可使公牛空爬 1 次或 2 次。

利用假台牛采精时，最好是将假阴道安放到假台牛后躯内，种公牛爬跨假台牛而在假阴道内射精，这是一种比较安全而简单的方法。但实践中常采用手持假阴道采精法。采精时将公牛引至台牛后面，采精员站在台牛后部右侧，右手握持备好的假阴道，当公牛爬跨台牛而阴茎未触及台牛时，迅速将阴茎导入假阴道（呈 35 度左右的角度）内即可射精。射精后，将假阴道的集精杯端向下倾斜，随公牛下落，让阴茎慢慢回缩自动脱出；阴茎脱出后，将假阴道直立、放气、放水，送化验室对精液进行检查，确认合格后稀释。

值得注意的是，公牛对假阴道的温度比压力更为灵敏，因此温度要更准确。而且公牛的阴茎非常敏感，在向假阴道内导入阴茎时，只能用掌心托着包皮，切勿用手直接抓握伸出的阴茎。同时，牛交配时间短促，只有数秒钟，当公牛向前一冲后即行射精。因此，采精动作力求迅速、敏捷、准确，并防止阴茎突然弯折而损伤。

（3）采精频率　采精频率是指每周对公牛的采精次数。为了既最大限度地采集公牛精液，又维持其健康体况和正常生殖机能，必须合理安排采精频率。1 头种公牛 1 周内采精次数在 2 ～ 3 次，或 1 周采 1 次，但须连续采取 2 个批次射精量。对于科学饲养管理的体壮公牛，每周采精 6 次不会影响其繁殖力。青年公牛采精次数应酌减。随意增加采精次数，不仅会降低精液品质，而且会造成公牛生殖机能减弱和体质衰弱等不良后果。

2. 精液品质检查

通过精液品质的检查，可断定精液品质的优劣以及在稀释保存过程中精液品质的变化情况，以便决定能否用于输精或冷冻。精液品质检查主要项目如下：

（1）外观和精液量　牛精液正常颜色呈乳白色或乳黄色，精液量一般为 3 ～ 10 毫升。刚采下的牛精液密度大，精子运动翻滚如云，俗称“云雾状”，云雾状越显著，表明牛精子活力、密度越好。

（2）精子密度　测定精子密度的简单方法是，取 1 滴新鲜精液在显微镜下观察。通常将精子密度分为密（精子之间没有什么空隙，精子之间距离小于 1 个精子长度）、中（精子之间有一定空隙，其距离大约等于 1 个精子的长度）、稀（精子之间距离较大，大于 1 个精子的长度）三个等级。

另一种较精确的方法是，用血细胞计数板来计算精子数，以确定精子密度。牛每毫升精液中含精子数 12 亿个以上为密，8 亿～ 12 亿个为中，8 亿个以下为稀。

还有一种较好的方法，是利用光电比色计，根据精子浓度越大透光性越差的特点，与标准管进行比较，能迅速准确地测出精子浓度。

（3）精子活率　评定精子活率有两种方法。第一种是评分法，用直线前进运动的精子占总精子数的百分比来表示。方法是，在 38 ～ 40℃以下，用 400 倍显微镜进行观察，直线前进运动的精子

占精子数90%的为0.9，80%的为0.8，以此类推。牛新鲜精液活率在0.4以下，冷冻精液在0.3以上才能用以授精。第二种是精子染色法，方法是，用苯胺黑、伊红作染料，活精子不着色，死精子着色，据此计算死、活精子的百分比。

（4）精子形态检查　精子形态正常与否与受精率有密切关系。畸形精子和顶体异常精子都无受精能力，畸形精子过多则受精能力降低，死胎怪胎增多。

① 畸形率。畸形率指精液中畸形精子所占的比例。凡是形态不正常的精子均为畸形精子，如无头、无尾、双头、双尾、头大、头小、尾部弯曲等。这些畸形精子都无授精能力，检查方法是将精液1滴放于载玻片的一端，用另一边缘整齐的盖玻片呈30～60度角把精液推成均匀的抹片。待干燥后，用0.5%龙胆紫酒精溶液染色2～3分钟，用水冲洗。干燥后，在400倍以上高倍显微镜下计数500个精子；计算畸形精子百分率。牛正常精液畸形率不得超过18%。

② 顶体异常率。正常精子的顶体内含有多种与授精有关的酶类，在授精过程中起着重要作用。顶体异常的精子失去授精能力。顶体异常一般表现有膨胀、缺损、部分脱落、全部脱落等情况。顶体异常发生的原因可能与精子生成过程不正常或副性腺分泌物异常有关，尤其射出的精子遭受低温打击和冷冻伤害所致。正常情况下，牛的顶体异常率不超过6%。

3. 精液的稀释和保存

精液稀释后，扩大了精液量，提高了优良种公牛的利用率。如1次采出4～6毫升精液，按原精液进行输精，1头母牛的输精量为1毫升，只能输4～6头母牛。稀释后可以输50～160头母牛。稀释液中含有营养物质和缓冲物质，可以补充营养及中和精子代谢产物，防止精子受低温打击，延长精子存活时间。

（1）稀释液配制原则和稀释比例　配制稀释液原则上是现用现配。如隔日使用和短期保存（1 周），必须严格灭菌、密封，放在 0 ～ 5℃冰箱中保存，但卵黄、抗生素、酶类、激素等物质，必须在使用前添加。配制稀释液用水应为新鲜的蒸馏水或重蒸水。最好用分析纯药品，称量药品必须准确，充分溶解、过滤、消毒。所用的卵黄应来自新鲜鸡蛋。所有配制用品都必须认真清洗和严格消毒，抗生素和卵黄等必须在稀释液冷却后加入。

精液稀释比例主要按采得精液的精子密度和活率确定，以保证解冻后每个输精剂量所含的直线前进的精子数不低于标准要求。牛的精液一般稀释比例为 1 ：（10 ～ 40）；精子密度在 25 亿以上的精液可以 1 ：（40 ～ 50）稀释。

（2）精液稀释方法　精液在稀释前首先检查其活率和密度，然后确定稀释倍数。将精液与稀释液同时置于 30℃左右的恒温箱或水浴锅内，进行短暂的同温处理。稀释时，将稀释液沿器皿壁缓慢加入，并轻轻摇动，使之混合均匀。如做高倍稀释（20 倍以上）时，分两步进行，先加入稀释液总量的 1/3 ～ 1/2，混合均匀后再加入剩余的稀释液。稀释完毕后，再进行活率、密度检查，如活率与稀释前一样，则可进行分装、保存。

（3）精液的常温保存　常温保存的温度一般是 15 ～ 25℃。春、秋季可放置在室内，夏季也可置于地窖或用空调控制的房间内，故又称室温保存或变温保存。牛精液常温保存稀释液配方见表 1-3。

表 1-3　牛精液常温保存稀释液配方

原料	伊利尼变温稀释液①	康乃尔大学稀释液	乙酸稀释液②
基础液			
碳酸氢钠 / 克	0.21	0.21	
二水柠檬酸钠 / 克	2	1.46	2
氯化钾 / 克	0.04	0.04	
磺乙酰胺钠 / 克			0.0125

续表

原料	伊利尼变温稀释液①	康乃尔大学稀释液	乙酸稀释液②
葡萄糖 / 克	0.3	0.3	0.3
氨基乙酸 / 克		0.937	1
氨苯磺胺 / 克	0.3	0.3	
甘油 / 毫升			1.25
蒸馏水 / 毫升	100	100	100
稀释液			
基础液（体积分数）/ %	90	80	79
2.5%乙酸（体积分数）/%			1
卵黄（体积分数）/%	10	20	20
青霉素 /（国际单位 / 毫升）	1000	1000	1000
双氢链霉素 /（微克 / 毫升）	1000	1000	
硫酸链霉素 /（微克 / 毫升）			1200
氯霉素 /%			0.0005

① 充二氧化碳 20 分钟，使 pH 值调至 6.35。

② 稀释液配好后充氮 20 分钟。

（4）精液的低温保存　低温保存的温度是 0 ～ 5℃。一般将稀释好的精液置于冰箱或广口保温瓶中，在保存期间要保持温度恒定，不可过高或过低。操作时注意严格遵守逐步降温的操作规程，防止低温打击（冷休克）。具体操作方法是先将装入稀释后精液的容器用数层纱布或药棉包裹好，然后置于 0 ～ 5℃的低温环境中。牛精液低温保存常用稀释液配方见表 1-4。

表 1-4　牛精液低温保存常用稀释液配方

原料	葡 - 柠 - 卵液	葡 - 氨 - 卵液	葡 - 柠 - 奶 - 卵液
基础液			
二水柠檬酸钠 / 克	1.40		1.00
奶粉 / 克			3.00
葡萄糖 / 克	3.00	5.00	2.00
氨基乙酸 / 克		4.00	
蒸馏水 / 毫升	100	100	1000

续表

原料	葡-柠-卵液	葡-氨-卵液	葡-柠-奶-卵液
稀释液			
基础液（体积分数）/%	80	70	80
卵黄（体积分数）/%	20	30	20
青霉素/（国际单位/毫升）	1000	1000	1000
双氢链霉素/（微克/毫升）	1000	1000	1000

（5）冷冻精液的制作和保存

① 鲜精要求。将新鲜的精液置于30℃环境中，迅速准确检查每头种公牛精液品质。其品质优劣与冷冻效果密切相关，牛冷冻精液国家标准要求鲜精，精子活率（下限）65%，精子密度（下限）8亿/毫升，精子畸形率（上限）15%。

② 精液稀释。牛精液冷冻保存稀释液见表1-5。

表1-5　牛精液冷冻保存稀释液

细管冻精稀释液	基础液：2.9%柠檬酸钠溶液100.0毫升，卵黄10.0毫升 稀释液：取基础液41.75毫升，加果糖2.5克，甘油7.0毫升
	脱脂牛奶83.0毫升，卵黄20.0毫升，甘油7.0毫升
颗粒冻精稀释液	12.0%蔗糖溶液75.0毫升，卵黄20.0毫升，甘油5.0毫升
	2.9%柠檬酸钠溶液73.0毫升，卵黄20.0毫升，甘油7.0毫升

注：所有稀释液每100毫升中添加青霉素、链霉素至少各5万～10万国际单位，现配现用。配方中所用试剂应为化学纯试剂，水用双蒸水。

冷冻前的精液稀释方法见表1-6。

表1-6　冷冻前的精液稀释方法

1次稀释法	按常规稀释精液的要求，将精液冷冻保存稀释液按比例1次加入
2次稀释法	效果较好，但操作较为烦琐，常用于细管冷冻精液。2次稀释法的处理，一般将采集的精液先用不含甘油的基础液稀释至最终稀释倍数的1/2，经1小时缓慢降温至5℃，然后再用含甘油的基础液在同温下做等量的第2次稀释。加入稀释液时可采用1次或多次加入或缓慢滴入等方法。经稀释的精液应取样检测其精子活率，要求不应低于原精的精子活率

③ 精液分装。目前冷冻精液的分装，一般采用颗粒、细管两种方法（亦称剂型）。颗粒剂型是将处理好的稀释精液直接进行降温平衡，不必分装；细管剂型目前多采用0.25毫升、0.5毫升耐冻

无毒塑料细管，有些大型种公牛站多采用自动细管冻精分装装置一次完成灌封、标记。对细管精液进行标记可用喷墨印刷机在塑料细管上印字和采用不同颜色的塑料细管来完成。

④ 降温和平衡。为了使精子免受低温打击造成的损害，采用缓慢降温的冻前处理，即将稀释后精液由30℃以上温度，经1小时缓慢降温至3～5℃，具体降温处理方法：可将盛装稀释精液的试管封好管口，置于30℃水温的烧杯内，一起送至冰箱内；或盛装精液的试管或细管用6～8层纱布或毛巾包裹好放入冰箱内，使精液在冰箱内3～5℃环境中进行降温、平衡。

平衡是指将经缓慢降温后的精液放在一定的温度下预冷，经过一定时间，平衡处理后的精液可增强冻结效果，其机理尚不清楚。一般平衡温度为3～5℃，降温、平衡时间3～4小时。

⑤ 冷冻。一般是将液氮盛于广口保温瓶或广口液氮容器内，在液面上约1厘米处，悬置一个铜纱网或其他冻精器材。利用液氮蒸发的冷气（其温度维持为1～11℃）冷却冻精器材和冻结经平衡的精液，制作冷冻精液，冷冻过程中的降温速率，通过调节精液与液氮面的距离和时间来加以控制。冷冻操作过程见表1-7。

表1-7　精液冷冻操作

细管精液冷冻	将经平衡的细管精液平铺摆放在纱网上，停留5～10分钟冻结，最后将合格的冻精移入液氮内储存。目前国内大型种公牛站使用电脑程序控制降温速冻装置，将经平衡的细管精液摆在排放细管架上，放于低温操作柜中，由电脑程序自动控制精液的降温速度，具有很好的冷冻效果
颗粒精液冷冻	先将灭菌的铜纱网（或灭菌铝饭盒盖）悬置于液氮液面上一定距离，使之冷却并维持在－110～－80℃，或者用经液氮浸泡5分钟冷却的灭菌聚四氟乙烯塑料凹板，漂浮于液面上。然后迅速将平衡后的精液按剂量整齐地滴于网（板）上，停留5分钟熏蒸冻结，当精液颜色变白时浸入液氮内。最后将镜检合格的颗粒冻精，收集在有标记（品种、种牛号、精液数量、生产日期、精液品质等）的灭菌纱布袋内，每一包装50粒或100粒，移入液氮内保存。在制作冷冻精液过程中，动作要快而准，严格控制好精液冻结的降温速率，以求达到最佳的冻结效果。此外，每冻一批冷冻精液，必须随机取样检验，只有合格的冷冻精液才能长期储存

⑥ 冷冻精液的保存。制作的冷冻精液，要存放于盛有液氮的液氮罐内保存和运输。液氮的温度为－196℃，精子在这样低的温度下，完全停止运动和新陈代谢活动，处于几乎不消耗能量的休眠状态，从而达到长期保存的目的。

技术人员将抽样检查合格的各种剂型的冷冻精液分别妥善包装以后，还要做好品种、种牛号、冻精日期、剂型、数量等标记，然后放入超低温的液氮内长期保存备用，在保存过程中，必须坚持保存温度恒定不变、精液品质不变的原则，以达到精液长期保存的目的。

冻精取放时，动作要迅速，每次最好控制在 5 ～ 10 秒之间，并及时盖好容器塞，以防液氮蒸发或异物进入。在液氮中提取精液时，切忌把包装袋提出液氮罐口外，而应置于罐颈之下。

液氮易于气化，放置一段时间后，罐内液氮的量会越来越少，如果长期放置，液氮就会耗干。因此，必须注意罐内液氮量的变化情况，定期给罐内添加液氮，不能使罐内保存的细管精液或颗粒精液暴露在液氮面上。平时罐内液氮的容量应该达到整个罐的 2/3 以上。拴系精液包装袋的绳子，切勿让其相互绞缠，使得精液未能浸入液氮内而长时间悬吊于液氮罐中。

⑦ 冷冻精液的运输。冷冻精液需要运输到外地时，必须先查验一下精子的活力，并对照包装袋上的标签查看精子出处、数量，做到万无一失后方可进行运输。应有专人负责，办好交接手续，附带运输精液的单据。选用的液氮罐必须具有良好保温性能，不漏气、不漏液。运输时应加满液氮，罐外套上保护外套。装卸应轻拿轻放，不可强烈震动，以免把罐掀倒。此外，防止液氮罐被强烈的阳光暴晒，以减少液氮蒸发。

⑧ 液氮罐的使用及保护。液氮罐是长期储存精液的容器，为了使其中存放的精液质量不受影响，我们必须会使用液氮罐，并进行定期管护。日常要将液氮罐放置在干燥、避光、通风、阴凉

的室内。不能倾斜，更不能倒伏，要稳定安放，不要随便四处挪动，要精心爱护，随时检查，严防乱碰乱摔容器的事故发生。

4. 输精

（1）输精前准备　牛用玻璃或金属输精器可用蒸汽、75%酒精或放入高温干燥箱内消毒；输精胶管因不宜高温，可用酒精或蒸汽消毒。输精器宜每头母牛准备一支。输精器在使用前用稀释液冲洗2次。

（2）母牛准备　将接受输精的母牛固定在六柱栏内，尾巴固定于一侧，用0.1%新洁尔灭溶液清洗消毒外阴部，再用酒精棉球擦拭。

（3）输精员安排　输精员要身着工作服，指甲需剪短磨光，戴一次性直肠检查手套或手臂洗净擦干后用75%酒精消毒，待完全挥发干再持输精器。

（4）精液的解冻与检查

① 颗粒精液的解冻。颗粒冻精解冻的稀释液要另配，解冻前先要配制解冻稀释液，一般常用的是2.9%柠檬酸溶液、维生素B_{12}（0.5毫克/毫升）溶液、葡柠液（葡萄糖3%、二水柠檬酸钠1.4%）。各种解冻液均可分装于玻璃安瓿中，经灭菌后长期备用。解冻时，先取1～1.5毫升解冻液放入小试管内，在40℃水浴中经2～3分钟后投入1粒或2粒精液颗粒，待溶化1小时，即取出精液试管，在常温下轻轻摇动至完全解冻后，检查评定精子活率，然后进行输精。

② 细管精液的解冻。细管冷冻精液不需要解冻稀释液。方法有4种：第一种是由液氮罐内迅速取出一支细管冷冻精液，立即投入40℃温水中；第二种是放在室温下自然融化；第三种是握在手中或装在衣袋里靠体温融化；第四种是将冷冻细管精液装在输精器上直接输精，靠母牛阴道和子宫颈温度来融化。细管精液品质检查，可按批抽样测定，不需每支精液均作检查。

③ 冷冻精液的检查。冷冻精液质量的检查，一般是在解冻后进行。其主要指标有：精子活率、精子密度、精子畸形率及顶体完整率、存活时间等。要求各项指标符合用于输精冷冻精液的要求，方可用于配种，否则弃之。牛冷冻精液质量的国家标准（GB 4143—2008）主要指标见表 1-8。

表 1-8　奶牛、兼用牛、肉牛和黄牛的冷冻精液产品国家标准

剂型	细管、颗粒和安瓿
剂量	细管：中型 0.5 毫升，微型 0.25 毫升；颗粒：0.1 毫升 ±0.01 毫升；安瓿：0.5 毫升
精子活力	解冻后的活力，指呈直线前进运动的精子百分率（下限）30%（即 0.3）；精子复苏率（下限）50%
每一剂量解冻后呈直线前进运动的精子数	细管：每支（下限）1000 万个；颗粒：每粒（下限）1200 万个；安瓿：每支（下限）1500 万个
解冻后的精子畸形率	（上限）20%
解冻后的精子顶体完整率	（下限）40%
解冻后的精液无病原性微生物	每毫升中细菌菌落数（上限）1000 个
解冻后的精子存活时间	在 5 ～ 8 ℃贮存时（下限）12 小时；在 37 ℃贮存时（下限）4 小时

④ 精液解冻注意事项。一是冷冻精液宜临用时现解冻，立即输精，解冻后至输精之间的时间，最长不得超过 1 ～ 2 小时，其中细管冻精应在 1 小时之内，颗粒冻精应在 2 小时之内；二是解冻时，事先预热好解冻试管及解冻液，再快速由液氮容器内取出 1 粒（支）冻精，尽快融化解冻；三是在解冻中切忌精液内混入水或其他不利精子生存的物质，同时避免刺激气味（如农药）等对精子的不良影响；四是解冻时要恰当掌握冷冻精液的融化程度，不能时间过长，否则影响精子的受精能力；五是需要冷冻精液解冻后做短时间保存时，应采用含卵黄的解冻液，以 10 ～ 15℃水温解冻，逐渐降到 2 ～ 6℃环境中保存。保存温度要恒定，切忌温度升高。精液解冻后必须保持所要求的温度，严防在操作过程中温

度出现升高或降低。冷冻精液解冻后不宜存放时间过长，应在1小时内输精。

（5）输精适期　冷冻精液输入母牛生殖道以后，其存活时间大大缩短。这就给选定输精时机提出了更高的要求。输精时间过早，待卵子排出后，精子已衰老死亡；输精过晚，排卵后输精的受胎率又很低。所以使用冷冻精液输精的时间应当比使用新鲜精液适当推迟一些，输精间隔时间也应该短一些。母牛输精时机掌握在发情中、后期，发现母牛接受爬跨静立不动后8～12小时输精。生产实践中一般这样掌握：早晨（9时以前）发情的母牛，当日晚输精；中午前后发情的母牛，当日晚输精；下午（14时以后）发情的母牛，次日早晨输精。

（6）输精方法　目前给牛输精常用的方法是直肠把握子宫颈输精法。输精人员左手臂上涂擦润滑剂后，左手呈楔形插入母牛直肠，触摸子宫、卵巢、子宫颈的位置，并令母牛排除粪便，然后消毒外阴部。为了保护输精器在插入阴道前不被污染，可先使左手四指留在肛门后，向下压拉肛门下缘，同时用左手拇指压在阴唇上并向上提拉，使阴门张开，右手趁势将输精器插入阴道。左手再进入直肠，摸清子宫颈后，左手心朝向右侧握住子宫颈，无名指平行握在子宫颈外口周围。这时要把子宫颈外口握在手中，假如握得太靠前会使颈口游离下垂，造成输精器不易对上颈口。右手持装有精液的输精器，向左手心中深插，输精器即可进入子宫颈外口。然后，多处转换方向向前探插，同时用左手将子宫颈前段稍作抬高，并向输精器上套。输精器通过子宫颈管内的硬皱襞时，会有明显的感觉。当输精器一旦越过子宫颈皱襞，立即感到畅通无阻，这时即抵达子宫体处。当输精器处于宫颈管内时，手指是摸不到的，输精器一进入子宫体，即可很清楚地触摸到输精器的前段。确认输精器进入子宫体时，应向后抽退一点，勿使子宫壁堵塞住输精器尖端出口处，然后缓慢、顺利地将精液注入，再轻轻地抽出输精器。

（7）输精时注意事项　是输精操作时，若母牛努责过甚，可采用喂给饲草、捏腰、拍打眼睛、按摩阴蒂等方法使之缓解，若母牛直肠显罐状时，可用手臂在直肠中前后抽动以促使松弛；二是操作时动作要谨慎，防止损伤子宫颈和子宫体；三是输精深度，子宫颈深部、子宫体、子宫角等不同部位输精的受胎率没有显著差别，但是输精部位过深容易引起子宫感染或损伤，所以采取子宫颈深部或子宫体输精是比较安全的。

（五）妊娠及其鉴定

1. 妊娠母牛的生理变化

母牛配种后，精子在自身尾部摆动及生殖道蠕动作用下向输卵管壶腹部运动，并在此与卵巢排出的卵子相融合，形成受精卵。从受精卵形成开始到分娩结束的一段时间叫妊娠期。母牛妊娠（或怀孕）后，生理及形态会发生相应的变化。

（1）生殖器官的变化

① 卵巢的变化。妊娠后卵巢上的黄体成为妊娠黄体，并以最大体积持续存在于整个妊娠期。

② 子宫的变化。随着妊娠期延长，子宫体和子宫角随胚胎的生长发育而相应扩大。在整个妊娠期内孕角的增长速度远大于空角，所以孕角始终大于空角。在妊娠前半期，子宫体积增长速度快于胎儿，子宫壁变得较原来肥厚。至妊娠后半期，子宫的增长速度没有胎儿及胎水增长快，因而子宫壁被动扩张而变薄。妊娠后，子宫血流量增加，血管扩张变粗，尤其是动脉血管内膜褶皱变厚，加之和肌肉层的联系疏松，使原来间隔明显的动脉脉搏变为间隔不明显的颤动（孕脉）。

（2）乳房的变化　妊娠开始后，在孕酮和雌激素作用下，乳房逐渐变得丰满，特别是到妊娠中后期，这种变化尤为明显。到

分娩前几周，乳房显著增大，能挤出少量乳汁。

（3）营养状况的变化　妊娠母牛新陈代谢旺盛，食欲增加，消化能力提高，营养状况改善，毛色变得光润，加之胎儿、胎水的增长，所以母牛体重增加。妊娠后期，胎儿急剧生长，母牛要消耗在妊娠前期所积蓄的营养物质以满足胎儿生长发育的需要。此阶段如果饲养管理不当，母牛会逐渐消瘦；如果饲料中缺钙，母牛就会动用自身骨骼中的钙以满足胎儿发育的需要，严重时会使母牛后肢跛行，牙齿磨损得较快。

（4）其他变化　随着胎儿逐渐增大，母牛腹内压力升高，内脏器官的容积减小，因而排粪排尿次数增加但量减少。由于胎儿增大，胎水增加，母牛腹部膨大，且孕侧比空侧凸出。至妊娠后半期，母牛的行动变得比较笨重、缓慢、谨慎且易疲劳和出汗。有些母牛至怀孕后期，巨大的子宫压迫后腔血管，使血液循环受阻，常可见到下腹部和后肢出现水肿。

2. 妊娠诊断

通过妊娠诊断可以确定母牛是否妊娠，以便对已妊娠母牛加强饲养管理，对未妊娠母牛找出原因，及时补配，从而提高母牛的繁殖率。由于准确的受精时间很难确定，故常以最后一次受配或有效配种之日算起，母牛妊娠期平均为 285 天（范围 260 ～ 290 天），不同品种之间略有差异。对于肉牛妊娠期的计算（按妊娠期 280 天计）：“月减 3，日加 6”即为预产期。诊断方法如下：

（1）外部观察法　对配种后的母牛在下一个发情期到来前后，注意其是否二次发情，如不发情，则可能受胎。但这并不完全可靠，因为有的母牛虽然没有受胎但在发情时表现不明显（安静发情 / 暗发情）或不发情，而有些母牛虽已受胎但仍有表现发情的（假发情）。另外，观察其行为、食欲、营养状况及体态等对妊娠诊断也有一定的参考价值。

（2）阴道检查法　妊娠母牛阴道黏膜变苍白，比较干燥。怀孕1～2个月时，子宫颈口附近即有黏稠黏液，但量尚少；至3～4个月后就很明显，并变得黏稠灰白或灰黄，如同稀糊；以后逐渐增多黏附在整个阴道壁上，附着于开膣器上的黏液呈条纹或块状。至妊娠后半期，可以感觉到阴道壁松软、肥厚，子宫颈位置前移，且往往偏于一侧。

（3）直肠检查法　直肠检查法是判断母牛是否怀孕的最基本、最可靠的方法。在妊娠2个月左右，可以做出正确判断。如果有丰富的直肠检查经验和详细的记载，在1个月左右就可诊断。

首先摸到子宫颈，再将中指向前滑动，寻找角间沟；然后将手向前、向下、再向后，试着把2个子宫角都掌握在手内，分别触摸。经产牛子宫角有时不呈绵羊角状而垂入腹腔，不易全部摸到；这时可先握住子宫颈将子宫颈向后拉，然后手带着肠管迅速向前滑动，握住子宫角，这样逐渐向前移，就能摸清整个子宫角。之后再在子宫角尖端外侧或下侧寻找卵巢。

寻找子宫动脉的方法是将手掌贴骨盆顶向前移，越过岬部（荐骨前端向下突起的地方）以后，可清楚地摸到腹主动脉的两粗大分支——髂内动脉。子宫中动脉和脐动脉共同起于髂内动脉。子宫中动脉从髂内动脉分出后不远即进入子宫阔韧带内，所以追踪时感觉它是游离的。触诊阴道动脉子宫支（子宫后动脉）的方法是将指尖伸至相当于荐骨末端处，并贴在骨盆侧壁的坐骨上棘附近，前后滑动手指。子宫后动脉是骨盆内比较游离的一条动脉，由上向下行，而且很短，所以容易识别。

牛直肠黏膜受到刺激易渗出血液，手在直肠内操作时，只能用指肚，指尖不要触及黏膜。手应随肠道收缩波面稍向后退，不可向前伸。

妊娠月份不同，母牛卵巢位置、子宫状态及位置、子宫动脉状况都会发生不同变化。

（4）奶中孕酮水平测定法

① 全奶孕酮含量测定法。分别采配种后 21 ～ 24 天和 42 天的奶样各一份，在室温下摇匀，取奶样 20 微升，加抗体 0.1 毫升［稀释度为 1 ：（10000 ～ 12000）］，放置 15 分钟，再加 H-孕酮 0.1 毫升，于 4℃孵育 16 ～ 24 小时，然后在水浴中加活性炭悬浮液 0.2 毫升［活性炭 625 毫克、葡萄糖 4062.5 毫克、PBS（磷酸缓冲液）100 毫升］，振荡 15 分钟，3000 转 / 分离心 10 分钟，取上清液加闪烁液 5 毫升，过夜后测定孕酮含量。

② 乳脂孕酮测定法。取 2.5 毫升奶样，加混合溶剂（15％正丁醇、49％正丁胺、36％蒸馏水）0.5 毫升，混旋提取 30 秒，85℃水浴 1.5 分钟，离心 2 分钟（3000 转 / 分），即提出乳脂。取提取的乳脂 10 微升，加 1 毫升石油醚提取乳脂孕酮（用前蒸馏），混旋提取 30 秒加入 1 毫升甲醇（90％），提取 30 秒弃去石油醚，吸 0.2 毫升（双样）甲醇液，65℃水浴挥发干，然后加入 0.1 毫升缓冲液。最后测定乳脂孕酮含量，加抗血清 0.5 毫升［1 ：（13000 ～ 20000）］，室温放置 15 分钟，再加 H- 孕酮 0.1 毫升，其余操作与全奶相同。

根据梁素香等（1979）介绍的方法，将样品结合率的 Logit 值带入标准曲线的回归方程，算出每 10 微升乳脂的孕酮含量。孕酮判断值以大于 5.0 纳克 / 毫升为妊娠，小于 5.0 纳克 / 毫升为未妊娠。以配种后 21 ～ 24 天全乳和乳脂的孕酮值判断妊娠的准确率分别为 87.76％和 86.60％。

（5）超声波诊断法　超声波诊断是利用超声波的物理特性和不同组织结构的特性相结合的物理学诊断方法。国内外研制的超声波诊断仪有很多种，国内研制的有两种：一种是用探头通过直肠探测母牛子宫动脉的妊娠脉搏，由信号显示装置发出不同的声音信号，来判断妊娠与否；另一种是探头自阴道伸入，显示的方法有声音、符号、文字等形式。测定结果表明，妊娠 30 天内探测子宫动脉反应，40 天以上探测胎心音可达到较高的准确率。用 B 超诊断仪测定时，其探头放置在右侧上方的腹壁上，探头方向朝向妊娠子宫角，显示屏可清楚地观察胎泡的位置、大小，并且可以定位照相。移动探头的方向和位置可见胎儿各部的轮廓，心脏的位置和跳动情况，确定单胎或双胎等。

（6）激素反应法　给配种 18～22 天的牛肌内注射合成雌激素（苯甲酸雌二醇、己烯雌酚等）2～3 毫克，5 天后不发情为妊娠。原因是妊娠母牛孕酮含量高，可以对抗适量的外源雌激素，以致不发情。

（7）碘酒法　取配种 20～30 天的母牛鲜尿 10 毫升，滴入 2 毫升 7%的碘酒溶液，充分混合，待 5～6 分钟后，颜色呈紫色为妊娠，不变色或稍带碘酒色为未妊娠。

（8）阴道黏液抹片检查法　取子宫颈阴道黏液一小块，置于载玻片中央，盖上盖玻片，轻轻旋转 2～3 转，去盖玻片，使其自然干燥，加上 10%硝酸银几滴，1 分钟后用水冲洗，再滴姬姆萨染色液 3～5 滴，加水 1 毫升进行染色 30 分钟，用水冲洗后干燥镜检：如果视野中出现短而细的毛发状纹路，并呈紫红色或淡红色为妊娠表现；若出现较粗纹路，为黄体期或妊娠 6 个月以后的表现；若是羊齿植物状纹路，为发情的黏液性状；出现上皮细胞团，则为炎症的表现。对妊娠 23～60 天的母牛准确率达 90%以上。

（9）眼线法　母牛妊娠期瞳孔正上方巩膜上出现 3 根特别显露而竖立的粗血管，呈紫红色，称之为“妊娠血管”。这一特征自妊娠开始出现，产犊后 7～15 天消失。

（六）母牛的分娩

1. 预产期预算

肉牛以妊娠期 280 天计，预产期为交配月份数减 3，交配日数加 6。

假如一头母牛是2011年8月22日交配，则预产期为2012年5月（8－3＝5）28日（22＋6＝28）。

假如一头母牛是2011年1月30日交配，则预产期为2012年11月6日。推算方法为：1＋12－3＝10（月）（不够减可以预借1年），30＋6＝36（日）（超过1个月的日数可减去1个月30天，即下一个月的日数，把减去的1个月加到推算的月份上），所以是2012年11月6日。

2. 分娩预兆

分娩预兆见表1-9。

表1-9　分娩预兆

部位	表　现
乳房	分娩前1周左右，母牛乳房比原来大1倍，到产前2～3天，乳房肿胀，皮肤紧绷，乳头基部红肿，乳头变粗，用手可挤出少量淡黄色黏稠的初乳，有些母牛有漏奶现象
外阴部	临产前1周，外阴部松软、水肿，皮肤皱襞平展，阴道黏膜潮红，子宫颈口的黏液逐渐溶化。在分娩前1～2天，子宫颈塞随黏液从阴道排出，呈半透明索状悬垂于阴门外。当子宫颈扩张2～3小时后，母牛便开始分娩
骨盆	临分娩前数天，骨盆部的韧带变得松弛、柔软，尾根两边塌陷，以适于胎儿通过。用手握住尾根上下运动时，会明显感到尾根与荐骨容易上下移动
行为	母牛表现为活动困难，起立不安，尾高举，不时地回顾腹部，常作排粪尿姿势，时起时卧，初产牛则更显得不安。分娩预兆与临产间隔时间因个体而有所差异，一般情况下，在预产期前的1～2周，将母牛移入产房，对其进行特别照料，做好接产、助产工作。上述各种现象都是分娩即将来临的预兆，但要全面观察、综合分析才能做出正确判断

3. 分娩过程

（1）开口期　是从子宫开始阵缩到子宫颈口充分开张为止，一般需2～8小时（范围为0.5～24小时）。特征是只有阵缩而不出现努责。初产牛不安，时起时卧，徘徊运动，尾根抬起，常作排尿姿势，食欲减退；经产牛一般比较安静，有时看不出有什么明显表现。

（2）胎儿产出期　从子宫颈充分开张至产出犊牛为止，一般持续3～4小时（范围0.5～6小时），初产牛一般持续时间较长。若是双胎，则两胎儿排出间隔时间一般为20～120分钟。特点是阵缩和努责同时作用。进入该期，母牛通常侧卧，四肢伸直，强烈努责，羊膜形成囊状突出阴门外，该囊破裂后，排出淡白或微带黄色的浓稠羊水。胎儿产出后，尿囊才开始破裂，流出黄褐色尿水。因此，牛的第一胎水一般是羊水，但有时尿囊可先破裂，然后羊膜囊才突出阴门破裂。在羊膜破裂后，胎儿前肢和唇部逐渐露出并通过阴门，这时母牛稍事休息，继续把胎儿排出。

（3）胎衣排出期　从胎儿产出后到胎衣完全排出为止，一般需4～6小时（范围0.5～12小时）。若超过12小时，胎衣仍未排出，即为胎衣不下，需及时采取处理措施。此期特点是当胎儿产出后，母牛即安静下来，经子宫阵缩（有时还配合轻度努责）而使胎衣排出。

4. 接产前的准备

（1）产房　产房应当清洁、干燥，光线充足，通风良好，无贼风，墙壁及地面应便于消毒。在北方寒冷的冬季，应有相应取暖设施，以防犊牛冻伤。

（2）用具及药物　在产房里，接产用具及药物（70%酒精、2%～5%碘酒、煤酚皂溶液、催产药物等）应放在一定的地方，以免临用时缺此少彼，造成慌乱。此外，产房里最好还备有一套常用的手术助产器械，以备急用。

（3）接产人员　接产人员应当受过接产训练，熟悉牛的分娩规律，严格遵守接产的操作规程及值班制度。分娩期尤其要固定专人，并加强夜间值班制度。

5. 接产

接产目的在于对母牛和胎儿进行观察，并在必要时加以帮助，

达到母仔安全。但应特别指出，接产工作一定要根据分娩的生理特点进行，不要过早过多地干预。为保证胎儿顺利产出及母仔安全，接产工作应在严格消毒的原则下进行。其步骤如下：

（1）清洗消毒　清洗母牛的外阴部及其周围，并用消毒液（如1%煤酚皂溶液或0.1%高锰酸钾药液对外阴及周围体表和尾根部进行消毒）擦洗。用绷带缠好尾根，拉向一侧系于颈部。在产出期开始时，接产人员穿好工作服及胶围裙、胶鞋，并消毒手臂，准备作必要的检查。

（2）临产检查　当胎膜露出时至胎水排出前，可将手臂伸入产道，进行临产检查，以确定胎向、胎位及胎势是否正常，以便对胎儿的反常作出早期矫正，避免难产的发生。如果胎儿正常，正生时，应三件（唇及二前蹄）俱全，可等候其自然排出。除检查胎儿外，还可检查母牛骨盆有无变形，阴门、阴道及子宫颈的松软扩张程度，以判断有无因产道反常而发生难产的可能。

（3）撕破胎膜　正常情况下，在胎儿唇部或头部露出阴门以前，不要急于扯破胎膜，以免胎水流失过早，不利于胎儿产出。当胎儿唇部或头部露出阴门外时，如果上面覆盖有胎膜，可把它撕破，并把胎儿鼻孔内的黏液擦净，以利呼吸。

（4）注意观察　注意观察努责及产出过程是否正常。如果母牛努责，阵缩无力，或其他原因（产道狭窄、胎儿过大等）造成产仔滞缓，应迅速拉出胎儿，以免胎儿因氧气供应受阻，反射性吸入羊水，引起异物性肺炎或窒息。在拉胎儿时，可用产科绳缚住胎儿两前肢球节或两后肢系部（倒生）交于助手拉住，同时用手握住胎儿下颌（正生），随着母牛的努责，左右交替用力，顺着骨盆轴的方向慢慢拉出胎儿。在胎儿头部通过阴门时，要注意用手捂住阴唇，以防阴门上角或会阴撑破。在胎儿骨盆部通过阴门后，要放慢拉出速度，防止子宫脱出和产牛腹压突然下降而导致脑贫血。

（5）助产　一般情况下，母牛的分娩不需要助产，接产人员只需监督分娩过程。但当胎位不正，胎儿过大，母牛分娩无力等情况时，必须进行必要的助产。助产的原则是，尽可能做到母仔安全，在不得已的情况下舍仔保母，同时必须力求保持母牛的繁殖能力。

当胎儿口鼻露出，却不见产出时，将手臂消毒后伸入产道，检查胎儿的方向、位置和姿势是否正常。若头在上、两蹄在下、无曲肢为正常，让其自然分娩；若是倒生，应及早拉出胎儿，以免脐带挤压在骨盆底下使胎儿窒息死亡。在拉胎儿时，用力应与母牛的阵缩同时进行。当胎头拉出后应放慢拉的动作，以防子宫内翻或脱出。

当胎儿前肢和头部露出阴门，但羊膜仍未破裂时，可将羊膜扯破。擦净胎儿口腔、鼻周围的黏液，让其自然产出。当破水过早，产道干燥或狭窄或胎儿过大时，可向阴道内灌入肥皂水，润滑产道，以便拉出胎儿。必要时切开产道狭窄部，胎儿娩出后，立即进行缝合。

（6）清理　胎儿产出后，应立即将其口鼻内的羊水擦干，并观察其呼吸是否正常。身体上的羊水可让母牛舔干，这样一方面母牛可因吃入羊水（内含催产素）而使子宫收缩加强，利于胎衣排出，另一方面还可增强母仔关系。为了尽快让犊牛体表变干和促进犊牛皮肤血液循环，护理人员可以使用洁净的草或干燥的软布帮助擦干，尤其是较为寒冷的季节要尽快擦干，以防犊牛受寒而发病。如果发现胎儿窒息要立即进行抢救。

（7）脐带处理　产出胎儿的脐带有时会自行扯断，一般不必结扎，但要用5%～10%碘酊充分消毒，以防感染；胎儿产出后，如脐带还未断，应将脐带内的血液挤入犊牛体内，这对增进犊牛的健康有一定好处。人工断脐时脐带断端不宜留得太长。断脐后，可将脐带断端在碘酒内浸泡片刻，或在其外面涂以碘酒，并将少

量碘酒倒入羊膜鞘内。如脐带有持续出血，须加以结扎。

（8）犊牛护理　犊牛产出后不久即试图站立，但最初一般是站不起来的，应加以扶助，以防摔伤。对母牛和新生犊牛注射破伤风抗毒素，以防感染破伤风。

6. 难产处理

在难产的情况下助产时，必须遵守一定的操作原则，即助产时除挽救母牛和胎儿外，要注意保持母牛的繁殖力，防止产道的损伤和感染。为便于矫正和拉出胎儿，特别是当产道干燥时，应向产道内灌注大量滑润剂。为了便于矫正胎儿异常姿势，应尽量将胎儿推回子宫内，否则产道空间有限，不易操作，要力求在母牛阵缩间歇期将胎儿推回子宫内。拉出胎儿时，应随母牛努责而用力。

难产极易引起犊牛的死亡，并严重危害母牛的繁殖力。因此，难产的预防是十分必要的。首先，在配种管理上，不要让母牛过早配种，由于青年母牛仍在发育，分娩时常因骨盆狭窄导致难产。其次，要注意母牛妊娠期间的合理饲养，防止母牛过肥、胎儿过大造成难产。另外，要安排适当的运动，这样不但可以提高营养物质的利用率使胎儿正常发育，还可提高母牛全身和子宫的紧张性，分娩时增强胎儿活力和子宫收缩力，并有利于胎儿转变为正常分娩胎位、胎势，以减少难产及胎衣不下、产后子宫复位不全等情况的发生。此外，在临产前及时对孕牛进行检查、矫正胎位也是减少难产发生的有效措施。

7. 产后护理

产后期是指从胎衣排出到生殖器官恢复到妊娠前状态的一段时间。产出胎儿时，子宫颈开张，对产道黏膜表层可能造成损伤；产后子宫内又积存大量恶露，都为病原微生物的繁殖和侵入创造了条件，因此，对产后期的母牛应加以妥善护理，以促进母牛机体尽快恢复正常，预防疾病，保证其具有正常的繁殖机能。产后母牛的护理应做到以下几点：

（1）注意产后期卫生　应对母牛外阴部及周围区域进行清洗和消毒，并防止苍蝇叮蜇。经常更换、消毒褥草。

（2）加强饲养　分娩之后，要及时供给母牛新鲜清洁的饮水和麸皮汤等，以补充机体水分。在产后最初几天，应供给母牛质好易消化的饲料，但不宜过多，以免引起消化道疾病。一般经5～6天可逐渐恢复正常饲养。

（3）注意日常监护　在分娩之后，还应观察母牛努责状况。如果产后仍有努责，应检查子宫内是否还有胎儿或滞留的胎衣及子宫内翻的可能，如有上述情况应及时处理。牛产后3～4天恶露开始大量流出，头2天色暗红，以后呈黏液状，逐渐变为透明，10～12天停止排出。恶露一般只腥不臭，如果母牛在产后3周仍有恶露排出或恶露腥臭，说明有子宫感染，应及时治疗。此外，还应观察母牛的精神状态、饮食欲、外生殖器官或乳房等，一旦有异常应查明原因，及时处理。

三、加强种用肉牛的管理

（一）育成公牛的饲养管理

犊牛断奶后至种用之前的公牛，称为育成公牛。此期间是生长发育最迅速的阶段，精心的饲养管理，不仅可以获得较快的增重速度，而且可使幼牛得到良好的发育。公、母犊牛在饲养管理上几乎相同，但进入育成期后，二者在饲养管理上则有所不同，必须按不同年龄和发育特点予以区别对待。

1. 育成公牛的饲养方式

（1）舍饲拴系培育　在舍饲拴系培育条件下，犊牛头10～30

天于个体栏内管理，而后在公、母分群前（4～5月龄前）在群栏内管理，每栏5～10头。在哺乳期过后拴系管理，在舍饲管理条件下培育到种用出售。在这种情况下新生犊牛失去了正常生长发育所必需的生理活动。舍饲拴系管理是出现各种物质代谢障碍、发生异常性反射等的主要原因。所以，必须保证充足的活动空间和运动。

（2）拴系放牧管理　许多牛场在夏季采用。在距其他牛群较远的地方，选定不受主导风作用的一块平坦的放牧场，呈一线排列，用15～20米的铁链固定在可移动的钉进地里的具钩环的柱上。柱间距40～50米，每头小公牛都能自由地在周围运动。每头小公牛附近都放有饲槽和饮水器，于早、晚放补充料和水。随着放牧场利用（第2～3天）将小公牛移入下一地点。观察表明，采用这种管理方式，每头6月龄、12月龄、18月龄小公牛每日相应消耗15千克、20千克、35千克青饲料。

（3）分群自由运动　在分群自由运动培育情况下，小公牛在牛群内分群管理，每群5～6头，而在运动场和放牧场培育情况下每群40～50头。夏天，小公牛终日在设有遮阴棚的运动场内和放牧场内管理。冬天，4～12月龄小公牛在运动场管理4～5小时，在严寒期（－20℃以下）不超过2小时。

（4）复合管理　白天在运动场或放牧场管理，晚上在舍内或棚下拴系管理。

2. 育成公牛的饲养

育成公牛生长速度比育成母牛快，因而需要的营养物质较多，特别需要以补饲精料的形式提供营养，以促进其生长发育和性欲的发展。对育成公牛的饲养，应在满足一定量精料供应的基础上，令其自由采食优质的精、粗饲料。6～12月龄，粗饲料以青草为主时，精、粗饲料占饲料干物质的比例为55∶45；以干草为主时，其比例为 60 ∶ 40。在饲喂豆科或禾本科优质牧草的情况下，对于 1 岁以上的育成公牛，混合精料中粗蛋白质的含量以 12%左右为宜。

断奶后，饲料选用优质的干草、青干草，不使用酒糟、秸秆、粉渣类以及棉籽饼、菜籽饼。6 月龄后喂量为月龄乘以 0.5 千克，如 8 月龄饲喂量为 4 千克，1 岁以上的日喂量为 8 千克，成年牛为 10 千克，以避免出现“草腹”。饲料中应注意补充维生素 A、维生素 E 等。冬季没有青草时，每头牛可喂胡萝卜 0.5 ～ 1.0 千克来补充维生素，同时要有充足的矿物质。供应充足饮水，并保证水质良好和卫生。

3. 育成公牛的管理

（1）分群　牛断奶后应根据性别和年龄情况进行分群。首先是公、母牛分开饲养，因为育成公牛与育成母牛的发育不同，对饲养条件的要求不同，而且公、母牛混养，会干扰其成长。分群时，同性别牛年龄和体格大小应该相近，月龄差异一般不应超过 2 个月，体重差异低于 30 千克。

（2）拴系　准备留种的育成公牛 6 月龄开始戴上笼头，拴系饲养。为便于管理，达 8 ～ 10 月龄时就应进行穿鼻带环（穿鼻用的工具是穿鼻钳，穿鼻的部位在鼻中隔软骨最薄处），用皮带拴系好，沿公牛额部固定在角基部，鼻环以不锈钢的为最好。牵引时，应坚持左右侧双绳牵导。对性烈的育成公牛，需用钩棒牵引，由一人牵住缰绳的同时，另一人两手握住钩棒，钩搭在鼻环上以控制其行动。

（3）刷拭　为了保持牛体清洁，促进皮肤代谢和养成温驯的气质，育成公牛上槽后应进行刷拭，每天至少 1 次，每次 5 ～ 10 分钟。

（4）试采精　从 12 ～ 14 月龄后即应试采精，开始从每个月 1 次或 2 次采精逐渐增加到 18 月龄的每周 1 次或 2 次，检查采精量、精子密度、活率及有无畸形，并试配一些母牛，看后代有无遗传

缺陷并决定是否作种用。

（5）加强运动　育成公牛的运动关系到它的体质，因为育成公牛有活泼好动的特点。加强运动，可以提高体质，增进健康。对于种用育成公牛，要求每天上、下午各1次，每次1.5～2小时，行走距离4.0千米。运动方式有旋转架、套爬犁或拉车。实践证明，种用公牛如果运动不足或长期拴系，会使牛性情变坏，精液质量下降，患肢蹄病、消化道疾病等。但也要注意不能运动过度，否则同样对公牛的健康和精液质量有不良影响。

（6）调教　对青年公牛还要进行必要的调教，包括与人的接近、牵引训练，配种前还要进行采精前的爬跨训练。饲养公牛必须注意安全，因其性情一般较母牛暴躁。

（7）防疫卫生　定期对育成公牛进行防疫注射，防止传染病的发生；保持牛舍环境卫生及防寒防暑也是必不可少的管理工作。除此之外，育成牛应定期称重，以检查饲养情况，及时调整日粮。做好各项生产记录工作。

（二）成年公牛的饲养管理

种公牛饲养管理良好的衡量标准是强的性欲、良好的精液质量、正常的膘情和种用体况。

1. 种公牛的质量要求

作种用的肉用型公牛，其体质外貌和生产性能均应符合本品种的种用牛特级和一级标准，经后裔测定后方能作为主力种公牛。肉用性能和繁殖性状是肉用型种公牛极其重要的两项经济指标。其次，种公牛须经检疫确认无传染病，体质健壮，对环境的适应性及抗病力强。

2. 种公牛的饲养

种公牛不可过肥，但也不可过瘦。过肥的种公牛常常没有性欲，但过瘦时精液质量不佳。成年种公牛营养中重要的是蛋白质、钙、磷和维生素，因为它们与种公牛的精液品质有关。5岁以上成年种公牛已不再生长，为保持种公牛的种用膘度（即中上等膘情）而使其不过肥，能量的摄入以达到维持需要量即可。当采精次数频繁时，则应增加蛋白质的供给。

在种公牛饲料的安排上，应选用适口性强、容易消化的饲料，精、粗饲料应搭配适当，保证营养全面充足。种公牛精、粗饲料的供给量可依据不同公牛的体况、性活动能力、精液质量及承担的配种任务酌情处理。一般精饲料的用量按每天每头100千克体重1.0千克供给；粗饲料应以优质豆科干草为主，搭配禾本科牧草，而不用酒糟、秸秆、果渣及粉渣等粗料；青贮料应和干草搭配饲喂，并以干草为主，冬季补充胡萝卜。注意多汁饲料和粗饲料饲喂不可过量，以免公牛长成“草腹”，影响采精和配种。碳水化合物含量高的饲料也宜少喂，否则易造成种公牛过肥而降低配种能力；菜籽饼、棉籽饼有降低精液品质的作用，不宜用作种公牛饲料；豆饼虽富含蛋白质，但它是生理酸性饲料，饲喂过多易在体内产生大量有机酸，反而对精子形成不利，因此应控制喂量。一般在日粮中添加一定比例的动物性饲料来补充种公牛对蛋白质的需要，主要有鱼粉、蛋粉、蚕蛹粉，尤其在采精频繁季节补加营养的情况下更是如此。公牛日粮中的钙不宜过多，特别是对老年公牛，一般当粗饲料为豆科牧草时，精料中就不应再补充钙质，因为过量的钙往往容易引起脊椎和其他骨骼融为一体。

保证种公牛有充足清洁的饮水，但配种或采精前后、运动前后的30分钟以内不应饮水，以防影响公牛健康。种公牛的定额日粮，可分为上、下午定时定量喂给，夜晚饲喂少量干草；日粮组成要相对稳定，不要经常变动。每2～3个月称体重1次，检查体重变化，以调整日粮定额。饲喂要先精后粗，防止过饱。每天饮水3次，夏季增加4～5次，采精或配种前禁水。

3. 种公牛的管理

公牛的记忆力强，防御反射强，性反射强。因此，对种公牛的饲养管理一般要指定专人，不要随便更换，避免给牛恶性刺激。饲养人员在管理公牛时，特别要注意安全，并有耐心，不粗暴对待，不得随意逗弄、鞭打或虐待公牛。地面平坦、坚硬、不漏，且远离母牛舍。牛舍温度应在 10 ～ 30℃之内，夏季注意防暑，冬季注意防寒。

（1）拴系　种公牛必须拴系饲养，防止伤人。一般公牛在 10 ～ 12 月龄时穿鼻戴环，经常牵引训导，鼻环须用皮带吊起，系于缠角带上。绕角上拴两条系链，通过鼻环，左右分开，拴在两侧立柱上，鼻环要常检查，有损坏要更换。

（2）牵引　种公牛的牵引要用双绳牵，两人分左右两侧，人和牛保持一定距离。对烈性公牛，用钩棒牵引，由一人牵住缰绳，另一人用钩棒钩住鼻环来控制。

（3）护蹄　种公牛经常出现趾蹄过度生长的现象。结果影响牛的放牧、觅食和配种。因此饲养人员要经常检查趾蹄有无异常，保持蹄壁和蹄叉清洁。为了防止蹄壁破裂，可经常涂抹凡士林或无刺激性的油脂。发现蹄病及时治疗。做到每年春、秋季各削蹄 1 次。蹄形不正要进行矫正。

（4）睾丸及阴囊的定期检查和护理　种公牛睾丸的最快生长期是 6 ～ 14 月龄，因此在此时应加强营养和护理。研究表明，睾丸大的公牛比同龄睾丸小的公牛能配种较多的母牛。公牛的年龄和体重对于睾丸的发育和性成熟有直接影响。为了促进睾丸发育，除注意选种和加强营养以外，还要经常进行按摩和护理，每次 5 ～ 10 分钟，保护阴囊的清洁卫生，定期进行冷敷，改善精液质量。

（5）放牧、配种与采精　当种公牛长到 16 ～ 18 月龄、体重达到 560 千克以上，就可以开始调教配种或采精，每周或 10 天一次；成年公牛按72小时的时间间隔采精（每周2次），每次射精2次，间隔5～7分钟。当一个牛群中使用数头公牛配种时，青年公牛要与成年公牛分开。

（6）运动　每天上、下午各进行一次运动，每次1.5～2小时，路程4千米。

（7）刷拭和洗浴　每天要定时给种公牛刷拭身体，天凉时进行干刷，高温炎热时给其进行淋浴，以保持皮肤清洁，促进血液循环，增进其身体健康。

4. 种公牛的利用

种公牛的使用最好合理适度，一般1.5岁牛采精每周1次或2次，2岁后每周2次或3次，3岁以上可每周3次或4次。交配和采精时间应在饲喂后2～3小时。

（三）育成母牛的饲养管理

1. 不同阶段的饲养要点

（1）6～12月龄　为母牛性成熟期。在此时期，母牛的生殖器官和第二性征发育很快，体躯向高度和长度两个方向快速生长，同时，其前胃已相当发达，容积扩大1倍左右。因此，在饲养上要求日粮既要能提供足够的营养，又必须达到一定的量，以刺激前胃的生长。所以对这一时期的育成牛，除给予优质的干草和青饲料外，还必须补充一些混合精料，精料比例约占饲料干物质总量的30%～40%。

（2）12～18月龄　育成母牛的消化器官更加发达，为进一步促进其消化器官的生长，其日粮应以青、粗饲料为主，比例约占日粮干物质总量的75%，其余25%为混合精料，以补充能量和蛋白质。

（3）18～24月龄　这时母牛已配种受胎，生长速度逐渐减缓，

体躯显著向宽深方向发展。若饲养过丰，在体内容易蓄积过多脂肪，导致牛体过肥，造成不孕；但若饲养过于贫乏，又会导致牛体生长发育受阻，使其成为体躯狭浅、四肢细高、产奶量不高的母牛。因此，在此期间应以优质干草、青草或青贮饲料为基本饲料，精料可少喂甚至不喂。但到妊娠后期，由于体内胎儿生长迅速，则须补充混合精料，日定额为 2 ～ 3 千克。

如有放牧条件，育成母牛应以放牧为主。在优良的草地上放牧，精料可减少 30%～ 50%；放牧回到牛舍，若牛未吃饱，则应补喂一些干草和适量精料。

2. 育成母牛的管理

（1）分群　育成牛最好在 6 月龄时分群饲养。公、母分群，每群 30 ～ 50 头，同时应以育成母牛年龄进行分阶段饲养管理。

（2）定槽　圈养拴系式管理的牛群，采用定槽是必不可少的，每头牛有自己的牛床和食槽。

（3）加强运动　在舍饲条件下，育成母牛每天至少要有 2 小时以上的驱赶运动，促进其肌肉组织和内脏器官（尤其是心、肺等循环和呼吸系统）的发育，使其具备高产母牛的特征。

（4）转群　育成母牛在不同生长发育阶段，生长速度不同，应根据年龄、发育情况分群，并按时转群，一般在 12 月龄、18 月龄、定胎后或至少分娩前 2 个月共有 3 次转群。同时称重并结合体尺测量，对生长发育不良的进行淘汰，剩下的转群。最后一次转群是育成母牛长成为成年母牛的标志。

（5）乳房按摩　为了刺激乳腺的发育和促进产后泌乳量的提高，对 12 ～ 18 月龄育成母牛每天按摩 1 次乳房；18 月龄怀孕母牛，一般早、晚各按摩 1 次，每次按摩时用热毛巾敷擦乳房。产前 1 ～ 2 个月停止按摩。

（6）刷拭　为了保持牛体清洁，促进皮肤代谢和养成温驯的气质，每天刷拭 1 次或 2 次，每次 5 分钟。

（7）初配　在 18 月龄左右根据生长发育情况决定是否配种。

（四）空怀母牛的饲养管理

空怀母牛的饲养管理主要是围绕提高受配率、受胎率，充分利用粗饲料，降低饲养成本而进行的。

1. 空怀母牛的饲养

母牛在配种前应具有中上等膘情。在日常饲养管理工作中，倘若喂给过多的精料而又运动不足，易使牛过肥，造成不发情。在肉用母牛的饲养管理中，这是经常出现的，必须加以注意。但在饲料缺乏、营养不全、母牛瘦弱的情况下，也会造成母牛不发情而影响繁殖。实践证明，如果母牛前一个泌乳期内给以足够的平衡日粮，同时劳役较轻，管理周到，能提高母牛的受胎率。瘦弱母牛配种前 1 ～ 2 个月，加强饲养，适当补饲精料，也能提高受胎率。

2. 空怀母牛的管理

（1）保持适宜的环境条件　保持牛舍适宜的温度，特别注意夏季的防热和冬季的防寒；舍内干燥，通风良好，空气新鲜。保持舍内干燥，过度潮湿等恶劣环境极易危害牛体健康，对环境敏感的个体，很快会停止发情。

（2）适当运动　在运动场上适当活动，并经常适量接受阳光照射，能够增强牛的体质，提高受胎率。

（3）及时配种　母牛发情，应及时予以配种，防止漏配和失配。对初配母牛，应加强管理，防止野交早配。经产母牛产犊后 3 周要注意其发情情况，对发情不正常或不发情者，要及时采取措施。一般母牛产后 1 ～ 3 个情期，发情排卵比较正常，随着时间的推移，犊牛体重增大，消耗增多，如果不能及时补饲，往

往导致母牛膘情下降，发情排卵受到影响。因此，产后多次错过发情期，则情期受胎率会越来越低。如果出现此种情况，应及时进行直肠检查，摸清情况，慎重处理。

（4）注意观察母牛的受孕情况　造成母牛空怀不孕的原因，有先天和后天两个方面。先天性不孕一般是由于母牛生殖器官发育异常，如子宫颈位置不正、阴道狭窄、幼稚病、两性畸形等，发现后立即淘汰；后天性不孕主要是由于营养缺乏、饲养管理及使役不当、生殖器官疾病所致，在恢复正常营养水平或经过治疗后大多能够自愈。但在犊牛时期由于营养不良致生长发育受阻，影响生殖器官正常发育而造成的不孕，则很难以改善饲养方法来补救。若育成母牛长期营养不足，则往往导致其初情期推迟，初产时出现难产或死胎，并且影响其以后的繁殖力。

（五）妊娠母牛的饲养管理

母牛妊娠后，不仅本身生长发育需要营养，而且还要满足胎儿生长发育的营养需要和为产后泌乳进行营养蓄积。因此，要加强妊娠母牛的饲养管理，使其能够正常地产犊和哺乳。

1. 妊娠母牛的饲养

妊娠母牛的营养需要和胎儿生长有直接关系。胎儿增重主要在妊娠的最后 3 个月，此期的增重占犊牛初生重的 70%～80%，需要从母体吸收大量营养。若胚胎期胎儿生长发育不良，出生后就难以补偿，增重速度减慢，饲养成本增加。同时，母牛体内需蓄积一定养分，以保证产后泌乳量。母牛在妊娠初期，由于胎儿生长发育较慢，其营养需求较少，为此，对妊娠初期的母牛不再另行考虑，一般按空怀母牛进行饲养。母牛妊娠到中后期应加强营养，尤其是妊娠最后的 2～3 个月，加强营养显得特别重要，这期间的母牛营养直接影响着胎儿生长和本身营养蓄积。如果此期营养缺乏，容易造成犊牛初生重低，母牛体弱和奶量不足。严重缺乏营养，会造成母牛流产。一般在母牛分娩前，至少要增重 45 ～ 70 千克，才足以保证产犊后的正常泌乳与发情。

以放牧为主的肉牛场，青草季节应尽量延长放牧时间，一般可不补饲；枯草季节，根据牧草质量和牛的营养需要确定补饲草料的种类和数量，特别是在母牛妊娠最后的 2 ～ 3 个月，如果正值枯草期，应进行重点补饲。如果长期吃不到青草，维生素 A 缺乏，可用胡萝卜或维生素 A 添加剂来补充，冬天每头每天喂 0.5 ～ 1 千克胡萝卜，另外应补足蛋白质、能量饲料及矿物质。精料补量每头每天 0.8 ～ 1.1 千克（精料配方：玉米 50%，糠麸类 10%，油饼类 30%，高粱 7%，石灰石粉 2%，食盐 1%，另每吨添加维生素 A 1000 万国际单位）。

舍饲妊娠母牛，要依妊娠月份的增加调整日粮配方，增加营养物质供给量。以青、粗饲料为主适当搭配精饲料的原则，参照饲养标准配合日粮。粗饲料以玉米秸（蛋白质含量较低）为主，要搭配 1/3 ～ 1/2 优质豆科牧草，再补饲饼粕类，也可以用尿素代替部分饲料蛋白；粗饲料若以麦秸为主，肉牛很难维持其最低需要，必须搭配豆科牧草，另外补加混合精料 1 千克左右（精料配方：玉米 27%，大麦 25%，饼类 20%，麸皮 25%，石粉 1%～ 2%，食盐 1%；每头牛每天添加 1200 ～ 1600 国际单位维生素 A）。同时，又要注意防止妊娠母牛过肥，尤其是头胎青年母牛，更应防止过度饲养，以免发生难产。在正常的饲养条件下，使妊娠母牛保持中等膘情即可。

饲喂顺序：在精料和多汁饲料较少（占日粮干物质 10%以下）的情况下，可采用先粗后精的顺序饲喂，即先喂粗料，待牛吃半饱后，在粗料中拌入部分精料或多汁料碎块，引诱牛多采食，最后把余下的精料全部投饲，吃净后下槽；若精料量较多，可按先

精后粗的顺序饲喂。

妊娠母牛禁喂棉籽饼、菜籽饼、酒糟等饲料，不能喂冰冻、发霉饲料。

供给充足洁净的饮水，饮水温度要求不低于10℃。

2. 妊娠母牛的管理

（1）做好妊娠母牛的保胎工作　在母牛妊娠期间，应注意防止流产、早产，这一点对放牧饲养的牛群显得更为重要。将妊娠后期的母牛同其他牛群分别组群，单独放牧在附近的草场；为防止母牛之间互相挤撞，放牧时不要鞭打驱赶以防惊群；雨天不要放牧和进行驱赶运动，防止滑倒；在有露水的草场上放牧，也不要让牛采食大量易产气的幼嫩豆科牧草，不采食霉变饲料，不饮带冰碴水。

（2）加强刷拭和运动　每天要刷拭母牛，特别是头胎母牛，还要进行乳房按摩，以利产后犊牛哺乳。舍饲妊娠母牛每日运动2小时左右，以免过肥或运动不足。

（3）转舍　产前15天，最好将母牛移入产房，由专人饲养和看护。

（4）注意观察　要注意对临产母牛的观察，及时做好分娩助产的准备工作。

（六）哺乳母牛的饲养管理

哺乳母牛就是产犊后用其乳汁哺育犊牛的母牛。中国黄牛传统上多以役用为主，乳、肉性能较差。近年来，随着黄牛选育改良工作的不断深入和发展，中国黄牛逐渐朝肉、乳方向发展，产生了明显的社会效益和经济效益。因此，加强哺乳母牛的饲养管理，具有十分重要的现实意义。

1. 哺乳母牛的饲养

母牛在分娩前1～3天，食欲低下，消化机能较弱，此时要精心调配饲料，精料最好调制成粥状，特别要保证充足的饮水。此时在饲养上要以恢复母牛体质为目的。在饲料的调配上要加强其适口性，刺激牛的食欲。粗饲料则以优质干草为主。精料不可太多，但要全价、优质、适口性好，最好能调制成粥状，并可适当添加一定的增味饲料，如糖类等。

母牛分娩后，由于大量失水，要立即喂母牛以温热麸皮盐水（麸皮 1 ～ 2 千克，盐 100 ～ 150 克，碳酸钙 50 ～ 100 克，温水 10 ～ 20 千克），可起到暖腹、充饥、增腹压的作用。同时喂给母牛优质、柔软的干草 1 ～ 2 千克。为促进子宫恢复和恶露排出，还可补给益母草温热红糖水（益母草 250 克、水 1500 克，煎成水剂后，再加红糖 1 千克、水 3 千克），每日 1 次，连服 2 ～ 3 天。

母牛产犊 10 天内，尚处于恢复阶段，要限制精饲料及根茎类饲料的喂量，此期若饲养过于丰富，特别是精饲料饲喂过多，母牛食欲不好、消化失调，易加重乳房水肿或发炎，有时因钙、磷代谢失调而发生乳热症等，这种情况在高产母牛身上极易出现。因此，对于产犊后体况过肥或过瘦的母牛必须进行适度饲养。对体弱母牛，在产犊 3 天后喂给优质干草；3 ～ 4 天后可喂多汁饲料和精饲料；到 6 ～ 7 天时，便可增加到足够的喂量。

根据乳房及消化系统的恢复状况，逐渐增加给料量，但每天增加精料量不得超过 1 千克，当乳房水肿完全消失时，饲料可增至正常。若母牛产后乳房没有水肿，体质健康，粪便正常，在产犊后的第 1 天就可饲喂多汁饲料和精饲料，到 6 ～ 7 天即可增至正常喂量。

头胎母牛产后饲养不当易出现酮病——血糖降低、血和尿中酮体增加。表现食欲不佳、产奶量下降和出现神经症状。其原因是饲料中富含碳水化合物的精料量不足，而蛋白质给量过高所致。实践中应给予高度的重视。在饲养肉用哺乳母牛时，应正确安排饲喂次数。一般以日喂 3 次为宜。

要保持充足、清洁、适温的饮水。一般产后1～5天应饮温水，水温37～40℃，以后逐渐降至常温。

2. 哺乳母牛的管理

（1）产前准备和接产　详见本章“二、肉牛的繁殖管理”部分内容。

（2）产后管理　母牛分娩后阴门松弛，躺卧时黏膜外翻易接触地面，为避免感染，地面应保持清洁，垫草要勤换。母牛的阴门及尾部应用消毒液清洗，以保持清洁。加强监护，随时观察恶露排出情况，观察阴门、乳房、乳头等部位是否有损伤。

（3）日常管理　每日测1～2次体温，若有升高及时查明原因并进行处理；每天定时清洗乳房，保持乳房清洁；每天及时清理牛床上的污染物，定期对牛床和牛舍消毒，保持洁净卫生；注意观察哺乳母牛的采食、饮水、排泄、精神状态等情况。

（4）哺乳母牛的放牧管理　夏季应以放牧管理为主。放牧期间可保证充足运动和日光浴，牧草中富含营养，可促进牛体的新陈代谢，改善繁殖机能，提高泌乳量，增强母牛和犊牛的健康。研究表明：青绿饲料中含有丰富的粗蛋白质，含有各种必需氨基酸、维生素、酶和微量元素。因此，经过放牧，牛体内血液中血红素的含量增加，机体内胡萝卜素和维生素D等储备较多，因而，提高了对疾病的抵抗能力。放牧饲养前应做好以下几项准备工作：

① 放牧场设备的准备。在放牧季节到来之前，要检修房舍、棚圈及篱笆；确定水源和饮水后临时休息点；整修道路。

② 牛群的准备。包括修蹄、去角；驱除体内、外寄虫；检查牛号；母牛的称重及分群等。

③ 从舍饲到放牧的过渡。母牛从舍饲到放牧管理要逐步进行，一般需7～8天的过渡期。当母牛被赶到草地进行放牧前，要用

粗饲料、半干贮及青贮饲料预饲，日粮中要有足量的纤维素以维持正常的瘤胃消化。若冬季日粮中多汁饲料很少，过渡期应 10 ～ 14 天。时间上由开始时的每天放牧 2 ～ 3 小时，逐渐过渡到后期的每天 12 小时。

在过渡期，为了预防青草抽搐症，春季牛群由舍饲转为放牧时，开始一周不宜吃得过多，放牧时间不宜过长，每天至少补充 2 千克干草；并应注意不宜在牧场施用过多钾肥和氨肥，而应在易发本病的地方增施硫酸镁。

由于牧草中含钾多钠少，因此要特别注意食盐的补给，以维持牛体内的钠钾平衡。补盐方法：可配合在母牛的精料中喂给，也可在母牛饮水的地方设置盐槽，供其自由舔食。

四、提高肉牛繁殖率的其他措施

提高肉牛繁殖率可以增加肉牛犊的数量，提高肉牛的产量和肉牛养殖效益。

（一）加强种牛的选育

繁殖率受遗传因素影响很大，不同品种和个体的繁殖性能也有差异，尤其是种公牛，其精液品质和受精能力与遗传性能密切相关，而精液品质和受精能力往往是影响卵子受精、胚胎发育和幼犊生长的决定因素，其品质对后代群体的影响更大，因此，选择优质种公牛是提高肉牛繁殖率的前提。母牛的排卵率和胚胎存活率与品种也有关系。

（二）提高技术和管理水平

技术和管理水平是提高繁殖率的重要方面。造成繁殖率下降的原因：在自由交配或群配时，公、母牛比例不当，公牛头数过少；在人工辅助交配时则是公牛利用过度，交配不适时或公牛

饲养管理不当；在采用人工授精和冷冻精液后，对采精、新鲜精液处理及保存各环节操作技术不过硬，或要求不严，造成受胎率下降；发情鉴定不准确导致的误配、漏配；未掌握好输精时间；输精技术不熟练等，都使繁殖率下降。因此，对各操作环节都必须有严格的操作规程、周密的工作计划及检查制度。

管理工作所涉及的内容较多，主要包括：组织合理的牛群结构，合理的生产利用，母牛发情规律和繁殖情况调查，空怀、流产母牛的检查和治疗，配种组织工作，保胎及犊牛培育等方面。只有做好各个环节的工作，才能取得好的繁殖成绩。

（三）淘汰有遗传缺陷的种牛

每年要做好牛群整顿，对老、弱、病、残和经过检查确认已失去繁殖能力的母牛，应有计划地定期清理淘汰。异性孪生的母犊牛中约有95%无生殖能力，公犊牛中约有10%不育，应用染色体分析技术在犊牛出生后进行检测，及时淘汰遗传缺陷牛。公牛隐睾，公、母牛染色体畸变，都影响繁殖率。某些屡配不孕、习惯性流产、胚胎死亡及初生牛犊活力降低等生殖疾病，也与遗传有关。所以，对这些具有遗传缺陷的种公牛和种母牛，都要及时淘汰，以提高繁殖率。

（四）加强繁殖疾病的控制

预防和治疗公牛繁殖疾病，如隐睾、发育不全、染色体畸变、睾丸炎、附睾炎、外生殖道炎等引起的繁殖障碍，提高公牛的交配能力和精液品质，从而提高牛的配种受胎率和繁殖率。

母牛的繁殖疾病主要有卵巢疾病、生殖道疾病、产科疾病3大类。卵巢疾病主要通过影响发情、排卵而影响受配率和配种受胎率，有些疾病也可引起胚胎死亡和并发产科疾病；生殖道疾病主要影响胚胎的发育与成活，其中一些还可引起卵巢疾病；

产科疾病可诱发生殖道疾病和卵巢疾病，甚至引起母体和胎犊死亡。因此，控制公、母牛的繁殖疾病对提高繁殖率十分有益。

（五）采用繁殖新技术

规模化饲养肉牛，可以充分利用繁殖方面的新技术，提高繁殖效率和能力。

1. 同期发情

同期发情又称同步发情，就是利用某些激素制剂人为地控制并调整一群母牛发情周期的进程，使之在预定时间内集中发情。同期发情可以使母牛群集中发情，有利于人工授精技术的推广，有利于生产的安排与组织（可使母牛配种妊娠、分娩及犊牛的培育在时间上相对集中，便于肉牛的成批生产和提高劳动效率），提高繁殖率（能使乏情状态的母牛出现性周期活动）。

同期发情机理是母牛的发情周期从卵巢的机能和形态变化方面可分为卵泡期和黄体期两个阶段。卵泡期是在周期性黄体退化继而血液中孕酮水平显著下降后，卵巢中卵泡迅速生长发育，最后成熟并导致排卵的时期，这一时期一般是从周期第 18 天至第 21 天。卵泡期之后，卵泡破裂并发育成黄体，随即进入黄体期，这一时期一般从周期第 1 天至第 17 天。黄体期内，在黄体分泌的孕激素的作用下，卵泡发育受到抑制，母牛不表现发情，在未受精的情况下，黄体维持 15 ～ 17 天即行退化，随后进入另一个卵泡期。相对高的孕激素水平可抑制卵泡发育和发情，由此可见黄体期的结束是卵泡期到来的前提条件。因此，同期发情的关键就是控制黄体寿命，并同时终止黄体期。

用于母牛同期发情处理应用的药物种类很多，方法也有多种，但较适用的是孕激素埋植法、阴道栓塞法以及前列腺素法。

（1）孕激素埋植法　将一定量的孕激素制剂装入管壁有小孔

的塑料细管中，利用套管针或者专用埋植器将药管埋入耳背皮下，经一定天数，在埋植处作切口将药管同时挤出，同时，注射孕马血清促性腺激素500～800国际单位。也可将药物装入硅橡胶管中埋植，硅橡胶有微孔，药物可渗出。药物用量依种类不同而异，如18-甲基炔诺酮为15～25毫克。目前国外已有埋植的药物制品在市场出售。

（2）孕激素阴道栓塞法　栓塞物可用泡沫塑料块或硅橡胶环，后者为一螺旋状钢片，表面敷以硅橡胶。它们包含一定量的孕激素制剂。将栓塞物放在子宫颈外口处，其中激素即渗出。处理结束时，将其取出即可，或同时注射孕马血清促性腺激素。

孕激素的处理有短期（9～12天）和长期（16～18天）两种。长期处理后，发情同期率较高，但受胎率较低；短期处理后，发情同期率较低，而受胎率接近或相当于正常水平。如在短期处理开始时，肌内注射3～5毫克雌二醇（可使黄体提前消退和抑制新黄体形成）及50～250毫克的孕酮（阻止即将发生的排卵），这样就可提高发情同期化的程度。但由于使用了雌二醇，故投药后数日内母牛出现发情表现，但并非真正发情，故不要授精。使用硅橡胶环时，环内附有一胶囊，内装上述量的雌二醇和孕酮，以代替注射。

孕激素处理结束后，在第二、三、四天内大多数母牛有卵泡发育并排卵。

（3）前列腺素法　前列腺素（PG）的投药方法有子宫注入（用输精管）和肌内注射两种：前者用药量少，效果明显，但注入时较为困难；后者操作容易，但用药量需适当增加。

采用前列腺素法只有当母牛在周期第5～18天（有功能黄体时期）才能产生发情反应。对于周期第5天以前的黄体，前列腺素并无溶解作用。因此，用前列腺素处理后，总有少数牛无反应，对于这些牛需作二次处理。有时为使一群母牛有最大程度的同期发情率，第一次处理后，表现发情的母牛不予配种，经 10 ～ 12 天后，再对全群牛进行第二次处理，这时所有的母牛均处于周期第 5 ～ 18 天之内。故第二次处理后母牛同期发情率显著提高。

前列腺素制剂不同，给药方法不同，其用药剂量也不相同：前列腺素的用量为，子宫内注入 3 ～ 5 毫克，肌内注射 20 ～ 30 毫克；15- 甲基前列腺素 F_{2a}、前列腺素 F_{2a} 甲酯以及 13- 去氢前列腺素 F_{2a} 3 种制剂注入子宫颈的用量分别为 1 ～ 2 毫克、2 ～ 4 毫克和 1 ～ 2 毫克；国外生产的高效 PGF_{2a} 类似物制剂肌内注射 0.5 毫克即可。

用前列腺素处理后，一般第 3 ～ 5 天母牛出现发情，比孕激素处理晚一天。因为从投药到黄体消退需要将近 1 天时间。

有人将孕激素短期处理与前列腺素处理结合起来，效果优于二者单独处理。即先用孕激素处理 5 ～ 7 天或 9 ～ 10 天，结束前 1 ～ 2 天注射前列腺素。不论采用什么处理方式，处理结束时配合使用孕马血清促性腺激素，可提高同期发情率和受胎率。

同期发情处理后，虽然大多数牛的卵泡正常发育和排卵，但不少牛无外部发情特征和性行为表现，或表现非常微弱，其原因可能是激素未达到平衡状态；第二次自然发情时，其外部特征、性行为和卵泡发育则趋于一致。

2. 超数排卵

超数排卵简称超排，就是在母牛发情周期的适当时间注射促性腺激素，使卵巢比自然状况下有更多的卵泡发育并排卵。超数排卵可以诱发多个卵泡发育，增加受胎比例（双胎率提高），提高繁殖率。

（1）药物种类　用于超排的药物大体可分为两类：一类促进卵泡生长发育；另一类促进排卵。前者主要有孕马血清促性腺激素和促卵泡素；后者主要有人绒毛膜促性腺激素和促黄体素。

（2）处理方法　处理时间一般在预计发情到来之前 4 天，即发情周期的第 16 天注射促卵泡素或孕马血清促性腺激素，在出现发情的当天注射人绒毛膜促性腺激素。目前各国对供体母牛作超排处理的方法是供体母牛发情周期的中期肌内注射孕马血清促性腺激素，以诱导母牛多数卵泡发育，2 天后肌内注射前列腺素 F_{2a} 或其类似物以消除黄体，2 ～ 3 天发情。为了使排出的卵子有较多的受精机会，一般在发情后授精 2 ～ 3 次，每次间隔 8 ～ 12 小时。

我国内蒙古自治区制定了超数排卵的地方标准。促卵泡素 5 天注射法：以母牛发情之日作为周期的 0 天，在母牛发情周期的第 9 天，每天早（7：00 ～ 8：00）和晚（19：00 ～ 20：00）各注射一次促卵泡素，连续 5 天，递减注射。

影响超数排卵效果的因素很多，有许多仍不十分清楚。一般不同品种不同个体用同样的方法处理，其效果差别很大。青年母牛超数排卵效果优于经产母牛。此外，使用促性腺激素的剂量，前次超排至本次发情的间隔时间、采卵时间等均可影响超排效果。如反复对母牛进行超排处理，需间隔一定时间。一般第二次超排应在首次超排后 60 ～ 80 天进行，第三次超排应在第二次超排后 100 天进行。增加用药剂量或更换激素制剂，药量过大、过于频繁地对母牛进行超排处理，则不仅超排效果差，还可能导致卵巢囊肿等病变。

3. 诱发发情

诱发发情是家畜繁殖控制的一种技术，它是指母牛在乏情期（如泌乳期生理性乏情、生殖病理性乏情）借助外源激素或其他方法人为引起母牛发情并进行配种，从而缩短母牛繁殖周期的一种技术。根据母牛的不同状况，可采用如下方法：

（1）生长到初情期仍不见初次发情的青年母牛　可用“三合激素”（雌激素、雄激素和孕激素的配伍制剂）处理，剂量一般为

3～4支/头。或用18-甲基炔诺酮15～25毫克/头进行皮下埋植，12周后取出，同时注射800～1000国际单位的孕马血清促性腺激素，可诱发发情。

（2）对于泌乳期处于乏情的母牛　应促使犊牛断奶并与母牛隔离，同时肌内注射100～200国际单位促卵泡素，每日或隔日一次。每次注射后须做检查，如无效，可连续应用2～3次，直至有发情表现为止。

（3）患持久黄体或黄体囊肿的母牛　可用前列腺素$F_{2\alpha}$进行治疗。前列腺素的作用是溶解黄体，从而引发发情。前列腺素的用量为：子宫内灌注只需1毫升/头，肌内注射需2毫升/头。

另外，肌内注射初乳20毫升的同时，注射新斯的明10毫克，在发情配种时再注射促性腺激素释放激素（GnRH）类似物（如$LRH\text{-}A_1$）100微克，也可诱导母牛发情并排卵。

4. 胚胎移植

胚胎移植又称受精卵移植，就是将1头母牛（供体）的受精卵移植到另一头母牛（受体）的子宫内，使之正常发育，俗称“借腹怀胎”。胚胎移植不仅可以充分发挥优良母牛的繁殖潜力（一般情况下，1头优良成年母牛一年只能繁殖1头犊牛，应用胚胎移植技术，一年可得到几头至几十头优良母牛的后代，大大加速了良种牛群的建立和扩大），而且可以诱发肉牛产双胎（对发情的母牛配种后再移植一个胚胎到排卵对侧子宫角内，这样配种后未受孕的母牛可能因接受移植的胚胎而妊娠，而配种后受孕母牛则由于增加了一个移植的胚胎而怀双胎；另外，也可对未配种的母牛在两侧子宫角各移植一个胚胎而怀双胎，从而提高生产效率）。

（1）胚胎移植的生理基础

① 母牛发情后生殖器官的孕向发育。在发情后的最初一段时期（周期性黄体期），不论是否已受精，母牛生殖系统均

处于受精后的生理状态之下，在生理现象上，妊娠与未孕并无区别。所以，发情后的母牛生殖器官的孕向变化，是进行胚胎移植时使不配种的受体母牛可以接受胚胎，并为胚胎发育提供各种条件的主要生理学依据。

② 早期胚胎的游离状态。胚胎在发育早期有相当长一段时间（附植于子宫之前）是独立存在的，它的发育基本上靠本身储存的养分，还未和子宫建立实质性联系。所以，在离开活体情况下，在短时间内可以存活。当放回与供体相同的环境中，即可继续发育。

③ 胚胎移植不存在免疫问题。一般来说，在同一物种之内，受体母牛的生殖道（子宫和输卵管）对于具有外来抗原物质的胚胎和胎膜组织并没有免疫排斥现象，这一点对胚胎由一个体移植给另一个体后继续发育极为有利。

④ 胚胎和受体的联系。移植的胚胎，在一定时期会和受体子宫内膜建立生理上和组织上的联系，从而保证了以后的正常发育。此外，受体并不会对胚胎产生遗传上的影响，不会影响胚胎固有的优良性状。

（2）胚胎移植的操作原则

① 胚胎移植前后所处环境的一致性。即胚胎移植后的生活环境和胚胎的发育阶段相适应。包括生理上的一致性（即供体和受体在发情时间上的一致性）和解剖位上的一致性（即移植后的胚胎与移植前所处的空间环境的相似性）以及种属一致性（即供体与受体应属同一物种，但并不排除种间移植成功的可能性）。

② 胚胎收集期限。胚胎收集和移植的期限（胚胎的日龄）不能超过周期黄体的寿命，最迟要在周期黄体退化之前数日进行移植。通常是在供体发情配种后 3 ～ 5 天内收集和移植胚胎。

③ 避免不良因素影响。在全部操作过程中，胚胎不应受到任

何不良因素（物理、化学、生物因素）的影响而危及生命力。移植的胚胎必须经鉴定是发育正常者。

（3）胚胎移植的基本程序　胚胎移植的基本程序包括供体超排与授精，受体同期发情处理、采卵、检卵和移植。超排和同期发情处理见上文。

① 胚胎回收（采卵）。从供体收集胚胎的方法有手术法和非手术法两种。

a. 手术法。按外科剖腹术的要求进行术前准备。手术部位位于右肋部或腹下乳房至脐部之间的腹白线处，切开后伸进食指找到输卵管和子宫角，引出切口外。如果在输精后 3 ～ 4 天期间采卵，受精卵还未移行到子宫角，可采用输卵管冲卵的方法：将一直径 2 毫米、长约 10 厘米的聚乙烯管从输卵管腹腔口插入 2 ～ 3 厘米，另用注射器吸取 5 ～ 10 毫升 30℃左右冲卵液，连接 7 号针头，在子宫角前端刺入，再送入输卵管峡部，注入冲卵液。穿刺针头应磨钝，以免损伤子宫内膜；冲洗速度应缓慢，使冲卵液连续地流出。如果在输精后 5 天收胚，还必须做子宫角冲胚。即用 10 ～ 15 毫升冲卵液由宫管结合部子宫角上部向子宫角分叉部冲洗。为了使冲卵液不致由输卵管流出，可用止血钳夹住宫管结合部附近的输卵管，在子宫角分叉部插入回收针，并用肠钳夹住子宫与回收针后部，固定回收针，使冲卵液不致流入子宫体内。

b. 非手术法。非手术采卵一般在输精后 5 ～ 7 天进行。可采用二路导管的冲卵器。二路式冲卵器是由带气囊的导管与单路管组成。导管中一路为气囊充气用，另一路为注入和回收冲卵液用。导管中插 1 根金属通杆以增加硬度，使之易于通过子宫颈。一般用直肠把握法将导管经子宫颈导入子宫角。为防止子宫颈紧缩及母牛努责不安，采卵时可在腰荐或尾椎间隙用 2% 的普鲁卡因或利多卡因 5 ～ 10 毫升进行硬膜外腔麻醉。操作前洗净外阴部并用酒精消毒。为防止导管在阴道内被污染，可用外套膜（有商品出售）

套在导管外，当导管进入子宫颈后，撤去套膜。将导管插入一侧子宫角后，从充管向气囊充气，使气囊胀起并触及子宫角内壁，以防止冲卵液倒流。然后抽出通杆，经单路管向子宫角注入冲卵液，每次 15 ～ 50 毫升，冲洗 5 ～ 6 次，并将冲卵液收集在漏斗形容器中。为更多地回收冲卵液，可在直肠内轻轻按摩子宫角。用同样方法冲洗对侧子宫角。

冲卵液多数为组织培养液，如林格氏液、杜氏磷酸盐缓冲液（D-PBS）、布林斯特氏液（BMOC-3）和 TCM-199 等。常用的为杜氏磷酸盐缓冲液，加入 0.4% 牛血清白蛋白或 1% ～ 10% 犊牛血清。

冲卵液温度应为 35 ～ 37℃，每毫升要加入青霉素 1000 国际单位、链霉素 500 ～ 1000 微克，以防止生殖道感染。

② 胚胎检查

a. 检卵。将收集的冲卵液于 37℃温箱内静置 10 ～ 15 分钟。胚胎沉底后，移去上层液。取底部少量液体移至平皿内，静置后，先在低倍显微镜（10 ～ 20 倍）下检查胚胎数量，然后在高倍显微镜（50 ～ 100 倍）下观察胚胎质量。

b. 吸卵。吸卵是为了移取、清洗、处理胚胎，要求目标准确，速度快，带液量少，无丢失。可用 1 毫升的注射器装上特别的吸头进行吸卵，也可使用自制的吸卵管。

c. 胚胎质量鉴定。正常发育的胚胎，其中细胞（卵裂球）外形整齐，大小一致，分布均匀，外膜完整。无卵裂现象（未受精）的卵和异常卵（外膜破裂、卵裂球破裂等）都不能用于移植。

③ 胚胎移植

a. 手术移植。先将受体母牛作好术前准备。已配种母牛，在右肋部切口，找到非排卵侧子宫角，再把吸有胚胎的注射器或移卵管刺入子宫角前端，注入胚胎；未配母牛在每侧子宫角各注入一个胚胎。然后将子宫复位，缝合切口。

b. 非手术移植。非手术移植一般在发情后第 6 ～ 9 天（即胚泡阶段）进行，过早移植会影响受胎率。在非手术移植中采用胚胎移植枪和 0.25 毫升细管移植的效果较好。将细管截去适量，吸入少许保存液，吸一个气泡，然后吸入含胚胎的少许保存液，吸入一个气泡，最后再吸取少许保存液。将装有胚胎的吸管装入移植枪内，通过子宫颈插入子宫角深部，注入胚胎。非手术移植要严格遵守无菌操作规程，以防生殖道感染。

第二招 注重肉牛的选购和运输管理

一、肉用牛的选购

（一）选购原则

架子大，增重快，瘦肉多，脂肪少，无疾病。

（二）品种类型

在肉牛生产中，目前国内育肥的肉牛来源主要是国外肉牛、本地耕牛（优良的地方黄牛品种）、奶牛（公牛犊）、杂种牛（国外优良肉牛品种与我国本地黄牛杂交的杂交牛）以及淘汰的老牛等。在我国目前最好选择夏洛来牛、利木赞牛、皮埃蒙特牛、西门塔尔牛等肉用或肉乳兼用牛作肉牛，也可自行利用纯种的夏洛来、利木赞、西门塔尔、海福特、安格斯等公牛与奶牛或本地牛杂交所生的后代作肉牛，或利用我国地方黄牛良种，如晋南黄牛、秦川牛、南阳黄牛和鲁西黄牛等。但以纯种肉牛和杂种牛及奶公犊较好。如果当地没有以上牛种，也可利用奶公牛与本地黄牛杂交的后代，其生长速度和饲料利用率一般都较高，饲养周期短，见效快，收益大。

（三）年龄

如果利用小牛作肉牛，以选择12月龄以前的犊牛最佳，其次为12～18月龄，再调养2～6个月出栏；如果利用退役耕牛或淘汰奶牛，则要求牙齿大部分完好，能正常取食，不影响反刍消化。

（四）性别

一般宜选公牛作育肥肉牛，其次选阉牛，最次选母牛。因为公牛增重最快，饲料转化率和瘦肉率均高，且胴体瘦肉多，脂肪少。但对2周岁以上的公牛育肥时，应先去势，否则其肌纤维粗糙，且肉带腥味，食用价值降低。如果选择已去势的架子牛，则早去势为好，3～6月龄去势可以减少应激，加速头、颈及四肢骨骼的雌化，提高出肉率和肉的品质。

（五）体形外貌

理想的育肥架子牛外貌特征：体型大、肩部平宽、胸宽深、背腰平直而宽广、腹部圆大、肋骨弯曲、臀部宽大、头大、鼻孔大、嘴角大深、鼻镜宽大湿润、下颚发达、眼大有神、被毛细而亮、皮肤柔软而疏松并有弹性，用拇指和食指捏起一拉像橡皮筋，用手指插入架子牛身上的毛后一档一握，一大把皮，这样的牛长肉多，易育肥。

一般情况下1.5～2岁或15～21月龄的牛，体重应在300千克以上，体高和胸围最好大于其所处月龄发育的平均值。

（六）膘情

一般来说，架子牛由于其营养状况不同，膘情也不同，可通过肉眼观察和实际触摸来判断。主要应注意肋骨、脊骨、十字部、腰角和臀端肌肉丰满情况，如果骨骼明显外露，则膘情为中下等；

若骨骼外露不明显，但手感较明显为中等；若手感较不明显，表明肌肉较丰满，则为中上等。

（七）健康状况

选购时要向原饲养者了解牛的来源、饲养役用历史及生长发育情况等，并通过牵牛走路、观察眼睛神采和鼻镜是否潮湿以及粪便是否正常等特征，对牛的健康状况进行初步判断；必要时应请兽医师诊断，重病牛不宜选购，小病牛也要待治好后再育肥。

二、肉用牛的运输

（一）运输时间

肉牛运输最佳季节应选择春、秋季，这两个季节温度适宜，牛出现应激反应现象比其他季节少。夏季运输时热应激较多，白天应在运输车厢上安装遮阳网，减少阳光直接照射。冬天运牛要在车厢周围用帆布挡风防寒冷。

（二）运输车辆

选用货车运输较为合适，肉牛在运输途中装卸各需 1 次即可到达目的地，给肉牛造成的应激反应比较小。运输途中押运人员饮食和牛饮水比较方便，也便于途中经常检查牛群的情况，发现牛只有异常情况能及时停车处理。如果是火车运输需装卸多次才能到达目的地，肉牛出现应激反应较大，肉牛出现异常情况无法及时处理。车型要求：使用高护栏敞篷车，护栏高度应不低于 1.8 米。车身长度根据运输肉牛头数和体重选择适合的车型。同时还要在车厢靠近车头顶部分用粗的木棒或钢管捆扎一个 1 米^2 左右的架子，将饲喂的干草堆放在上面。

（三）车厢内防滑

在肉牛上车前，必须在车厢地板上放置干草或草垫 20 ～ 30

厘米，并铺垫均匀，因为肉牛连续三四天吃睡都在车厢里，牛粪尿较多，使车厢地板很湿滑，垫草可以防止肉牛滑倒或摔倒。

（四）饮水桶和草料的准备

在肉牛装车之前应准备胶桶或铁桶2个，不要使用塑料桶。另外还要准备1根长10米左右软水管，便于停车场接自来水给牛饮水。草料要选择运输前饲喂的，要估计几天路程，每天每头牛需要多少草料，计算出草料总量，备足备好，只多不少。将干草放在车厢的顶部，用雨布或塑料布遮盖，防止路途中遇到雨水浸湿发霉变质。

（五）运输过程中的饲喂

在运输之前，应该对待运的肉牛进行健康状况检查，体质瘦弱的牛不能进行运输。在刚开始运输的时候应控制车速，让牛有一个适应的过程，在行驶途中规定车速不能超过每小时80公里，急转弯和停车均要先减速，避免紧急刹车；牛在运输前只喂半饱就行。肉牛在长途运输中，每头牛每天喂干草5千克左右。但必须保证牛每天饮水1～2次，每次10升左右。为减少长途运输带来的应激反应，可在饮水中添加适量的电解多维或葡萄糖。

（六）办好检疫证明

在长途运输时沿途经过多个省市，每个省都设有动物检疫站，押运人一定要将车辆进站进行防疫消毒，不要冲关逃避检疫消毒。同时还要准备好相关的检疫证明，如出县境动物产品检疫合格证明（见表2-1）和动物及动物产品运载工具消毒证明等。

（七）防止肉牛应激

由于突然改变饲养环境，车厢内活动空间受到限制，青年牛应激反应较大，免疫力会下降。因此在汽车起步或停车时要慢、平稳，中途要匀速行驶。长途运输过程中押运人每行驶2～

表 2-1　出县境动物产品检疫合格证明

货主______

产品名称	单位	数量（大写）
启运地点		到达地点
备注		
本证自签发之日起　　日内有效 动物检疫员（签章） 单位（章） 年　　月　　日签发		铁路（航空、水路） 动物防疫监督（签章） 年　　月　　日

5 小时要停车检查 1 次，尽最大努力减少运输引起的应激反应，确保肉牛能够顺利抵达目的地。

在运输途中发现牛患病，或因路面不平、急刹车造成肉牛滑倒关节扭伤或关节脱位，尤其是发现有卧地牛时，不能对牛只粗暴地抽打、惊吓，应用木棒或钢管将卧地牛与其他牛隔开，避免其他牛只踩踏。要采取简单方法治疗，主要以抗菌、解热、镇痛的治疗方针为主，针对病情用药。

三、运输后的管理

到达目的地后，将牛慢慢从车上卸下来，赶到指定的牛舍中进行健康检查，挑出病牛，隔离饲养，做好记录，加强治疗，尽快恢复患病牛的体能。

牛经过长时间的运输，路途中没有饲喂充足的草料和饮水，突然看到草料和水就容易暴饮暴食。所以需要准备适量的优质青草，控制饮水，青草料减半饲喂。可在饮水中加入适量电解多维和葡萄糖，有利于更好地恢复生产体能。

新购回的肉牛相对集中后，在单独圈舍进行健康观察和饲养过渡 10 ～ 15 天。第 1 周以粗饲料为主，略加精料；第 2 周开始逐渐加料至正常水平，同时结合驱虫，确保肉牛健康无病及检疫正常后再转入大群。

第三招 使肉牛长得更快

【核心提示】

依据肉牛生长发育规律，选择适宜的品种，提供良好的环境条件，科学饲养管理，最大限度发挥肉牛的生长潜力，使肉牛长得更快。

一、肉牛的生长发育规律及影响生长的因素

（一）肉牛的生长发育规律

肉牛生长发育的最直接指标就是体重，肉犊牛体重增长的规律可分为体重增长的一般规律、体重增长的不平衡性以及补偿增长规律。生产上应根据肉犊牛的体重增长规律来提供充足的营养，使其能够快速地生长发育，以达到良好的饲养效果，提高肉牛养殖经济效益。

1. 肉犊牛体重增长的一般规律

肉犊牛体重增长的一般规律可分为出生前的体重和出生后的体重。在犊牛出生前，妊娠期的前四个月胎儿的生长速度较为缓慢，以后会逐渐加快，妊娠后期，是胎儿体重增长最快的时期。肉犊牛的大部分体重都是在母牛的妊娠后期增长的。犊牛在胎儿时期各阶段的生长发育是不均衡的，其中用来维持生命需要的头、内脏、四肢骨骼等重要部位的生长发育速度较快，而肌肉和脂肪的生长发育速度较慢。因此，一般不将初生的犊牛用来育肥，因为这样饲养不够经济。

胎儿出生后，在营养充足的情况下，体重的增长规律在性成熟时是呈加速增长的，发育成熟后增重的速度会逐渐变慢，所以肉牛在12月龄前生长速度较快，随后会逐渐减慢，而这一阶段的采食量会逐渐增大，如果继续饲喂不但不会获得较高的产肉量，反而会造成饲料的浪费，因此，当肉牛在体成熟达到1.5～2岁时进行销售、屠宰较为经济。

2. 肉犊牛体重增长的不平衡性

肉犊牛的体重增长是不平衡的，这是肉牛体重增长规律的主要特点之一，这种不平衡性主要表现在犊牛从出生到6月龄的生长发育速度要比6～12月龄的生长发育速度快得多，到了12月龄以后，生长速度开始明显减慢，在接近成熟后的生长速度则更慢。例如，夏洛来牛从出生到6月龄的平均日增重为1.15～1.18千克，而到了6～12月龄则下降到0.5千克。肉牛每天摄入的饲料主要用于维持生命活动和基础的代谢需要，剩余的部分则被用来增重，所以体重增长速度快的牛用于维持需要的饲料的养分占总养分的比例相对要少，饲料的报酬率高。研究表明，平均日增重1.1千克的犊牛维持需要的饲料量占总饲料量的38%，平均日增重为0.8千克的犊牛维持需要的饲料量则为总饲料量的47%，所以在肉牛养殖生产中要掌握肉牛生长发育的不平衡性这一特点，在其生长发育快速的阶段给予充足的营养物质，以保证肉牛快速增长，提高养殖效率。

3. 肉犊牛体重增长的补偿增长

在肉犊牛生长发育的阶段，如果营养不足会导致其生长发育速度下降，当在后期的某一阶段恢复高营养供给后，其生长发育的速度比其他正常饲养的肉牛要快，再经过一段时间的饲养后体重可恢复正常，肉牛的这种生长特性就叫做补偿增长。这就是育肥架子牛可获得良好经济效益的主要原因，因为在肉牛的补偿阶段，补偿增长的牛生长速度、采食量以及饲料的利用率等这几项指标都要高于正常生长发育的肉牛。虽然如此，但是由于补偿增长的牛在达到与正常生长的牛相同的体重所需要的时间较长，虽然饲料的利用率较高，但是在整个饲养周期里饲料的转化率较低，另外，补偿增长的牛即使在饲养周期结束后可以达到体重要求，但是体组织仍然会受到一定程度的影响，表现在屠宰后补偿牛的骨成分较高，脂肪成分较低。

值得注意的是肉犊牛并不是在任何情况下都可以获得补偿增长。在生长发育的早期，当营养供给严重不足时，会导致增长速度受到严重的影响，而使犊牛易形成僵牛。另外，如果犊牛长期处于低营养水平的饲养条件下，则获得补偿增长较为困难，即使可以补偿增长，效果也较差。因此，在肉牛的饲养管理过程中要想利用肉牛补偿增长这一规律，要注意肉牛生长受阻的时间最长不能超过 6 个月，并且生长受阻的时间最好不要选择在胚胎期以及出生到 3 月龄这段时间，否则补偿效果不好。

（二）影响肉牛生长的因素

1. 品种和类型

不同品种和类型的牛产肉性能差异很大，这是影响育肥效果

的重要因素之一。肉用牛比肉乳兼用牛、乳用牛和役用牛能较快地结束生长，因而能早期进行育肥，提前出栏，节约饲料。并且能获得较高的屠宰率和胴体出肉率，肉的质量也好，胴体中所含不可食部分（骨和结缔组织）较少，能够较均匀地在体内储积脂肪，使肉形成大理石纹状，因而肉味鲜美，质量高。其屠宰率在育肥后为60%～65%，高者达68%～72%，而兼用品种牛为55%～60%，肉乳兼用的西门塔尔牛为62%，乳用品种牛未育肥为35%～43%，育肥后为50%。

役用品种牛未经育肥和育肥后各种牛差异也很大，如老残牛屠宰率为55.11%～57.19%，南阳黄牛为42.5%，秦川牛为41.78%，甘肃黄牛一般为40%，改良后可达50%以上。如改良后的西黄 F_1 代，利西黄、短西黄、西黄 F_2 代，18月龄开始育肥，经80天后，屠宰率分别为54.21%、56.06%、54.78%和55.58%。同一品种或类型中不同的体形结构产肉性能也会不同。

2. 年龄

年龄不同，屠体品质也不同，幼龄牛肉纤维细嫩，水分含量高（初生犊水分含量70%以上），脂肪含量少，味鲜、多汁，随年龄增长，纤维变粗，水分含量减少（两岁阉牛胴体水分为45%），脂肪含量增加，不同年龄牛的售价也有很大差异。年龄不同增重速度不同，生后第一年内脏器官和组织生长最快，以后速度减缓，而第二年的增重为第1年的70%，第三年为第二年的50%，因此肉牛以1岁最多不超过2岁屠宰为好。同时幼牛维持消耗少，单位增重所耗饲料少，饲料利用率高。体重的增长主要是肌肉、骨骼和各器官的生长。而年龄大的牛则相反，体重增长主要靠脂肪沉积，其热能消耗约为肌肉的7倍。因此，幼牛的育肥较老年牛更为经济。

3. 性别

性别对体形、胴体形状和结构、肉的品质、胴体肥度都有很大的影响。消费者喜好上有选择，国外商业价格也有较大差异，因此往往将肉用牛按性别和大小分为五类。早期去势公牛（阉小公牛），即在性成熟前未表现公牛特征时去势的公牛，这是市场供应最多的牛；小母牛（没有妊娠或尚处于妊娠期尚未发育结束的母牛）适于短期育肥，可早结束发育，提早上市；阉大公牛（已表现雄性特征和性成熟后去势的公牛）、公牛（未去势的公牛）、母牛（已分娩一胎或一胎以上，以及初胎妊娠后期，虽未妊娠但已结束发育，具备成年母牛形态的牛）增重成本较一岁牛增加50%～100%（育肥为脂肪堆积），只适于短期育肥上市。

性别不同，增重速度不同，公牛增重速度最快，阉牛次之，母牛最低，特别是育成公牛和阉牛相比，生长率高（7%～8%），饲料报酬较高（增重1千克所需饲料低12%），眼肌面积大，胴体瘦肉含量多，最佳屠宰体重高（6%～10%），达到相同胴体质量时活重较大，屠宰率高，脂肪少，可食肉比例高，因而商品价值高。国外有提倡育肥公牛的趋势，但公牛肉质不及阉牛好。

母牛和阉牛、公牛的肉质相比，其肌纤维细嫩，结缔组织少，肉味好，易育肥。但缺点是育肥生长速度慢，易受发情干扰。在育肥时可采用育肥后期放入公牛配种使之妊娠或摘除卵巢以消除发情干扰。淘汰母牛和老龄母牛育肥时肉质差，增重多为脂肪，成本高，但可以充分利用粗饲料各种残渣，相对节约开支，但育肥期不宜过长，体形较为丰满时即时屠宰为最适宜。

4. 饲养水平和饲养状况

饲养水平和饲养状况是提高产肉量和肉品质的最主要因素，

正确地进行饲养，组织安排放牧育肥和舍饲育肥是肉牛生产的决定性环节。试验证明，饲养丰富的幼年阉牛，比饲养贫乏的牛体重、胴体重、肉和油脂产量等都高1倍多。另外，正确地组织放牧和利用草场，100～150天能增加体重100～150千克，幼牛体重增加60%～70%，成年牛体重增加40%～50%。

5. 环境条件

良好的环境条件和肥沃的土地可以生产丰富优质牧草，减少牛的维持需要，从而提高牛的产肉性能，提高肉的品质。而低温、山地和劣质草场，则往往限制牛的生产性能。据英国肉类专家和家畜委员会统计，在海拔3000米以上未经改良草场的阉牛和母牛200日龄体重分别比海拔100米以下围栏人工草场地区的牛体重低54千克和47千克，各种杂种牛200日龄优势体重减少9.1千克。据此他们认为环境的影响超过品种的影响。由此可见，在肉牛生产中创造良好的饲养管理条件是十分必要的。

6. 杂交

杂交可以产生活力、适应性、生长发育、产肉性能等方面的杂种优势，肉牛生产中已广泛利用经济杂交提高产肉性能。苏联研究了100多个品种间的杂交方法，产肉性能比纯种提高10%～15%。美国的试验证明杂种牛比纯种牛多产肉15%～20%，三品种杂交又比两品种杂交多产肉5%左右。

7. 双肌肉的发育

近年来在肉牛的选种工作中对肌肉的发育都很重视，双肌是对肉牛臀部肌肉过度发育的形象称呼。早在200年前已发现牛的肌肉发育有双肌现象，在短角、海福特、夏洛来等品种中均有出现，目前在夏洛来牛中最多，公牛较母牛多。双肌有如下特点：一是以膝关节为圆心至臀端为半径划一圆，双肌的臀部外缘正好与圆周吻合，但非双肌的牛的臀部外缘则在圆周以内，双肌牛由于后躯肌肉特别发达，因此能看出肌肉间有明显的凹陷沟痕，行走时肌肉移动明显且后腿向前向两外侧，尾根突出，尾根附着向前；二是双肌牛沿脊柱两侧和背腰的肌肉很发达，形成“复腰”，腹部上收，体躯较长；三是肩区肌肉较发达，但不如后躯，肩肌之间有凹陷，颈短较厚，上部呈弓形；四是双肌牛生长快，早熟。

双肌的特性随牛的成熟而变得不明显。公牛的双肌比母牛明显。双肌牛胴体的特点是：脂肪沉积少而肌肉多，据测定，双肌牛胴体的脂肪比正常牛少3%～6%，瘦肉多8%～11.8%，骨少2.3%～5%，个别双肌牛的肌肉可比正常牛多20%；双肌牛的主要缺点是繁殖力差，妊娠期延长，难产多。

8. 育肥程度

育肥程度是影响牛肉产量和质量的首要因素。牛的外表育肥程度好，体重大，售价高，肉产量和质量好，胴体的高等级比例和优质切块比例高。

二、选择优良的肉牛品种

我国没有专用的肉牛品种，大多是役用牛品种。新中国成立以后，先后从国外引进20多个肉牛品种，如西门塔尔牛、利木赞牛、海福特牛、安格斯牛等，除纯种繁殖外，均用来改善本地黄牛，取得了可喜的成就。如我国地方品种牛用西门塔尔牛改良，产肉、产奶效果都很好；用海福特牛改良，能提高早熟性和牛肉品质；用利木赞牛改良，牛肉的大理石花纹明显改善；用夏洛来牛或皮埃蒙特牛改良，后代的生长速度快，瘦肉率、屠宰率和净肉率高，肉质好；用安格斯牛改良，后代抗逆性强，早熟，肉质上乘。

不同品种，育肥期的增重速度是不一样的，肉用品种的增重

速度比本地黄牛（耕牛）快，大量利用国外肉牛品种和我国地方品种母牛杂交产生的改良牛，生长速度、饲料利用率和肉的品质都超过本地品种。

但是由于我国生态条件复杂，气候多样，引进国外的优良品种仅是用作经济杂交，不可能取代我国各地的牛种，因而培育我国新型肉牛，还应该以本地品种选育为主，本地良种是必不可少的基因库。值得注意的是，中国地方良种黄牛品种，在某些肉用性状上，比国际上公认的肉用牛种更好，值得提倡和强化利用。

（一）国外肉牛品种

1. 夏洛来牛

（1）产地及分布 夏洛来牛原产于法国中西部到东南部的夏洛来省和涅夫勒地区，是古老的大型役用牛，18 世纪经过长期严格的本品种选育而成为举世闻名的大型肉牛品种。以其生长快、肉量多、体型大、耐粗放受到国际市场的广泛欢迎，被输往世界许多国家，参与新型肉牛品种的育成、杂交繁育，或在引入国进行纯种繁殖。

（2）外貌特征 该牛最显著的特点是被毛为白色或乳白色，皮肤常有色斑；全身肌肉特别发达；骨骼结实，四肢强壮，体力强大。夏洛来牛头小而宽，角圆而较长，并向前方伸展，角质蜡黄，颈粗短，胸宽深，肋骨方圆，背宽肉厚，体躯呈圆筒状，后躯、背腰和肩胛部肌肉发达，并向后和侧面突出，常形成“双肌”特征。公牛常有双鬐甲和凹背的缺点。成年活重，公牛平均为 1100 ～ 1200 千克，母牛为 700 ～ 800 千克。

（3）生产性能 生长速度快，增重快，瘦肉多，且肉质好，无过多的脂肪。在良好的饲养条件下，6 月龄公犊可以达 250 千克，母犊达 210 千克。日增重可达 1400 克。在加拿大，良好饲养条件下公牛周岁可达 511 千克。该牛作为专门化大型肉用牛，产肉性能好，屠宰率一般为60%～70%，胴体瘦肉率为80%～85%。16月龄的育肥母牛胴体重达418千克，屠宰率66.3%。夏洛来母牛泌乳量较高，一个泌乳期可产奶2000千克，乳脂率为4.0%～4.7%，但纯种繁殖时难产率较高（13.7%）。夏洛来牛有良好的适应能力，耐旱抗热，冬季严寒不夹尾，不拱腰，盛夏不热喘，采食正常。夏季全日放牧时，采食快、觅食能力强，在不补饲条件下，也能增重上膘。我国引进的夏洛来母牛发情周期为21天，发情持续期为36小时，产后第一次发情时间为62天，妊娠期平均为286天。

（4）杂交利用效果　与黄牛杂交，杂交一代具有父系品种的明显特征，毛色多为乳白或草黄色，体格略大，四肢坚实，骨骼粗壮，胸宽尻平，肌肉丰满，性情温驯，且耐粗饲，易于饲养管理，增长速度加快，杂种优势明显。我国两次直接由法国引进夏洛来牛，在东北、西北和南方部分地区用该品种与我国黄牛杂交，取得了明显效果。

2. 利木赞牛

（1）产地及分布　利木赞牛原产于法国中部的利木赞高原，并因此得名。在法国主要分布在中部和南部的广大地区，数量仅次于夏洛来牛，育成后于20世纪70年代初输入欧美各国，现在世界上许多国家都有该牛分布，属于专门化的大型肉牛品种。

（2）外貌特征　利木赞牛毛色为红色或黄色，背毛浓厚而粗硬，有助于抗拒严寒的放牧生活。口鼻周围、眼圈周围、四肢内侧及尾帚毛色较浅（即称“三粉特征”），角为白色，蹄为红褐色。头较短小，额宽，胸部宽深，体躯较长，后躯肌肉丰满，四肢粗短。利木赞牛全身肌肉发达，骨骼比夏洛来牛略细，因而一般较夏洛来牛小一些。平均成年体重：公牛1100千克，母牛

600 千克；在法国较好饲养条件下，公牛活重可达 1200 ～ 1500 千克，母牛达 600 ～ 800 千克。

（3）生产性能　利木赞牛产肉性能好，胴体质量好，眼肌面积大，前后肢肌肉丰满，出肉率高，在肉牛市场上很有竞争力，其育肥牛屠宰率在 65%左右，胴体瘦肉率为 80%～ 85%，且脂肪少、肉味好、市场售价高。集约饲养条件下，犊牛断奶后生长很快，10 月龄体重即达 408 千克，周岁时体重可达 480 千克左右，哺乳期平均日增重为 0.86 ～ 1.0 千克。该牛 8 月龄的小牛就可生产出具有大理石纹的牛肉，因此，是法国等一些欧洲国家生产牛肉的主要品种。

（4）杂交利用效果　由于利木赞牛的犊牛出生体格小，具有快速的生长能力，以及良好的体躯长度和令人满意的肌肉量，因而被广泛用于经济杂交来生产小牛肉。我国从法国引入利木赞牛，在河南、山东、内蒙古等地改良当地黄牛，杂种优势明显。杂交后代体形改善，肉用特征明显，生长强度增大。目前，黑龙江、山东、安徽为主要供种区，现有改良牛 45 万头。

3. 皮埃蒙特牛

（1）产地及分布　皮埃蒙特牛原产于意大利北部的皮埃蒙特地区，原为役用牛，经长期选育，现已成为生产性能优良的专门化肉用品种。因其具有双肌肉基因，是目前国际公认的终端父本，已被世界 22 个国家引进，用于杂交改良。

（2）外貌特征　该牛体躯发育充分，胸部宽阔，肌肉发达，四肢强健。公牛皮肤为灰色，眼、睫毛、眼睑边缘、鼻镜、唇以及尾巴端为黑色，肩胛毛色较深。母牛毛色为全白，有的个体眼圈为浅灰色，眼睫毛、耳廓四周为黑色。犊牛幼龄时毛色为乳黄色，4 ～ 6 月龄胎毛退去后，呈成年牛毛色。牛角在 12 月龄变为黑色，成年牛的角底部为浅黄色，角尖为黑色。该牛体型较大，体躯呈圆筒状，肌肉高度发达。成年体重：公牛不低于1000千克，母牛平均为500～600千克。平均体高：公牛和母牛分别为150厘米和136厘米。

（3）生产性能　皮埃蒙特牛肉用性能十分突出，其育肥期平均日增重1500克（1360～1657克），生长速度为肉用品种之首。公牛屠宰适期为550～600千克活重，一般在15～18月龄即可达到此值。母牛14～15月龄体重可达400～450千克。该牛肉质细嫩，瘦肉含量高，屠宰率一般为65%～70%。经试验测定，该品种公牛屠宰率可达到68.23%，胴体瘦肉率达84.13%，骨骼13.60%，脂肪仅占1.50%。每100克肉中胆固醇含量只有48.5毫克，低于一般牛肉（73毫克）、猪肉（79毫克）和鸡肉（76毫克）。

（4）杂交利用效果　从意大利引进冻精及胚胎，山东高密、河南南阳及黑龙江齐齐哈尔等地设有胚胎中心。我国已开展了皮埃蒙特牛的杂交改良。现已在全国12个省、市推广应用。河南南阳地区对南阳牛的杂交改良，已显示出良好的效果。通过244天的育肥，2000多头皮杂后代创造了18月龄耗料800千克、获重500千克、眼肌面积114.1厘米^{2}的国内最佳纪录，生长速度达国内肉牛领先水平。

4. 比利时蓝白牛

（1）产地及分布　比利时蓝白牛原产于比利时王国的南部，占该国牛群的40%。该品种能够适应多种生态环境，在山地和草原都可饲养，是欧洲市场较好的双肌大型肉牛品种。

（2）外貌特征　比利时蓝白牛的毛色主要是蓝白色和白色，也有少量带黑色毛片的牛。体躯强壮，背直，肋圆。全身肌肉极度发达，臀部丰满，后腿肌肉突出。温驯易养。

（3）生产性能　成年体重，公牛1250千克，母牛750千克。早熟，幼龄公牛可用于育肥。经育肥的蓝白牛，胴体中可

食部分比例大，优等者，胴体中肌肉占70%、脂肪占13.5%、骨占16.5%。胴体一级切块率高，即使前腿肉也能形成较多的一级切块。肌纤维细，肉质嫩，肉质完全符合国际市场的要求。

（4）杂交利用效果　可作为父本，与荷斯坦牛或地方黄牛杂交。欧洲国家的试验表明，其杂交效果良好。山西省于1996年已少量引入该品种。河南省1997年引进30头，犊牛初生重达50千克以上。适于作商品肉牛杂交的"终端父本"。

5. 海福特牛

（1）产地及分布　原产于英格兰西部的海福特郡，是世界上最古老的中小型早熟肉牛品种，现分布于世界上许多国家。

（2）外貌特征　具有典型的肉用牛体形，分为有角和无角两种。颈粗短，体躯肌肉丰满，呈圆筒状，背腰宽平，臀部宽厚，肌肉发达，四肢短粗，侧望体躯呈矩形。全身被毛除头、颈下垂处、腹下、四肢下部以及尾尖为白色外，其余均为红色，皮肤为橙黄色，角为蜡黄色或白色。

（3）生产性能　成年体重，母牛平均520～620千克，公牛900～1100千克；犊牛初生重28～34千克。该牛7～18月龄的平均日增重为0.8～1.3千克；良好饲养条件下，7～12月龄平均日增重可达1.4千克以上。据载，加拿大一头公牛，育肥期日增重高达2.77千克。屠宰率一般为60%～65%，18月龄公牛活重可达500千克以上。该品种牛适应性好，在干旱高原牧场冬季严寒（－50～－48℃）或夏季酷暑（38～40℃）条件下都可以放牧饲养和正常生活繁殖，表现出良好的适应性和生产性能。

（4）杂交利用效果　与本地黄牛杂交，后代一般表现体格加大，体形改善，宽度提高明显；犊牛生长快，抗病耐寒，适应性好，体躯被毛为红色，但头、腹下和四肢部位多有白毛。

6. 短角牛

（1）产地及分布　原产于英格兰东北部的诺森伯兰郡、达勒姆郡。最初只强调育肥，到二十世纪初已培育成为世界闻名的肉牛良种。近代短角牛有两种类型，即：肉用短角牛和乳肉兼用型短角牛。

（2）外貌特征　肉用短角牛被毛以红色为主，有白色和红白交杂的沙毛个体，部分个体腹下或乳房部有白斑；鼻镜粉红色，眼圈色淡；皮肤细致柔软。该牛为典型肉用牛体形，侧望体躯为矩形，背部宽平，背腰平直，尻部宽广、丰满，股部宽而多肉。体躯各部位结合良好，头短，额宽平；角短细，向下稍弯，呈蜡黄色或白色，角尖部为黑色；颈部被毛较长且多卷曲，额顶部有丛生的被毛。

（3）生产性能　成年公牛活重平均900～1200千克，母牛600～700千克；公、母牛体高分别为136厘米和128厘米左右。早熟性好，肉用性能突出，利用粗饲料能力强，增重快，产肉多，肉质细嫩。17月龄活重可达500千克，屠宰率为65%以上。大理石纹好，但脂肪沉积不够理想。

（4）杂交利用效果　在东北地区及内蒙古等地改良当地黄牛，杂种牛毛色紫红，体形改善，体格加大，产乳量提高，杂种优势明显。乳用短角牛与吉林、河北和内蒙古等地的土种黄牛杂交育成了乳肉兼用型新品种——草原红牛。其乳肉性能得到全面提高，表现出了很好的杂交改良效果。

7. 安格斯牛

（1）产地及分布　属于古老的小型肉牛品种。原产于英国的阿伯丁、安格斯和金卡丁等郡，因此得名。目前世界上大多数国

家都有该品种牛。

（2）外貌特征　安格斯牛以被毛黑色和无角为重要特征，故也称无角黑牛，也有红色类型的安格斯牛。该牛体躯低矮、结实，头小而方，额宽，体躯宽深，呈圆筒形，四肢短而直，前后裆较宽，全身肌肉丰满，具有现代肉牛的典型体形。

（3）生产性能　安格斯牛成年公牛平均活重 700 ～ 900 千克，母牛 500 ～ 600 千克，犊牛平均初生重 25 ～ 32 千克，成年体高公、母牛分别为 130.8 厘米和 118.9 厘米。安格斯牛具有良好的肉用性能，被认为是世界上专门化肉牛品种中的典型品种之一。表现早熟，胴体品质高，出肉多。屠宰率一般为 60%～ 65%，哺乳期日增重 900 ～ 1000 克。育肥期日增重（1.5 岁以内）平均 0.7 ～ 0.9 千克。肌肉大理石纹很好。

（4）杂交利用效果　该牛适应性强，耐寒抗病。缺点是母牛稍具神经质。

（二）中国的黄牛品种

中国黄牛是我国曾经长期以役肉兼用为主的黄牛群体的总称。泛指除水牛、牦牛以外的所有家牛。中国黄牛广泛分布于我国各地。按地理分布划分，中国黄牛包括中原黄牛、北方黄牛和南方黄牛三大类型。在地方黄牛中体型大、肉用性能好的培育品种有秦川牛、南阳牛、鲁西牛、晋南牛等优良品种。

1. 秦川牛

（1）产地及分布　产于陕西关中地区的“八百里秦川”而得名。其中，渭南、蒲城、扶风、岐山等 15 县（市）为主产区，尤以扶风、礼泉、乾县、咸阳、兴平、武功和蒲城 7 个县、市的秦川牛最为著名。目前全国各地都有。

（2）外貌特征　秦川牛体格高大，骨骼粗壮，肌肉丰满，体质强健，前躯发育好，具有肉役兼用牛的体形。头部方正，肩长而斜。胸部宽深，肋长而弓。背腰平直宽长，长短适中，结合良好。荐骨稍隆起，后躯发育中等。四肢粗壮结实，两前肢相距较宽，蹄叉很紧。角短而钝。被毛细致有光泽，毛色多为紫红色及红色；鼻镜呈肉红色，部分个体有色斑；蹄壳和角多为肉红色。公牛头大颈短，鬐甲高而厚，肉垂发达；母牛头清目秀，鬐甲低而薄，肩长而斜，荐骨稍隆起。缺点是牛群中常见有尻稍斜的个体。

（3）生产性能　肉用性能比较突出，尤其经过数十年的系统选育，秦川牛不仅数量大大增加，而且牛群质量、等级、生产性能也有了很大提高。短期（82天）育肥后屠宰，18月龄和22.5月龄屠宰的公、母阉牛，其平均屠宰率分别58.3%和60.75%，净肉率分别为50.5%和52.21%，相当于国外著名的乳肉兼用品种水平。13月龄屠宰的公、母牛其平均肉骨比为6∶13，瘦肉率76.04%，眼肌面积（公）106.5厘米^2，远远超过国外同龄肉牛品种。平均泌乳期7个月，产奶量715.8千克（最高达1006.75千克）。秦川牛常年发情，在中等饲养条件下，初情期为9.3月龄，成年母牛发情周期20.9天，发情持续期平均39.4小时，妊娠期285天，产后第一次发情约53天。秦川公牛一般12月龄性成熟，2岁左右配种。

（4）杂交利用效果　秦川牛适应性良好，全国已有20多个省（区）引进秦川公牛以改良当地牛，杂交效果良好。秦川牛作为母本，与荷斯坦牛、丹麦红牛、兼用短角牛杂交，杂交后代肉、乳性能均得到明显提高。

2. 南阳牛

（1）产地及分布　产于河南省南阳地区白河和唐河流域的广大平原地区，以南阳、唐河、邓州、新野、镇平、社旗、方城等县（市）为主要产区。

（2）外貌特征　体格高大、肌肉发达、结构紧凑、四肢强健，它的皮薄、毛细，行动迅速，性情温顺，鼻镜宽，多为肉红色，其中部分带有黑点。公牛颈侧多有皱襞，尖峰隆起多 8 ～ 9 厘米。毛色有黄、红、草白三种，以深浅不一的黄色为最多。一般牛的面部、腹部、四肢下部的毛色较浅。南阳牛的蹄壳以黄蜡色、琥珀色带血筋者较多。角型以萝卜角为主，公牛角基粗壮，母牛角细。鬐甲较高，肩部较突出，背腰平直，荐部较高，额微凹，颈短厚而多皱褶，部分牛只胸部欠宽深，体长不足，尻部较斜，乳房发育较差。

（3）生产性能　产肉性能良好，15 月龄育肥牛，体重达到 441.7 千克，日增重 813 克，屠宰率 55.6%，净肉率 46.6%，胴体产肉率 83.7%，肉骨比为 5 ∶ 1，眼肌面积 92.6 厘米 ^{2}；表现出肉质细嫩，颜色鲜红，大理石花纹明显，味道鲜美。泌乳期 6 ～ 8 个月，产乳量 600 ～ 800 千克。南阳牛适应性强，耐粗饲。母牛常年发情，在中等饲养水平下，初情期在 8 ～ 12 月龄，初配年龄一般掌握在 2 岁。发情周期 17 ～ 25 天，平均 21 天。妊娠期平均 289.8 天，范围为 250 ～ 308 天，产后发情约需 77 天。

（4）杂交利用效果　已被全国 22 个省（市、自治区）引入，与当地黄牛杂交。改良后的杂种牛体格高大，体质结实，生长发育快，采食能力强，耐粗饲，适应本地生态环境。四肢较长，行动迅速，毛色多为黄色，具有父本的明显特征。

3. 晋南牛

（1）产地及分布　产于山西省南部晋南盆地的运城地区。晋南牛是经过长期不断的人工选育而形成的地方良种。

（2）外貌特征　属于大型役肉兼用品种，体格粗壮，胸围较大，躯体较长，成年牛的前躯较后躯发达，胸部及背腰宽阔，毛色以枣红为主，红色和黄色次之，富有光泽；鼻镜和蹄壳多呈粉红色。公牛头短，额宽，颈较短粗，背腰平直，垂皮发达，肩峰不明显，臀端较窄；母牛头部清秀，体质强健，但乳房发育较差。晋南牛的角为顺风角。

（3）生产性能　产肉性能良好，18月龄时屠宰中等营养水平饲养的该牛，其屠宰率和净肉率分别为53.9%和40.3%；经高营养水平育肥者屠宰率和净肉率分别为59.2%和51.2%。育肥的成年阉牛屠宰率和净肉率分别为62%和52.69%。晋南牛育肥日增重、饲料报酬、形成“大理石肉”等性能优于其他品种，晋南牛的泌乳期为7～9个月，泌乳量为754千克，乳脂率为55%～61%。晋南牛的性成熟期为10～12月龄，初配年龄18～20月龄，产犊间隔14～18个月，妊娠期287～297天，繁殖年限12～15年，繁殖率为80%～90%，犊牛初生重23.5～26.5千克。

（4）杂交利用效果　用于改良我国一般黄牛效果较好。从对山西本省其他黄牛的品种改良来看，改良牛的体尺和体重都大于当地牛，体形和毛色也酷似晋南牛。这表明晋南牛的遗传相当稳定。

4. 鲁西牛

（1）产地及分布　产于山东省西南部的菏泽、济宁两地区，以郓城、鄄城、菏泽、嘉祥、济宁等10县为中心产区。在鲁南地区、河南东部、河北南部、江苏和安徽北部也有分布。

（2）外貌特征　体躯高大，结构紧凑，肌肉发达，前躯较宽深，具有较好的肉役兼用体形。被毛从浅黄到棕红都有，而以黄色为最多，占70%以上。一般前躯毛色较后躯深，公牛毛色较母牛的深。多数牛具有完全的“三粉特征”，即眼圈、口轮、腹下四肢内侧毛色较浅。垂皮较发达，角多为龙门角；公牛肩峰宽厚而高，胸深而宽，后躯发育差，尻部肌肉不够丰满，前高后低；母牛后躯较好，鬐甲低平，背腰短而平直，尻部稍倾斜，尾细长。

（3）生产性能　肉用性能良好，据菏泽地区测定，18月龄的育肥公、母牛的平均屠宰率为57.2%，净肉率为49.0%，肉骨比为6∶1，眼肌面积89.1厘米^2。该牛皮薄骨细，肉质细嫩，大理石纹明显，市场占有率较高。总体上讲，鲁西牛以体大力强、外貌一致、品种特征明显、肉质良好而著称，但尚存在体成熟较晚、日增重不高、后躯欠丰满等缺陷。鲁西牛繁殖能力较强，母牛性成熟早，公牛稍晚。一般2～2.5岁开始配种。此外，自有记载以来，鲁西牛从未流行过绦虫病，说明它有较强的抗绦虫病的能力。母牛性成熟早，有的8月龄即能受胎。一般10～12月龄开始发情，发情周期平均22天，范围16～35天，发情持续期2～3天。妊娠期平均285天，范围270～310天。产后第一次发情平均为35天，范围22～79天。

（4）杂交利用效果　利用鲁西黄牛作为母本分别与西门塔尔肉牛和利木赞肉牛杂交，增重率和饲料转化率明显提高。

5. 延边牛

（1）产地及分布　延边牛是东北地区优良地方牛种之一。延边牛产于东北三省东部的狭长地带，分布于吉林省延边朝鲜族自治州的延吉、和龙、汪清、珲春及毗邻各县，黑龙江省的宁安、海林等县，辽宁省宽甸县及沿鸭绿江一带。延边牛是朝鲜牛与本地牛长期杂交的结果，也混有蒙古牛的血液，属寒温带山区的役肉兼用型品种，是北方水稻田的重要耕畜。

（2）外貌特征　体质结实，抗寒性能良好，适宜于林间放牧。在体形外貌上，毛色为深浅不一的黄色，鼻镜呈淡褐色，带有黑点。被毛密而厚，皮厚有弹力。胸部宽深，体质结实，骨骼坚实。公牛额宽，角粗大；母牛角细长。成年时平均活重：公牛465.5千克，母牛365.2千克。公、母牛体高分别为130.6厘米和121.8厘米；体长分别为151.8厘米和141.2厘米。

（3）生产性能　18月龄育肥公牛平均屠宰率为57.7%，净肉率47.23%。眼肌面积75.8厘米^2；母牛泌乳期6～7个月，一般产奶量500～700千克；20～24月龄初配，母牛繁殖年限10～13岁。该牛耐寒，耐粗饲，抗病力强，适应性良好。

（4）杂交利用效果　利用延边黄牛与利木赞牛杂交选育出的专门化肉牛品种（延黄牛），具有肉质细嫩多汁、鲜美适口、营养丰富等优点。

6. 蒙古牛

（1）产地及分布　广泛分布于我国北方各省、自治区，以内蒙古中部和东部为集中产区。

（2）外貌特征　毛色多样，但以黑色和黄色者居多，头部粗重，角长，垂皮不发达，胸较宽深，背腰平直，后躯短窄，尻部倾斜，四肢短，蹄质坚实。成年牛平均体重：公牛350～450千克，母牛206～370.0千克，地区类型间差异明显。公、母牛体高分别为113.5～120.9厘米和108.5～112.8厘米。

（3）生产性能　泌乳力较好，产后100天内，日均产乳5千克，最高日产8.10千克。平均含脂率5.22%。中等膘情的成年阉牛，平均屠宰前重376.9千克，屠宰率为53.0%，净肉率44.6%，眼肌面积56.0厘米^2。该牛繁殖率50%～60%，犊牛成活率90%；4～8岁为繁殖旺盛期。蒙古牛终年放牧，在－50～35℃不同季节气温剧烈变化条件下能常年适应，且抓膘能力强，发病率低，是我国最耐干旱和严寒的少数几个品种之一。

（4）杂交利用效果　西门塔尔牛作父本改良蒙古牛，杂交二代（公牛）的平均活重、胴体重、净肉重比蒙古牛分别提高61.86%、70.16%和74.95%。利用西门塔尔牛改良蒙古牛可以明显改善肉用性能。

（三）兼用牛品种

兼用牛品种是肉乳兼用或乳肉兼用的育成品种，主要包括国外的西门塔尔牛、丹麦红牛、德国黄牛以及国内的三河牛、草原红牛和新疆褐牛。

1. 西门塔尔牛

（1）产地及分布　原产于瑞士西部的阿尔卑斯山区，主要产地为西门塔尔平原和萨能平原。在法、德、奥等国边邻地区也有分布。现成为世界上分布最广、数量最多的乳、肉、役兼用品种之一。

（2）外貌特征　属宽额牛，角较细而向外上方弯曲，尖端稍向上。毛色为黄白花或红白花，身躯缠有白色胸带，腹部、尾梢、四肢在腓节和膝关节以下为白色。颈长中等，体躯长。西门塔尔牛具有欧洲大陆型肉用体形，体表肌肉群明显易见，臀部肌肉充实，尻部肌肉深且多呈圆形。前躯较后躯发育好，胸深，尻宽平，四肢结实，大腿肌肉发达，乳房发育好。

（3）生产性能　成年公牛体重平均800～1200千克，母牛650～800千克。乳、肉用性能均较好，平均产奶量为4070千克，乳脂率3.9%。在欧洲良种登记牛中，年产奶4540千克者约占20%。生长速度较快，平均日增重可达1.0千克以上，生长速度与其他大型肉用品种相近，胴体肉多，脂肪少而分布均匀，公牛育肥后屠宰率可达65%左右。成年母牛难产率低，适应性强，耐粗放管理。其为兼具乳牛和肉牛特点的典型品种。

（4）杂交利用效果　改良各地的黄牛，都取得了比较理想的效果。西门塔尔牛与当地黄牛杂交后的F_1代、F_2代2岁体重分别比黄牛提高24.18%和24.13%，其中F_2代牛屠宰率比黄牛提高9.25个百分点。在产奶性能上，207天的泌乳量，杂交一代为1818千克，二代为2121.5千克，三代为2230.5千克。

2. 德国黄牛

（1）产地及分布　原产于德国和奥地利，其中德国数量最多，系瑞士褐牛与当地黄牛杂交选育而成。

（2）外貌特征　毛色为浅黄（奶油色）到浅红色，体躯长，体格大，胸深，背直，四肢短而有力，肌肉发达。母牛乳房大，附着结实。

（3）生产性能　成年公牛活重 900 ～ 1200 千克，母牛 600 ～ 700 千克；体高分别为公牛 145 ～ 150 厘米和母牛 130 ～ 134 厘米。屠宰率 62%，净肉率 56%，分别高于南阳牛 5.7 和 4.9 个百分点。泌乳期产乳量 4650 千克，乳脂率 4.15%，比南阳牛高 4 倍多。母牛初产年龄为 28 个月，犊牛初生重平均为 42 千克，难产率很低。小牛易育肥，肉质好，屠宰率高。去势小公牛育肥至 18 月龄时体重达 500 ～ 600 千克。

（4）杂交利用效果　河南省南阳牛育种中心、陕西省秦川肉牛良种繁育中心场引进饲养有批量的德国黄牛。国内许多地方拟选用该品种改良当地黄牛。

3. 丹麦红牛

（1）产地及分布　原产于丹麦的西南岛、洛兰岛及默恩岛。1878 年育成，以泌乳量、乳脂率及乳蛋白率高而闻名于世，现在许多国家都有分布。

（2）外貌特征　被毛呈一致的紫红色，不同个体间也有毛色深浅的差别；部分牛只的腹部、乳房和尾帚部生有白毛。该牛体躯长而深，胸部向前突出；背腰平直，尻宽平；四肢粗壮结实；乳房发达而匀称。

（3）生产性能　成年牛活重，公牛 1000 ～ 1300 千克，母牛 650 千克；其体高分别为公牛 148 厘米和母牛 132 厘米；犊牛初生重 40 千克。产肉性能较好，屠宰率平均 54%，育肥牛胴体瘦肉率

65%。犊牛哺乳期日增重较高，平均为0.7～1.0千克。性成熟早，耐粗饲、耐寒、耐热，采食快，适应性强。丹麦红牛的产乳性能也好，年平均产奶量为7315千克，乳脂率为4.15%，乳蛋白率为3.57%，高产个体305天产奶量超过10000千克。

（4）杂交利用效果　吉林省和原西北农业大学引入该牛，改良辽宁、陕西、河南、甘肃、宁夏、内蒙古、福建等省区的当地黄牛，效果良好。如用丹麦红牛改良秦川牛，杂种一代公、母犊牛的初生重比秦川牛分别提高24.1%和49.2%。杂种一代牛30日龄、90日龄、180日龄、360日龄体重分别比本地秦川牛提高了43.9%、30.6%、4.5%和23.0%。杂种牛背腰宽广，后躯宽平，乳房大。杂种一代牛在农户饲养的条件下，第一泌乳期225.2天泌乳2015千克，杂种优势十分明显。

4. 三河牛

（1）产地及分布　产于内蒙古呼伦贝尔草原的三河（根河、得耳布尔河、哈布尔河）地区。是我国培育的第一个乳肉兼用品种，含西门塔尔牛血液。

（2）外貌特征　三河牛毛色以黄白花、红白花片为主，头白色或有白斑，腹下、尾尖及四肢下部为白色毛。头清秀，角粗细适中，稍向上向前弯曲。体躯高大，骨骼粗壮，结构匀称，肌肉发达，性情温驯。

（3）生产性能　平均活重：公牛1050千克，母牛547.9千克。体高分别为公牛156.8厘米和母牛131.8厘米。初生重：公牛为35.8千克，母牛为31.2千克。三河牛年产乳量在2000千克左右，条件好时可达3000～4000千克，乳脂率一般在4%以上。该牛产肉性能良好，未经育肥的阉牛，屠宰率一般为50%～55%，净肉率44%～48%，肉质良好，瘦肉率高。该牛由于个体间差异很大，在外貌和生产性能上，表现均不一致，有待于进一步改良提高。

（4）杂交利用效果　三河牛是优良的兼用型品种，具有适应性强，遗传性能稳定的特征，是改良成奶牛或肉牛的较好的母本。可以利用德系、法系西门塔尔牛改良三河牛培育偏乳、偏肉的兼用新品系。

5. 草原红牛

（1）产地及分布　是由吉林省白城地区、内蒙古赤峰市、锡林郭勒盟南部和河北省张家口地区联合育成的一个兼用型新品种，1985 年正式命名为“中国草原红牛”。

（2）外貌特征　大部分有角，角多伸向前外方，呈倒八字形，略向内弯曲。全身被毛为紫红色或红色，部分牛的腹下或乳房有白斑；鼻镜、眼圈粉红色。体格中等大小。

（3）生产性能　成年活重：公牛为 700 ～ 800 千克，母牛为 450 ～ 500 千克。初生重：公牛为 37.3 千克，母牛为 29.6 千克。成年牛体高：公牛为 137.3 厘米，母牛为 124.2 厘米。在以放牧为主的条件下，第一胎平均泌乳量为 1127.4 千克，年均产乳量为 1662 千克；泌乳期为 210 天左右。18 月龄阉牛经放牧育肥，屠宰率达 50.84%，净肉率 40.95%。短期育肥牛的屠宰率和净肉率分别达到 58.1%和 49.5%，肉质良好。该牛适应性好，耐粗放管理，对严寒、酷热的草场条件耐力强，且发病率很低；繁殖性能良好，繁殖成活率为 68.5%～ 84.7%。

（4）杂交利用效果　草原红牛对甘肃甘南藏族自治州牦牛改良，后代具有草原红牛的品种特征，初生重大，抗逆性好，适应性强，生长快，杂种优势明显。

6. 新疆褐牛

（1）产地及分布　原产于新疆伊犁、塔城等地区，由瑞士褐

牛及含有该牛血液的阿拉塔乌牛与当地黄牛杂交育成。

（2）外貌特征　被毛为深浅不一的褐色，额顶、角基、口腔周围及背线为灰白或黄白色。体躯健壮，肌肉丰满。头清秀，嘴宽，角中等大小，向侧前上方弯曲，呈半椭圆形。颈适中，胸较宽深，背腰平直。

（3）生产性能　成年公牛平均体重950.8千克，体高144.8厘米；母牛平均体重430.7千克，体高121.8厘米。新疆褐牛平均产乳量2100～3500千克，产乳量高的个体产乳量达5162千克；平均乳脂率4.03％～4.08％，乳中干物质13.45％。该牛产肉性能良好，在伊犁、塔城牧区天然草场放牧9～11个月屠宰测定，1.5岁、2.5岁和阉牛的屠宰率分别为47.4％、50.5％和53.1％，净肉率分别为36.3％、38.4％和39.3％。该牛适应性好，可在极端温度－40℃和47.5℃下放牧，抗病力强。

（4）杂交利用效果　用新疆褐牛杂交改良牧区本地黄牛，效果良好。杂交后代个体大，体形外貌一致，体躯结构协调，肌肉丰满，产肉性能好，泌乳性能提高。改良后的牛适应性仍得到保持。

三、加强肉用牛的选种和经济杂交

（一）肉牛的选种方法

肉牛的选择包括自然选择和人工选择两种方式。自然选择是指随着自然环境的变迁，适者生存，不适者淘汰的一种选择方式；人工选择是指根据人们的各种需要，对肉牛进行有目的选择的一种方式。

肉牛选择的一般原则是："选优去劣，优中选优。"种公牛和种母牛的选择，是从品质优良的个体中精选出最优个体，即"优中选优"。而对种母牛大面积的普查鉴定、评定等级，同时及时淘汰劣等，则又是“选优去劣”的过程。在肉牛公、母牛选择中，种公牛的选择对牛群的改良起着关键作用。

肉牛选择的途径主要包括系谱、本身、后裔和旁系选择4项。种公牛的选择，首先是审查系谱，其次是审查该公牛外貌表现及发育情况，最后还要根据种公牛的后裔测定成绩，以断定其遗传性是否稳定。对种母牛的选择则主要根据其本身的生产性能或与生产性能相关的一些性状，此外还要参考其系谱、后裔及旁系的表现情况。

1. 系谱选择

系谱记录资料是比较牛只优劣的重要依据。肉牛业中，对小牛进行选择，并考察其父母、祖父母及外祖父母的性能成绩，对提高选种的准确性有重要作用。资料表明，种公牛后裔测定的成绩与其父亲后裔测定成绩的相关系数为0.43，与其外祖父后裔测定成绩的相关系数为0.24，而与其母亲1～5个泌乳期产奶量之间的相关系数分别只有0.21、0.16、0.16、0.28、0.08。由此可见，估计种公牛育种值时，对来自父亲的遗传信息和来自母亲的遗传信息不能等量齐观。审查肉牛系谱时，肉牛的双亲及其祖代的审查，重点在各阶段的体重与增重、饲料报酬及与肉用性能有关的外貌表现，同时查清先代是否携带致死、半致死等其他不良基因。系谱选择需注意如下几点：

（1）重点考虑其父母亲的品质　祖先中父母亲品质的遗传对后代影响最大，其次为祖父母，血统越远影响越小。系谱中母亲生产力大大超过全群平均数，父亲又是经过后裔测定证明是优良的，这样选留的种牛可成为良种牛。

（2）不可忽视其他祖先的影响　不可只重视父母亲的成绩而忽视其他祖先的影响，后代有些个别性状受隔代遗传影响，受祖父母远亲的影响。

（3）注意遗传的稳定性　如果各代祖先的性状比较整齐，而且有直线上升趋势，这个系谱是较好的，选留该牛比较可靠。

（4）其他方面　以生产性能、外形为主做全面比较，同时注意有无近交和杂交，有无遗传缺陷等。

2. 本身选择

本身选择又称性能测定，就是根据种牛本身一种或若干种性状的表型值判断其种用价值，从而确定个体是否选留。当小牛长到 1 岁以上时，就可以直接测量其某些经济性状，如 1 岁活重、肉牛育肥期增重效率等。而对于胴体性状，则只能借助如超声波测定仪等设备进行辅助测量，然后对不同个体做出比较。对遗传力高的性状，适宜采用这种选择途径。具体做法是：可以在环境一致并有准确记录的条件下，与所有牛群的其他个体进行比较，或与所在牛群的平均水平进行比较。有时也可以与鉴定标准进行比较。

（1）肉牛的体形外貌　体形外貌特征是：体形呈长方形，体躯低垂，四肢较短，颈短而宽，鬐甲平广、宽厚，背腰平宽，胸宽深，腹部紧凑，尻部宽平，股部深。头宽颈粗，无论侧望、俯望、前望、后望，体躯部分都呈明显的长方形、圆筒状。

（2）肉用种公牛的选择　种公牛本身的表现主要包括生长发育，体质外貌，体尺体重，早熟性以及精液质量等性状。

肉用种公牛的体形外貌主要看其体型大小，全身结构要匀称，外形和毛色要符合品种要求，雄性特征明显，无明显的外貌缺陷。生殖器官发育良好，睾丸大小正常，有弹性。凡是体形外貌有明显缺陷的，或生殖器官畸形的，睾丸大小不一等均不合乎种用。肉用种公牛的外貌评分不得低于一级，核心公牛要求特级。

除外貌外，还要测量种公牛的体尺和体重，按照品种标准分别评出等级。另外，还需要检查其精液质量，正常情况下鲜精活力不低于 0.7，死、畸形精子过多者（高于 20%）不宜作种用。

（3）肉用种母牛的选择　种母牛本身性能主要包括体形外貌、体尺体重、生产性能、繁殖性能、生长发育、早熟性与长寿性等。

① 体形外貌。肉用种母牛必须符合肉牛的外貌特点的基本要求。

② 体尺体重。肉牛的体尺体重与其肉用性能有密切关系。选择肉牛时，要求生长发育快，各期（初生、断奶、周岁、18 月龄）体重大、增重快、增重效率高。初生重较大的牛，以后生长发育较快，故成年体重较大。犊牛断奶重决定于母牛产奶量的多少。周岁重和 18 月龄重对选肉用后备母牛及公牛很重要，它能充分看出其增重的遗传潜力。

肉牛的各性状之间具有遗传相关性，在选种上利用遗传相关性就能提高选种效果。如果能对一些遗传力较低的性状，找出与该性状遗传相关系数较高的另一个高遗传力性状，通过对这个高遗传力性状的选择，就能间接地提高低遗传力性状。此外，有些性状的测定比较费事，条件不具备时可以不必直接进行测定，而通过间接选择去提高。如饲料利用率是肉牛生产中很重要的性状，但测定较费时、费事，而增重速度的测定就很容易做到，饲料利用率与增重速度之间具有高度的遗传正相关，因此，通过增重速度的选择就能使饲料利用率在较大程度上得到改进。

③ 肉用性能。对肉牛产肉性能的选择，除外貌、产奶性能、繁殖力之外，重点是生长发育和产肉性能两项指标。

a. 生长发育。生长发育性能包括初生重、断奶重、日增重及各阶段的体尺和外貌评分。肉牛生长发育性状的遗传力见表 3-1。

表 3-1　肉牛生长发育性状的遗传力

性状	初生重	断奶重	哺乳期日增重	断奶外貌评分	周岁及周岁半活重
遗传力	0.25	0.35	0.50	0.52	0.50

由于肉牛生长发育性状的遗传力属中等遗传力，根据个体本

身表型值选择能收到较好的效果，如果结合家系选择则效果更好。

b. 产肉性能。主要包括宰前重、胴体重、净肉重、屠宰率、净肉率、肉骨比、肉脂比、眼肌面积、皮下脂肪厚度等。肉牛产肉性能的遗传力见表 3-2。

表 3-2　肉牛产肉性能的遗传力（参考值）

性状	宰前重	胴体重	胴体等级	屠宰率	净肉率	眼肌面积	脂肪厚度
遗传力	0.7	0.65 ～ 0.70	0.45 ～ 0.50	0.45 ～ 0.50	0.50	0.60 ～ 0.70	0.35 ～ 0.50

由表 3-2 可知，肉牛产肉性能的遗传力都比较高，对于产肉性能的选择主要根据种牛半同胞资料进行选择。

④ 繁殖性能。主要包括受胎率、产犊间隔、发情的规律性、产犊能力以及多胎性。

a. 受胎率。受胎率的遗传力很低，在正常情况下，每次怀犊的配种次数愈少愈好，而其遗传力一般小于 0.15。

b. 产犊间隔。即连续两次产犊间的天数，其遗传力很低，1 ～ 6 胎为 0.32，一生分娩次数的遗传力为 0.37。一般要求一年产一犊。

c. 60 ～ 90 天不返情率。人工授精时不返情率平均为 65%～ 70%，其遗传力约为 0.20。

d. 产犊能力。选择种公牛的母亲时，应选年产一犊、顺产和难产率低的母牛，一般要求肉乳兼用品种的初胎母牛，其难产率不超过 2.4%，二胎以上母牛难产率不超过 1.3%。

e. 多胎性。母牛的孪生，即多产性，在一定程度上也能遗传给后代。据统计，双胎率随母牛年龄增长而增高，8 ～ 9 岁时最高，并因品种不同而异，其中夏洛来牛的双胎率为 6.55%，西门塔尔牛为 5.12%，中国荷斯坦牛为 2.35%～ 3.39%。

⑤ 早熟性。早熟性是指牛的性成熟较早，可较快地完成身体的发育过程，可以提前利用，节省饲料，经济价值较高。早熟性

受环境影响较大。如秦川牛属晚熟品种，但在较好的饲养管理条件下，可以较大幅度地提高其早熟性，育成母牛平均在（9.3±0.9）月龄（最早 7 月龄）即开始发情，育成公牛 12 月龄即可射出能供干冰（－79℃）冷冻的成熟精子。

3. 后裔测验（成绩或性能试验）

后裔测验是根据后裔各方面的表现情况来评定种公牛好坏的一种鉴定方法，这是多种选择途径中最为可靠的选择途径。具体方法是将选出的种公牛与一定数量的母牛配种，对犊牛成绩加以测定，从而评价使（试）用种牛品质优劣的程序。

4. 旁系选择（同胞或半同胞牛选择）

旁系是指所选择个体的兄弟、姐妹、堂表兄妹等。利用旁系材料的主要目的是从侧面证明一些由个体本身无法查知的性能（如公牛的泌乳力、配种能力等）。此法与后裔测定相比较，可以节省时间。

肉用种公牛的肉用性状，主要根据半同胞材料进行评定。应用半同胞材料估计后备公牛育种值的优点是可对后备公牛进行早期鉴定。

（二）肉牛的经济杂交方法

多用于商品生产的牛场，特别是用于黄牛改良、肉牛改良和奶牛的肉用生产。目的是利用杂交优势，获得具有高度经济利用价值的杂交后代，以增强商品肉牛的数量和降低生产成本，获得较好的效益。生产中，简便实用的杂交方式主要有二元杂交、三元杂交。

1. 二元杂交

二元杂交又称两品种固定杂交或简单杂交，即利用两个不同品种（品系）的公、母牛进行固定不变的杂交，利用一代杂种的

杂种优势生产商品牛。这种杂交方法简单易行，杂交一代都是杂种，具有杂种优势的后代比例高，杂种优势率最高。这种杂交方式的最大缺点是不能充分利用繁殖性能方面的杂种优势。通常以地方品种或培育品种为母本，只需引进一个外来品种作父本，数量不用太多，即可进行杂交。如利用西门塔尔牛或夏洛来牛杂交本地黄牛。其杂交模式图见图 3-1。

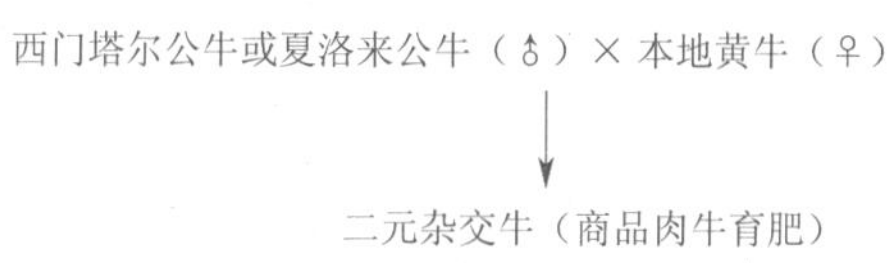

图 3-1　二元杂交模式图

2. 三元杂交

三元杂交又称三品种固定杂交。从两个品种杂交的杂种一代母牛中选留优良的个体，再与另一品种的公牛进行杂交，所生后代全部作为商品肉牛育肥。第一次杂交所用的公牛称为第一父本，第二次杂交利用的公牛称为第二父本或终端父本。这种杂交方式由于母牛是一代杂种，具有一定的杂种优势，再杂交可望得到更高的杂种优势，所以三品种杂交的总杂种优势要超过两品种。其杂交模式图见图 3-2。

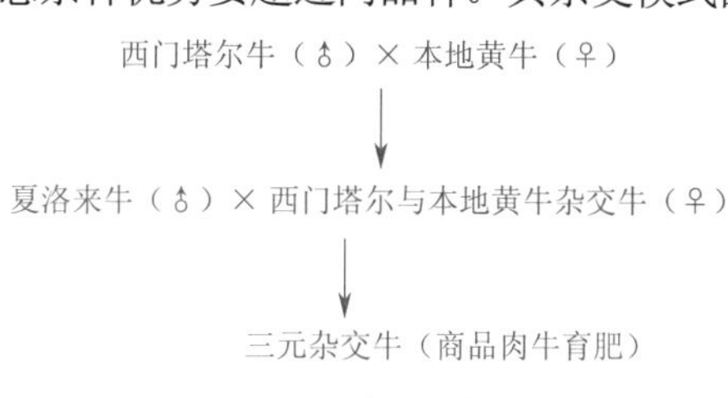

图 3-2　三元杂交模式图

四、注重犊牛的饲养管理

犊牛系指出生至断奶前这段时间的小牛。肉用牛的哺乳期通常为6个月。

（一）犊牛的饲养

1. 早喂初乳

初乳是母牛产犊后5～7天内所分泌的乳。初乳色深黄而黏稠，干物质总量较常乳高1倍，在总干物质中除乳糖较少外，其他营养物质含量都较常乳高，尤其是蛋白质、灰分和维生素A的含量。在蛋白质中含有大量免疫球蛋白，它对增强犊牛的抗病力起关键作用。初乳中含有较多的镁盐，有助于犊牛排出胎便。此外初乳中各种维生素含量均较高，对犊牛的健康与发育有着重要的作用。

犊牛出生后应尽快让其吃到初乳。一般犊牛出生后0.5～1小时，便能自行站立，此时要引导犊牛接近母牛乳房寻食母乳，若有困难，则需人工辅助哺乳。若母牛健康，乳房无病，农家养牛可令犊牛直接吮吸母乳，随母自然哺乳。

若母牛产后生病死亡，可由同期分娩的其他健康母牛代哺初乳。在没有同期分娩母牛初乳的情况下，也可喂给牛群中的常乳，但每天需补饲20毫升的鱼肝油，另给50毫升的植物油以代替初乳的轻泻作用。

2. 饲喂常乳

可以采用随母哺乳、保姆牛法和人工哺乳法给哺乳犊牛饲喂常乳。

（1）随母哺乳法　让犊牛和其生母在一起，从哺喂初乳至断奶一直自然哺乳。为了给犊牛早期补饲，促进犊牛发育和诱发母牛发情，可在母牛栏的旁边设一犊牛补饲间，短期使母牛与犊牛隔开。

（2）保姆牛法　选择健康无病、气质安静、乳及乳头健康、产奶量中下等的奶牛（若代哺犊牛仅一头，选同期分娩的母牛

即可，不必非用奶牛）作保姆牛，再按每头犊牛日食 4 ～ 4.5 千克乳量的标准选择数头年龄和气质相近的犊牛固定哺乳，将犊牛和保姆牛管理在隔有犊牛栏的同一牛舍内，每日定时哺乳 3 次。犊牛栏内要设置饲槽及饮水器，以利于补饲。

（3）人工哺乳法　对找不到合适的保姆牛或奶牛场淘汰犊牛的哺乳多用此法。新生犊牛结束 5 ～ 7 天的初乳期以后，可人工哺喂常乳。犊牛的参考哺乳量见表 3-3。哺乳时，可先将装有牛乳的奶壶放在热水中进行加热消毒（不能直接放在锅内煮沸，以防过热后蛋白凝固和影响酶的活性），待冷却至 38 ～ 40℃时哺喂，5 周龄以内日喂 3 次，6 周龄以后日喂 2 次。喂后立即用消毒的毛巾擦嘴，缺少奶壶时，也可用小奶桶哺喂。

表 3-3　不同周龄犊牛的日哺乳量　　　　单位：千克

类别	周龄						全期用奶
	1 ～ 2	3 ～ 4	5 ～ 6	7 ～ 9	10 ～ 13	14 以后	
小型牛	4.5 ～ 6.5	5.7 ～ 8.1	6.0	4.8	3.5	2.1	540
大型牛	3.7 ～ 5.1	4.2 ～ 6.0	4.4	3.6	2.6	1.5	400

3. 早期补饲植物性饲料

采用随母哺乳时，应根据草场质量对犊牛进行适当的补饲，既有利于满足犊牛的营养需要，又有利于犊牛的早期断奶；人工哺乳时，要根据饲养标准配合日粮，早期让犊牛采食干草、精饲料等植物性饲料。

（1）干草　犊牛从 7 ～ 10 日龄开始，训练其采食干草。在犊牛栏的草架上放置优质干草，供其采食咀嚼，可防止其舔食异物，促进犊牛发育。

（2）精饲料　犊牛出生后 15 ～ 20 天，开始训练其采食精饲料（精饲料配方见表 3-4）。初喂精饲料时，可在犊牛喂完奶后，将犊牛料涂在犊牛嘴唇上诱其舔食，经 2 ～ 3 日后，可在犊牛栏

表 3-4　犊牛的精饲料配方　　单位：%

组　成	配方 1	配方 2	配方 3	配方 4
干草粉颗粒	20	20	20	20
玉米粗粉	37	22	55	52
糠粉	20	40		
糖蜜	10	10	10	10
饼粕类	10	5	12	15
磷酸二氢钙	2	2	2	2
其他微量盐类	1	1	1	1
合计	100	100	100	100

内放置饲料盘，放上犊牛料任其自由舔食。因初期采食量较少，料不应放多，每天必须更换，以保持饲料及料盘的新鲜和清洁。最初每头日喂干粉料 10 ～ 20 克，数日后可增至 80 ～ 100 克，等适应一段时间后再喂以混合湿料，即将干粉料用温水拌湿，经糖化后给予。湿料给量可随日龄的增加而逐渐加大。

（3）多汁饲料　从犊牛出生后 20 天开始，在混合精料中加入 20 ～ 25 克切碎的胡萝卜，以后逐渐增加。无胡萝卜，也可饲喂甜菜和南瓜等，但喂量应适当减少。

（4）青贮饲料　从犊牛 2 月龄开始喂给。最初每天 100 ～ 150 克；3 月龄可喂到 1.5 ～ 2.0 千克；4 ～ 6 月龄增至 4 ～ 5 千克。

4. 饮水

牛奶中的含水量不能满足犊牛正常代谢的需要，必须训练犊牛尽早饮水。最初饮 36 ～ 37℃的温开水；10 ～ 15 日龄后可改饮常温水；一月龄后可在运动场内备足清水，任其自由饮用。

5. 补饲抗生素

为预防犊牛拉稀，可补饲抗生素饲料。每天补饲 1 万国际

单位 / 头的金霉素，30 日龄以后停喂。

（二）犊牛的管理

1. 注意保温、防寒

特别在我国北方，冬季天气严寒，风大，要注意犊牛舍的保暖，防止贼风侵入。在犊牛栏内要铺柔软、干净的垫草，保持舍温在 0℃以上。

2. 去角

对于将来进行育肥的犊牛和群饲的牛，去角更有利于管理。去角的适宜时间多在出生后 7 ～ 10 天，常用的去角方法有电烙法和固体苛性钠法两种。电烙法是将电烙器加热到一定温度后，牢牢地压在角基部直到其下部组织烧灼成白色为止（不宜太久太深，以防烧伤下层组织），再涂以青霉素软膏或硼酸粉。后一种方法应在晴天且哺乳后进行，先剪去角基部的毛，再用凡士林涂一圈，以防以后药液流出，伤及头部或眼部，然后用棒状苛性钠稍湿水涂擦角基部，至表皮有微量血渗出为止。在伤口未变干前不宜让犊牛吃奶，以免腐蚀母牛乳房的皮肤。

3. 母仔分栏

在小规模系养式的母牛舍内，一般都设有产房及犊牛栏，但不设犊牛舍。在规模大的牛场或散放式牛舍，才另设犊牛舍及犊牛栏。犊牛栏分单栏和群栏两类，犊牛出生后即在靠近产房的单栏中饲养，每栏一犊，隔离管理，一般 1 月龄后才过渡到群栏。同一群栏内的犊牛月龄应一致或相近，因不同月龄的犊牛除在饲料条件的要求上不同以外，对于环境温度的要求也不相同，若混养在一起，对饲养管理和健康都不利。

4. 刷拭

在犊牛期，由于基本上采用舍饲方式，因此皮肤易被粪及尘土所黏附而形成皮垢，这样不仅降低皮毛的保温与散热力，使皮肤血液循环恶化，而且也易患病，为此，对犊牛每日必须刷拭一次。

5. 运动与放牧

犊牛从出生后 8 ～ 10 日龄起，即可开始在犊牛舍外的运动场做短时间的运动，以后可逐渐延长运动时间。如果犊牛出生在温暖的季节，开始运动的日龄还可适当提前，但需根据气温的变化，掌握每日运动时间。

在有条件的地方，可以从出生后第二个月开始放牧，但在 40 日龄以前，犊牛对青草的采食量极少，在此时期与其说放牧不如说是运动。运动对促进犊牛的采食量和健康发育都很重要。在管理上应安排适当的运动场或放牧场，场内要常备清洁的饮水，在夏季必须有遮阴条件。

五、加强肉牛育肥

肉牛育肥，根据不同分类方法可分为如下几个体系：按性能划分，可分为普通肉牛育肥和高档肉牛育肥；按年龄划分，可分为犊牛育肥、青年牛育肥、成年牛育肥、淘汰牛育肥；按性别划分，可分为公牛育肥、母牛育肥、阉牛育肥；根据饲料类型可分为精料型直线育肥、前粗后精型架子牛育肥。

（一）肉牛育肥方式

肉牛育肥方式一般可分为放牧育肥、半舍饲半放牧育肥和舍饲育肥三种。

1. 放牧育肥方式

放牧育肥是指从犊牛到出栏牛，完全采用草地放牧而不补充任何饲料的育肥方式，也称草地畜牧业。这种育肥方式适于人口较少、土地充足、草地广阔、降雨量充沛、牧草丰盛的牧区和部分半农半牧区。例如新西兰肉牛育肥基本上以这种方式为主，一般自出生到饲养至18个月龄，体重达400千克便可出栏。

如果有较大面积的草山草坡可以种植牧草，在夏天青草期除供放牧外，还可保留一部分草地，收割调制青干草或青贮料，作为越冬饲用。这种方式也可称为放牧育肥，且最为经济，但饲养周期长。

2. 半舍饲半放牧育肥方式

夏季青草期牛群采取放牧育肥，寒冷干旱的枯草期把牛群于舍内圈养，这种半集约式的育肥方式称为半舍饲半放牧育肥。

此法通常适用于热带地区，因为当地夏季牧草丰盛，可以满足肉牛生长发育的需要，而冬季低温少雨，牧草生长不良或不能生长。我国东北地区，也可采用这种方式。但由于牧草不如热带丰盛，故夏季一般采用白天放牧，晚间舍饲，并补充一定精料，冬季则全天舍饲。

采用半舍饲半放牧育肥应将母牛控制在夏季牧草期开始时分娩，犊牛出生后，随母牛放牧自然哺乳，这样，因母牛在夏季有优良青嫩牧草可供采食，故泌乳量充足，能哺育出健康犊牛。当犊牛生长至5～6个月龄时，断奶重达100～150千克，随后采用舍饲，补充一点精料过冬。在第二年青草期，采用放牧育肥，冬季再回到牛舍舍饲3～4个月即可达到出栏标准。此法的优点是：可利用最廉价的草地放牧，犊牛断奶后可以低营养过冬，第二年在青草期放牧能获得较理想的补偿增长。在屠宰前有3～4

个月的舍饲育肥，胴体优良。

3. 舍饲育肥方式

肉牛从出生到屠宰全部实行圈养的育肥方式称为舍饲育肥。舍饲的突出优点是使用土地少，饲养周期短，牛肉质量好，经济效益高。缺点是投资多，需较多的精料。适用于人口多，土地少，经济较发达的地区。美国盛产玉米，且价格较低，舍饲育肥已成为美国的一大特色。舍饲育肥方式又可分为拴饲和群饲。

（1）拴饲　舍饲育肥较多的肉牛时，每头牛分别拴系给料，称之为拴饲。其优点是便于管理，能保证同期增重，饲料报酬高。缺点是运动少，影响生理发育，不利于育肥前期增重。一般情况下，给料量一定时，拴饲效果较好。

（2）群饲　群饲问题是由牛群数量多少、牛床大小、给料方式及给料量引起的。一般变六头为一群，每头所占面积 4 米^2。为避免斗架，育肥初期可多些，然后逐渐减少头数。或者在给料时，用链或连动式颈枷保定。如在采食时不保定，可设简易牛栏（像小室那样），将牛分开自由采食，以防止抢食而造成增重不均。但如果发现有被挤出采食行列而怯食的牛，应另设饲槽单独喂养。群饲的优点是节省劳动力，牛不受约束，利于生理发育。缺点是一旦抢食，体重会参差不齐，在限量饲喂时，应该用于增重的饲料反转到运动上，降低了饲料报酬。当饲料充分，自由采食时，群饲效果较好。

（二）犊牛育肥

犊牛育肥又称小肥牛育肥，是指犊牛出生后 5 个月内，在特殊饲养条件下，育肥至 90 ～ 150 千克时屠宰，生产出风味独特、肉质鲜嫩多汁的高档犊牛肉。犊牛育肥以全乳或代乳品为饲料，在缺铁条件下饲养，肉色很淡，故又称“白牛”生产。

1. 犊牛的选择

（1）品种　一般利用奶牛业中不作种用的公犊进行犊牛育肥。在我国，多数地区以黑白花奶牛公犊为主，主要原因是黑白花奶牛公犊前期生长快、育肥成本低，且便于组织生产。

（2）性别、年龄与体重　一般选择初生重不低于35千克、无缺损、健康状况良好的初生公犊牛。

（3）体形外貌　选择头方大、前管围粗壮、蹄大的犊牛。

2. 饲养管理

（1）饲料　由于犊牛吃了草料后肉色会变暗，不受消费者欢迎，为此犊牛育肥不能直接饲喂精料、粗料，应以全乳或代乳品为饲料，代乳品参考配方见表3-5。

表3-5　代乳品参考配方

丹麦配方	脱脂乳60%～70%、猪油15%～20%、乳清15%～20%、玉米粉1%～10%、矿物质、微量元素2%
日本配方	脱脂奶粉60%～70%、鱼粉5%～10%、豆饼5%～10%、油脂5%～10%

（2）饲喂　犊牛的饲喂应实行计划采食。以代乳品为饲料的饲喂计划见表3-6。

表3-6　代乳品饲喂量

周龄	代乳品/克	水/千克	代乳品：水
1	300	3	100
2	660	6	110
8	1800	12	145
12～14	3000	16	200

注：1～2周代乳品温度为38℃左右，以后为30～35℃。

饲喂全乳，也要加喂油脂。为更好地消化脂肪，可将牛乳均质化，使脂肪球变小，如能喂当地的黄牛乳、水牛乳，效果会更好。

饲喂用奶嘴，日喂2～3次，日喂量最初3～4千克，以后逐渐增加到8～10千克，4周龄后喂到能吃多少吃多少。

（3）管理　严格控制饲料和水中铁的含量，强迫牛在缺铁条件下生长；控制牛与泥土、草料的接触，牛栏地板尽量采用漏粪地板，如果是水泥地面应加垫料，垫料要用锯末，不要用秸秆、稻草，以防采食；饮水充足，定时定量；有条件的，犊牛应单独饲养，如果几个犊牛圈养，应带笼嘴，以防吸吮耳朵或其他部位；舍温要保持在20℃以下，14℃以上，通风良好；要吃足初乳，最初几天还要在每千克代乳品中添加40毫克/千克抗生素以及维生素A、维生素D、维生素E，2～3周要经常检查体温和采食量，以防发病。

（4）屠宰月龄与体重　犊牛饲喂到1.5～2月龄，体重达到90千克时即可屠宰。如果犊牛增长率很好，进一步饲喂到3～4月龄，体重170千克时屠宰，也可获得较好效果。但屠宰月龄超过5月龄以后，单靠牛乳或代乳品增长率就差了，且年龄越大，牛肉越显红色，肉质较差。

（三）青年牛育肥

青年牛育肥主要是利用幼龄牛生长快的特点，在犊牛断奶后直接转入育肥阶段，给以高水平营养，进行直线持续强度育肥，13～24月龄前出栏，出栏体重达到360～550千克以上。这类牛肉鲜嫩多汁、脂肪少、适口性好，是高档牛肉。

1. 舍饲强度育肥

青年牛的舍饲强度育肥一般分为适应期、增肉期和催肥期三个阶段。

（1）适应期　刚进舍的断奶犊牛，不适应环境，一般要有一

个月左右的适应期。应让其自由活动，充分饮水，饲喂少量优质青草或干草，麸皮每日每头 0.5 千克，以后逐步增加麸皮喂量。当犊牛能进食麸皮 1 ～ 2 千克时，逐步换成育肥料。其参考配方如下：酒糟 5 ～ 10 千克，干草 15 ～ 20 千克，麸皮 1 ～ 1.5 千克，食盐 30 ～ 35 克。

（2）增肉期　一般 7 ～ 8 个月，分为前后两期。前期日粮参考配方为：酒糟 10 ～ 20 千克，干草 5 ～ 10 千克，麸皮、玉米粗粉、饼类各 0.5 ～ 1 千克，尿素 50 ～ 70 克，食盐 40 ～ 50 克。喂尿素时将其溶解在水中，与酒糟或精料混合饲喂。切忌放在水中让牛饮用，以免中毒。后期参考配方为：酒糟 20 ～ 25 千克，干草 2.5 ～ 5 千克，麸皮 0.5 ～ 1 千克，玉米粗粉 2 ～ 3 千克，饼类 1 ～ 1.3 千克，尿素 125 克，食盐 50 ～ 60 克。

（3）催肥期　此期主要是促进牛体膘肉丰满，沉积脂肪，一般为两个月。日粮参考配方如下：酒糟 20 ～ 30 千克，干草 1.5 ～ 2 千克，麸皮 1 ～ 1.5 千克，玉米粗粉 3 ～ 3.5 千克，饼类 1.25 ～ 1.5 千克，尿素 150 ～ 170 克，食盐 70 ～ 80 克。为提高催肥效果，可使用瘤胃素，每日 200 毫克，混于精料中饲喂，体重可增加 10%～ 20%。

肉牛舍饲强度育肥要掌握短缰拴系（缰绳长 0.5 米）、先粗后精，最后饮水、定时定量饲喂的原则。每日饲喂 2 ～ 3 次，饮水 2 ～ 3 次。喂精料时应先取酒糟用水拌湿，或干、湿酒糟各半混匀，再加麸皮、玉米粗粉和食盐等。牛吃到最后时加入少量玉米粗粉，使牛把料吃净。饮水在给料后 1 小时左右进行，要给 15 ～ 25℃的清洁温水。

舍饲强度育肥的育肥场有：全露天育肥场，无任何挡风屏障或牛棚，适于温暖地区；半露天育肥场，有挡风屏障，有简易牛棚的育肥场；全舍饲育肥场，适于寒冷地区。以上形式应根据投资能力和气候条件而定。

2. 放牧补饲强度育肥

放牧补饲强度育肥是指犊牛断奶后进行越冬舍饲，到第二年春季结合放牧适当补饲精料。这种育肥方式精料用量少，每增重1千克约消耗精料2千克；但日增重较低，平均日增重在1千克以内。15月龄体重为300～350千克，18月龄体重为400～450千克。

放牧补饲强度育肥饲养成本低，育肥效果较好，适合于半农半牧区。

进行放牧补饲强度育肥，应注意不要在出牧前或收牧后立即补料，应在回舍后数小时补饲，否则会减少放牧时牛的采食量。当天气炎热时，应早出晚归，中午多休息，必要时夜牧。当补饲时，如粗料以秸秆为主，其精料参考配方如下：1～5月份，玉米面60%，油渣30%，麦麸10%；6～9月份，玉米面70%，油渣20%，麦麸10%。

3. 谷实饲料育肥法

谷实饲料育肥法是一种强化育肥的方法，要求完全舍饲，使牛在不到1周岁时活重达到400千克以上，平均日增重达1000克以上。要达到这个指标，可在1.5～2个月龄时断奶，喂给含可消化粗蛋白质17%的混合精料日粮，使犊牛在近12周龄时体重达到110千克。之后用含可消化粗蛋白质14%的混合料，喂到6～7月龄时，体重达250千克。然后可消化粗蛋白质再降到11.2%，使牛在接近12月龄时体重达400千克以上，公犊牛甚至可达450千克。谷实强化育肥的精料报酬见表3-7。

用谷实强化法催肥，每千克增重需4～6千克精料，原由粗料提供的营养改为谷实（如大麦或玉米）和高蛋白质精料（如豆饼类）。典型试验和生产总结证明，如果用糟渣料和氮素、无机盐等为主的日粮，每千克增长仍需3千克精料。因此，谷实催肥在

表 3-7　不同月龄牛精料报酬

阶段	日增重 / 千克		千克增重需混合料 / 千克	
	公犊	阉犊牛	公犊	阉犊牛
5 周龄前	0.45	0.45		
6 周龄～3 月龄	1.00	0.90	2.7	2.8
3～6 月龄	1.30	1.20	4.0	4.3
6 月龄～屠宰	1.40	1.30	6.1	6.6

我国不可取，或只可短期采用，弥补粗料法的不足。

从品种上考虑，要达到这种高效的育肥效果必须是大型牛种及其改良牛，一般黄牛品种是无法达到的。为降低精料消耗，可选用以下代用品：

（1）尿素代替蛋白质饲料　牛的瘤胃微生物能利用游离氨合成蛋白质，所以饲料中添加尿素可以代替一部分蛋白质。添加时应掌握以下原则：一是只能在瘤胃功能成熟后添加，按牛龄估算应在生后 3 个半月以后，实践中多按体重估算，一般牛要求重 200 千克，大型牛则要达 250 千克，过早添加会引起尿素中毒；二是不得空腹喂，要搭配精料；三是精料要低蛋白质，精料蛋白含量一般应低于 12%，超过 14%则尿素不起作用；四是限量添加，尿素喂量一般占饲料总量的 1%，成年牛可达 100 克，最多不能超过 200 克。

（2）块根块茎代替部分谷实料　按干物质计算，块根与相应谷实所含代谢能相等时，成本较低。甜菜、胡萝卜、马铃薯都是很好的代用料。一岁以内，体重低于 250 千克的牛最多能用块根饲料代替一半精料；体重 250 千克以上可大部分或全部用块根饲料代替精饲料。但由于全部用块根饲料代替精料要增加管理费，且须调整其他营养成分，在实践中应用不多。

（3）粗饲料代替部分谷实料　用较低廉的粗饲料代替精料可节省精料，降低成本。尤其是用干草粉、谷糠秕壳可收到较好效果。但不能过多，一般以 15%为宜，过多会降低日增重，延长育肥期，影响牛肉嫩度。

利用秸秆代替部分精料在国内已被广泛应用，特别是麦秸、氨化玉米秸的应用更为广泛，并取得良好效果。粉碎后，应加入一定量的无机盐、维生素，若能加工成颗粒饲料，效果会更好。

4. 以粗饲料为主的育肥法

（1）以青贮玉米为主的育肥法　青贮玉米是高能量饲料，蛋白质含量较低，一般不超过2%。以青贮玉米为主要成分的日粮，要获得高日增重，要求搭配1.5千克以上的混合精料。其参考配方见表3-8（育肥期为90天，每阶段各30天）。

表3-8　体重300～350千克育肥牛参考配方　单位：千克

饲料	一阶段	二阶段	三阶段
青贮玉米	30	30	25
干草	5	5	5
混合精料	0.5	1.0	2.0
食盐	0.03	0.03	0.03
无机盐	0.04	0.04	0.04

以青贮玉米为主的育肥法，增重的高低与干草的质量、混合精料中豆粕的含量有关。如果干草是苜蓿、沙打旺、红豆草、串叶松香草或优质禾本科牧草，精料中豆粕含量占一半以上，则日增重可达1.2千克以上。

（2）以干草为主的育肥法　在盛产干草的地区，秋、冬季能够贮存大量优质干草，可采用干草育肥。具体方法是：优质干草随意采食，日加1.5千克精料。干草的质量对增重效果起关键性作用，大量的生产实践证明，豆科和禾本科混合干草饲喂效果较好，而且还可节约精料。

（四）架子牛快速育肥

架子牛快速育肥也称后期集中育肥，是指犊牛断奶后，在较粗放的饲养条件下饲养到2～3周岁，体重达到300千克以上时，采用强度育肥方式，集中育肥3～4个月，充分利用牛的补偿增长能力，达到理想体重和膘情后屠宰。这种育肥方式成本低，精料用量少，经济效益较高，应用较广。

1. 育肥前的准备

购牛前1周，应将牛舍粪便清除，用水清洗后，用2%火碱溶液对牛舍地面、墙壁进行喷洒消毒，用0.1%高锰酸钾溶液对器具进行消毒，最后再用清水清洗一次。如果是敞圈牛舍，冬季应扣塑膜暖棚，夏季应搭棚遮阴，通风良好，使其温度不低于5℃。

2. 架子牛的选购

架子牛的优劣直接决定着育肥效果与效益。应选夏洛来、西门塔尔等国际优良品种与本地黄牛的杂交后代，年龄在1～3岁，体型大，皮松软（用手摸摸脊背，若其皮肤松软有弹性，像橡皮筋；或将手插入后裆，一抓一大把，皮多松软，这样的牛上膘快、增肉多），膘情较好，体重在250～300千克，健康无病。

3. 驱虫

架子牛入栏后应立即进行驱虫。常用的驱虫药物有阿弗米丁、丙硫苯咪唑、敌百虫、左旋咪唑等。应在空腹时进行，以利于药物吸收。驱虫后，架子牛应隔离饲养2周，其粪便消毒后，进行无害化处理。

4. 健胃

驱虫3日后，为增加食欲，改善消化机能，应进行一次健胃。

常用于健胃的药物是人工盐，其口服剂量为每头每次 60 ～ 100 克。

5. 饲养

（1）适应期的饲养　从外地引来的架子牛，由于各种条件的改变，要经过 1 个月的适应期。首先让牛安静休息几天，然后饮 1%的食盐水，喂一些青干草及青鲜饲料。对大便干燥、小便赤黄的牛，用牛黄清火丸调理肠胃。15 天左右进行体内驱虫和疫苗注射，并开始采用秸秆氨化饲料（干草）＋青饲料＋混合精料的育肥方式，可取得较好的效果，日粮精料量 0.3 ～ 0.5 千克 / 头，10 ～ 15 天内，增加到 2 千克 / 头（精料配方：玉米 70%、饼粕类 20.5%、麦麸 5%、贝壳粉或石粉 3%、食盐 1.5%，若有专门添加剂更好。注意，棉籽饼和菜籽饼须经脱毒处理后才能使用）。

（2）过渡育肥期的饲养　经过 1 个月的适应，开始向强化催肥期过渡。这一阶段是牛生长发育最旺盛的时期，一般为 2 个月。每日喂上述精料，开始为 2 千克 / 日，逐渐增加到 3.5 千克 / 日，直到体重达到 350 千克，这时每日喂精料 2.5 ～ 4.5 千克。也可每月称重 1 次，按活体重 1%～ 1.5%逐渐增加精料量。粗、精饲料比例开始可为 3 ∶ 1，中期 2 ∶ 1，后期 1 ∶ 1。每天的 6 时和 17 时饲喂。投喂时绝不能 1 次添加，要分次勤添，先喂一半粗饲料，再喂精料，或将精料拌入粗料中投喂。并注意随时拣出饲料中的钉子、塑料等杂物。喂完料后 1 小时，把清洁水放入饲槽中让牛自由饮用。

（3）强化催肥期饲养　经过过渡育肥期，牛的骨架基本定型，到了最后强化催肥阶段，日粮以精料为主，按体重的 1.5%～ 2%喂料，粗、精比 1 ∶（2 ～ 3），体重达到 500 千克左右适时出栏，另外，喂干草 2.5 ～ 8 千克 / 日。精料配方：玉米 81.5%、饼粕类 11%、尿素 3%、骨粉 1%、石粉 1.7%、食盐 1%、碳酸氢钠 0.5%、添加剂 0.3%。

育肥前期，每日饮水3次，后期饮水4次，一般在饲喂后饮水。

我国架子牛育肥的日粮以青、粗饲料或酒糟、甜菜渣等加工副产物为主，适当补饲精料。精、粗饲料比例按干物质计算为1∶（1.2～1.5），日干物质采食量为体重的2.5%～3%。其参考配方见表3-9。

表3-9　日粮配方表

阶段	干草或青贮玉米秸/千克	酒糟/千克	玉米粗粉/千克	饼类/千克	盐/克
1～15天	6～8	5～6	1.5	0.5	50
16～30天	4	12～15	1.5	0.5	50
31～60天	4	16～18	1.5	0.5	50
61～100天	4	18～20	1.5	0.5	50

6. 管理

育肥架子牛应采用短缰拴系，限制其活动。缰绳长0.4～0.5米为宜，使牛不便趴卧，俗称“养牛站”。饲喂要定时定量，先粗后精，少给勤添。每天上、下午各刷拭一次。经常观察粪便，如粪便无光泽，说明精料少，如便稀或有料粒，则精料太多或消化不良。

六、肉牛育肥新技术

使用增重剂

1. 增重剂的使用效果

属于同性激素类的不同性激素配合使用可以明显提高增重效果。用己烯雌酚埋植，一般可使阉犊牛断奶重提高5%，母犊牛提高7%～8%。用二羟基苯酸丙酯，一般可提高肉用犊牛增重5%～25%，处理放牧条件下的育肥阉牛增重提高

11.9%～24.5%。复合增重剂的应用效果一般高于单一成分的增重剂。许多试验发现，雄、雌激素配合使用时增重效果是累加的。用合成的甲地孕酮给育肥小母牛口服（剂量 0.25～0.5 毫克）增重提高 11.2%，比己烯雌酚增重提高 6.9%。给短角牛和蒙古牛杂交二代阉牛埋植雌二醇，在放牧结合补饲条件下，体重增加 15.3%。

2. 增重剂的使用方法

主要为皮下埋植，效果较好。在用量上，一般很小。每头牛一次仅埋植 20～30 毫克，但其作用可维持 3～4 个月。埋植方法是应用特制的埋植器（枪），选择耳背距耳根 2.5 厘米处，使用锋利针头，刺入皮下至软骨以上，针头应拉回 1 厘米，再注进药丸，以保证药丸完整。

3. 影响增重剂应用效果的因素

（1）牛体本身　育肥牛的种类、性别、年龄等都影响着增重剂的增重效果。一般来说，增重剂对阉牛的增重效果最大，其次是母牛、公牛；在其他条件相同时，年龄不同的牛对增重剂的反应也不同。对犊牛应用效果受年龄的影响十分显著。5 周龄处理增重效果最小，己烯雌酚处理时周龄越大，增重效果越明显。所以对犊牛的性激素处理不宜过早。

（2）日粮　增重剂的应用效果受日粮能量、蛋白质水平的影响，由于增重的基本作用是增加体内能、氮的沉积，当日粮能量、蛋白质不能满足需要时则影响其增重效果。增重剂与离子载体联用效果最大。在埋植增重剂情况下饲料中添加拉沙里菌素、莫能菌素、阿伏霉素等，可显著提高日增重。离子载体影响瘤胃消化终产物，加强消化过程，提高能量形成。但这类饲料添加剂不能在放牧场投喂。

（3）增重剂的种类、剂量及施药途径　不同种类的增重剂应用效果有很大差异，即便是同一增重剂，剂量不同其作用效果也

不一样。剂量过小，达不到增重的目的；剂量过大，增重效果也不一定大，而且还增加牛体组织中激素及其代谢物的残留量。

（4）重复埋植　诸多试验证明，重复埋植可延长增重剂的利用时间，进一步提高其增重效果。在肉用牛屠宰前4周和8周重复埋植醋酸三烯去甲睾酮，结果比一次埋植增重提高5.98%。

第四招 使肉牛更健康

【核心提示】

只有肉牛更健康，才能充分发挥牛的生产潜力，取得较好效益。使牛群更健康，必须注重预防，遵循“防重于治”“养防并重”的原则。加强饲养管理（采用“全进全出”制饲养方式、提供适宜的环境条件、保证舍内空气清新洁净、提供营养全面平衡的优质日粮），增强牛体抗病力，注重生物安全（隔离卫生、消毒、免疫），避免病原侵入牛体，以减少疾病的发生。

一、科学饲养管理

营养物质不但是维持动物免疫器官生长发育所必需的，而且是维持免疫系统功能、使免疫活性得到充分发挥的决定因素。多种营养物质如糖类、脂肪、蛋白质、氨基酸、矿物质、微量元素、维生素及有

益微生物等几乎都直接或间接地参与了免疫过程。营养物质的缺乏、不足或过量均会影响免疫力，增加机体对疾病的易感性，同时容易发生营养代谢病。饲料为牛提供营养，牛依赖从饲料中摄取的营养物质而生长发育、生产和提高抵抗力，从而维持健康和正常的生产。规模化牛场饲料营养与疾病的关系越来越密切，对疾病发生的影响越来越明显，成为控制疾病发生的最基础的一个重要环节。科学饲养管理有利于提高肉牛的适应能力和抗病能力，减少疾病发生的概率。

（一）饲喂营养平衡的全价饲料

当牛对于构成机体的主要物质和摄入饲料中的主要营养成分，如蛋白质、脂肪、糖类、无机盐、水和维生素等长期缺乏或过剩时，也会带来极为不良的后果。如当营养物质不足时，严重的可使组织成分中的糖原消耗、脂肪萎缩、蛋白质分解加强、躯体消瘦，最后常因动物营养衰竭而死亡。当动物摄入的营养物质不足，如低蛋白时可引起贫血、组织渗透压降低、体腔和全身水肿等；钙、磷缺乏，则骨骼形成受阻，还可引起甲状腺机能紊乱；而当维生素缺乏时又可使动物免疫能力降低，泌乳量减少，对传染病抵抗能力减弱，以及造成一定程度的发育障碍等。蛋白质是构成动物体的主要成分，是形成细胞核的重要物质。但当动物摄入蛋白质过剩时，部分蛋白质可在体内蓄积并致使血液酸度增高，而引起酸中毒，尿液酸度也显著增高，可继发肾脏机能障碍等。脂肪主要是机体的能量来源，类脂质和胆固醇是构成脑、内分泌器官的主要成分。当动物摄入过多时，可引起脂肪沉着症，而使其沉着的脏器机能发生障碍。所以，使牛摄入营养平衡的全价日粮是降低发病率的根本保障。

为保证牛生产潜力的充分发挥和牛的健康，配制日粮时，首先要合理地设计饲料配方的营养水平。设计饲料配方的营养水平，必须以饲养标准为基础，同时要根据动物生产性能、饲养技术水平与饲养设备、饲养环境条件、市场行情等及时调整饲粮的营养水平，特别要考虑外界环境与加工条件等对饲料原料中活性成分的影响。设计配方时要特别注意诸养分之间的平衡，也就是全价性。设计配方时应重点考虑能量和蛋白质、氨基酸之间、矿物质元素之间、抗生素与维生素之间的相互平衡，诸养分之间的相对比例比单种养分的绝对含量更重要。同时要合理选择饲料原料，正确评估和决定饲料原料营养成分含量。饲料配方平衡与否，很大程度上取决于设计时所采用的原料营养成分值。条件允许的情况下，应尽可能多地选择原料种类。原料营养成分值尽量有代表性，避免极端，要注意原料的规格、等级和品质特性。对重要原料的重要指标最好进行实际测定，以提供准确参考依据。选择饲料原料时除要考虑其营养成分含量和营养价值，还要考虑原料的适口性、原料对畜产品风味及外观的影响、饲料的消化性及容重等。另外要正确处理配合饲料配方设计值与配合饲料保证值的关系。配合饲料中的某一养分往往由多种原料共同提供，且各种原料中养分的含量与其真实值之间存在一定的差异，加之饲料加工过程的偏差，同时生产的配合饲料产品往往有一个合理的贮藏期，贮藏过程中某些营养成分还要因受外界各种因素的影响而损失。所以，配合饲料的营养成分设计值通常应略大于配合饲料保证值，以保证商品配合饲料营养成分在有效期内不低于产品标签中的标示值。

（二）避免饲料污染

选择品质优良、符合卫生标准、适口性好的饲料，避免选用受到污染的饲料。

1. 避免饲料被有毒有害物质污染

饲料和饲草被农药污染（如饲料作物从污染的土壤、水体和空气中吸收，对作物直接喷洒的农药，饲料仓库防虫用农药、杀虫剂，运输饲料工具被农药污染，以及大量使用的除草剂等），牛采食后可能引起中毒。

饲料毒变和饲料冰冻会产生有害作用（毒变饲料易引起中毒，冰冻饲料则可导致牛的消化机能障碍，严重的会引起妊娠母牛流产）。如菜籽饼使用硫酸亚铁溶液和石灰水浸泡法去毒，所含芥子苷在一定温、湿度和芥子酶作用下可生成有毒物质干扰动物甲状腺功能，严重时导致牛的生长停止（可高温去毒处理，即湿热100℃、干热150℃）。胡麻饼则含一种亚麻苦苷的物质，在一定水分和温度下，受酶的作用产生氢氰酸而引起中毒（加热可使酶被破坏而免于中毒）。另外，饲喂经霜冻、发芽、部分糜烂或带绿皮的马铃薯，因所含龙葵素较多而引起中毒。

2. 避免饲料被病原微生物污染

饲料的温度过低（低于10℃）或过高（高于42℃），湿度过大（水分含量≥12%，相对湿度80%～90%）或运输贮藏不当等，均会使饲料中滋生有害的腐败性微生物（如细菌、真菌和放线菌等）。这些有害菌大量生长会引起饲料营养价值降低、适口性变差及组成成分变质。用这种饲料饲喂动物，会发生动物疾病或死亡等不良情况（如饲料受到各种霉菌毒素的污染而导致免疫抑制。有研究表明，黄曲霉毒素、单端孢霉素类的烯T-2毒素和DAS毒素、赭曲霉毒素A都会导致免疫抑制，而这种作用只要在可引起典型显微病变或者慢性病变的浓度时即可发生），而且动物的排泄物、尸体及污水还会成为二次污染牧草和饲料的主要途径。如谷物原料等在收割后的晾晒过程中受到禽类和啮齿动物等沙门菌主要宿主的偷食，植物蛋白原料（如豆粕和菜籽粕等）和动物蛋白原料（如鱼粉、鱼油、血粉和肉骨粉等）在贮藏时受到鼠类污染以及动物自身携带病原微生物并在采食过程中污染饲料等，可以引起牛的感染，甚至交叉感染给人。

3. 避免饲料中添加剂使用不当

饲料添加剂使用剂量极小而作用效果显著，近年来取得了长足的发展。但是，由于部分饲料添加剂具有毒副作用，加之过量、无标准地使用，不仅不能达到预期的饲养效果，反而会造成牛中毒，轻则造成生牛的产性能下降，重则造成牛的大批死亡。特别是抗生素与化学合成药的滥用和一些违禁及淘汰药的非法使用，不仅危害牛的健康，也危害人的健康。

（三）正确饲料调制

饲料调制不当可以引起中毒，轻者影响牛的生长和生产，严重者危害牛的健康甚至导致死亡。首先是青绿饲料调制不当引起亚硝酸盐中毒，如慢火焖煮或因霜冻、霉烂、枯萎等（熟喂时，应将火添足，使之迅速烧开，不要焖在锅里过夜或将熟料趁热焖在缸里）。其次是饼类植物蛋白料调制方法不当引起中毒，如生豆饼含抗胰蛋白酶、尿毒酶等（在适当水分下加热破坏）。

（四）合理使用饲料添加剂

饲料添加剂作为配合饲料的核心部分，不仅在饲料工业中具有非常重要的作用，而且在畜产品安全方面也具有重要作用。只有科学合理地选择和应用，才能充分发挥其功能和作用。

1. 遵守法律法规

所使用的饲料添加剂必须符合《饲料卫生标准》（GB 13078—2017）、《饲料标签》（GB 10648—2013）和饲料添加剂相关标准的有关规定。饲料添加剂的使用应遵照《饲料标签》标准所规定的用法和用量；药物饲料添加剂的使用应该按照中华人民共和国农业部发布的《饲料药物添加剂使用规范》执行，使用药物饲料添加剂应严格执行休药期制度，饲料中不应直接添加兽药，饲料中不应添加国家严禁使用的如盐酸克伦特罗、激素等违禁药物。

2. 禁用违禁药物作为饲料添加剂

禁止使用可以给动物机体和畜产品带来安全隐患的添加剂，如 β-兴奋剂、镇静剂、激素等。严厉查处在饲料和饲料添加剂产品中或者养殖过程中应用违禁药物的情况。

3. 严格控制药物添加剂污染

当饲料中需要使用药物添加剂时，所选用的品种应符合我国公布的允许使用的药物添加剂名录，否则会在畜产品中造成残留。应专人负责添加，并有完整详细的书面记录。高浓度药物添加剂要先预稀释再添加。要经常校正计量设备，以保证计量准确。凡饲料中添加使用药物添加剂，要按照逐级扩大的方法进行，确保药物添加剂的均匀性。在加工不含药物的饲料前要将混合机存留的上一批饲料清理干净，并定期清理粉碎、混合、输送、贮藏设备和系统。饲料标签要标明药物的名称、含量、使用要求、停药期等。

4. 科学配制饲料添加剂

（1）合理选择添加剂原料　饲料添加剂的种类很多，每一种类又有其不同的特点、品质要求和功效。在应用前，要充分了解这方面的基本知识，并根据饲养目的、动物种类、生理阶段、气候条件等加以选择。

（2）适时、适量添加　大部分饲料添加剂参与动物机体的代谢活动，并对动物产品品质和人类健康产生影响，在使用时间和添加量上必须注意。如维生素 A 的添加量若超出需要量 3～4 倍，便会引起肝脏损伤。

（3）注意添加方式和适用对象　饲料添加剂除了一些专门溶于水中饮用的外，一般只能混于干料中喂给，不宜混于湿料或水中饲喂。用时要按说明书进行，不能图省力，随便改变使用方式。另外，也要注意饲料添加剂的适用对象，例如，有毒（砷、硒等）或产生不良风味的饲料添加剂不能用于奶牛、奶羊等产奶动物，否则会影响奶产品的品质和损害人类健康。

（4）注意配伍禁忌　当多种饲料添加剂混合使用时，使用前必须了解它们之间是否存在着互相抑制或抵消作用。如果有，必须采取相应的措施，以免造成浪费或产生不利影响。如矿物质元素不能和维生素配在一起添加，因为矿物质会破坏维生素，影响饲喂效果。

（5）混合要均匀　饲料添加剂占配合饲料的比例很小，应先将饲料添加剂混于少量饲料中，逐级放大，以保证混合均匀。

5. 加强添加剂使用后的观察

在应用饲料添加剂时，饲养人员应随时注意被饲动物的反应，如发现异常现象，应立即停止饲喂，并采取相应的解救措施。

（五）科学饲喂

根据不同饲养阶段和生产水平提供不同营养浓度的饲粮，并制定科学的饲养程序，保证各种营养物质的充足供应，增强机体抵抗力，防止牛营养缺乏症和其他疾病的发生。

（六）供给充足、卫生的饮水

水是最廉价、最重要的营养素，也是最容易受到污染和传播疾病的。规模化牛场要保证水的充足供应和水质良好（水的质量标准见表 4-4），保持饮水用具的清洁卫生。

（七）减少应激发生

转群、免疫接种、运输、饲料转换、无规律的供水供料等生产管理因素，以及饲料营养不平衡或营养缺乏、温度过高或过低、湿度过大或过小、不适宜的光照、突然的音响等环境因素，都可引起应激。加强饲养管理和改善环境条件，避免和减轻应激因素对牛群的不良影响。

二、保持适宜的环境条件

（一）科学设计和建设肉牛舍

1. 肉牛舍的类型及特点

肉牛舍按墙壁的封闭程度可分为封闭式、半开放式、开放式和棚舍式；按屋顶的形状可分为钟楼式、半钟楼式、单坡式、双坡式和拱顶式；按牛床的排列形式可分为单列式、双列式和多列式；按舍饲的对象可分为成年母牛舍、犊牛舍、育成牛舍（架子牛舍）、育肥牛舍和隔离观察舍等。

（1）棚舍　或称凉亭式牛舍，有屋顶，但没有墙体。在棚舍的一侧或两侧设置运动场，用围栏围起来。棚舍结构简单，造价低。适用于温暖地区和冬季不太冷的地区作成年牛舍。

炎热季节为了避免肉牛受到强烈的太阳照射，缓解热应激对牛体的不良影响，可以修建凉棚。凉棚的轴向以东西向为宜，避免阴凉部分移动过快；棚顶材料和结构有秸秆、树枝、石棉瓦、钢板瓦以及草泥挂瓦等，根据使用情况和固定程度确定。如长久使用可以选择草泥挂瓦、夹层钢板瓦、双层石棉瓦等，如果临时使用或使用时间很短，可以选择秸秆、树枝等搭建。秸秆和树枝等搭建的棚舍只要达到一定厚度，其隔热作用较好，棚下凉爽；棚的高度一般为 3 ～ 4 米，棚越高越凉爽。冬季可以使用彩条布、塑料布以及草帘将北侧和东、西侧封闭起来，避免寒风直吹牛体。

（2）半开放牛舍

①一般半开放舍。半开放牛舍有屋顶，三面有墙（墙上有窗户），向阳一面敞开或半敞开，墙体上安装有大的窗户，有部分顶棚，在敞开一侧设有围栏，水槽、料槽设在栏内，肉牛散放其中。每舍（群）15 ～ 20 头，每头牛占有面积 4 ～ 5 米^2。这类牛舍造价低，节省劳

动力，但冷冬防寒效果不佳。适用于青年牛和成年牛。

② 塑膜暖棚牛舍。近年北方寒冷地区推出的一种较保温的半开放牛舍。与一般半开放牛舍比，保温效果较好。塑膜暖棚牛舍三面全墙，向阳一面有半截墙，有 1/2 ～ 2/3 的顶棚。向阳的一面在温暖季节露天开放，寒季在露天一面用竹片、钢筋等材料做支架，上覆单层或双层塑膜，两层膜间留有间隙，使牛舍呈封闭的状态，借助太阳能和牛体自身散发热量，使牛舍温度升高，防止热量散失。适用于各种肉牛。

修筑塑膜暖棚牛舍要注意：一是选择合适的朝向，塑膜暖棚牛舍需坐北朝南，南偏东或西不要超过 15 度，牛舍南面至少 10 米应无高大建筑物及树木遮蔽；二是选择合适的塑料薄膜，应选择对太阳光透过率高、对地面长波辐射透过率低的聚氯乙烯等塑膜，其厚度以 80 ～ 100 微米为宜；三是合理设置通风换气口，棚舍的进气口应设在南墙，其距地面高度以略高于牛体高为宜，排气口应设在棚舍顶部的背风面，上设防风帽，排气口的面积为 20 厘米 ×20 厘米为宜，进气口的面积是排气口面积的一半，每隔 3 米设置一个排气口；四是有适宜的棚舍入射角，棚舍的入射角应大于或等于当地冬至时太阳高度角；五是注意塑膜坡度的设置，塑膜与地面的夹角应在 55 ～ 65 度为宜。

（3）封闭式牛舍　封闭式牛舍四面有墙和窗户，顶棚全部覆盖，分单列封闭式牛舍和双列封闭式牛舍。单列封闭式牛舍只有一排牛床，牛舍宽 6 米，高 2.6 ～ 2.8 米，舍顶可修成平顶也可修成脊形顶，这种牛舍跨度小，易建造，通风好，但散热面积相对较大。单列封闭牛舍适用于小型肉牛场。双列封闭牛舍舍内设有两排牛床，两排牛床多采取对头式，中央为通道，牛舍宽 12 米，高 2.7 ～ 2.9 米，脊形棚顶。双列封闭式牛舍适用于规模较大的肉牛场，以每栋舍饲养 100 头牛为宜。

（4）装配式牛舍　装配式牛舍以钢材为原料，工厂制作，现

场装备，属敞开式牛舍。屋顶为镀锌板或太阳板，屋梁为角铁焊接；“U”字形食槽和水槽为不锈钢制作，可根据牛只的体高进行调节；隔栏和围栏为钢管。装配式牛舍室内设置与普通牛舍基本相同，其适用性、科学性主要表现在屋架、屋顶和墙体及可调节饲喂设备上。装配式牛舍技术先进、适用、耐用和美观，且制作简单、省时，造价适中。

2. 肉牛舍的结构及要求

肉牛舍的组成部分包括基础、屋顶及顶棚、墙、地面及楼板、门窗、楼梯等（其中屋顶和外墙组成肉牛舍的外壳，将肉牛舍的空间与外部隔开，屋顶和外墙称外围护结构）。肉牛舍的结构不仅影响到肉牛舍内环境的控制，而且影响到肉牛舍的牢固性和利用年限。

（1）基础　基础是牛舍地面以下承受牛舍的各种荷载并将其传给地基的构件，也是墙突入土层的部分，是墙的延续和支撑。它的作用是将牛舍本身重量及舍内固定在地面和墙上的设备、屋顶积雪等全部重量传给地基。基础决定了墙和牛舍的坚固和稳定性，同时对牛舍的环境改善具有重要意义。对基础的要求：一是坚固、耐久、抗震；二是防潮（基础受潮是引起墙壁潮湿及舍内湿度大的原因之一）；三是具有一定的宽度和深度。如条形基础一般由垫层、大放脚（墙以下的加宽部分）和基础墙组成。砖基础每层放脚宽度一般宽出墙为60毫米；基础的底面宽度和埋置的深度应根据牛舍的总荷重、地基的承载力、土层的冻胀程度及地下水位高低等情况计算确定。北方地区在膨胀土层修建牛舍时，应将基础埋置在土层最大冻结深度以下。

（2）墙体　墙是基础以上露出地面的部分，是将屋顶和自身的全部荷载传给基础的承重构件，也是将牛舍与外部空间隔开的外围护结构，是牛舍的主要结构。以砖墙为例，墙的重量占牛舍建筑物总重量的40%～65%，造价占总造价的30%～40%。同时墙体也在牛舍结构中占有特殊的地位，据测定，冬季通过墙散失的热量占整个牛舍总失热量的35%～40%，舍内的湿度、通风、采光也要通过墙上的窗户来调节，因此，墙对牛舍小气候状况的保持起着重要作用。对墙体要求是：一是坚固、耐久、抗震、防火；二是良好的保温隔热性能，墙体的保温、隔热能力取决于所采用的建筑材料的特性与厚度，尽可能选用隔热性能好的材料，保证最好的隔热设计，在经济上是最有力的措施；三是防水、防潮，受潮不仅可使墙的导热加快，造成舍内潮湿，而且会影响墙体寿命，所以必须对墙采取严格的防潮、防水措施（墙体的防潮措施有用防水耐久材料抹面，保护墙面不受雨雪侵蚀；做好散水和排水沟；设防潮层和墙围，如墙裙高1.0～1.5米，生活办公用房踢脚高0.15米，勒脚高约为0.5米等）；四是结构简单，便于清扫消毒。

（3）屋顶　屋顶是牛舍顶部的承重构件和围护构件，主要作用是承重、保温隔热、防风沙和雨雪。它是由支承结构和屋面组成。支承结构承受着牛舍顶部包括自重在内的全部荷载，并将其传给墙或柱；屋面起围护作用，可以抵御降水和风沙的侵袭，以及隔绝太阳辐射等，以满足生产需要。对屋顶要求是：一是坚固防水，屋顶不仅承接本身重量，而且承接着风沙、雨雪的重量；二是保温隔热，屋顶对于牛舍的冬季保温和夏季隔热都有重要意义，屋顶的保温与隔热作用比墙重要，因为屋顶的面积大于墙体，舍内上部空气温度高，屋顶内外实际温差总是大于外墙内外温差，热量容易散失或进入舍内；三是不透气、光滑、耐久、耐火、结构轻便、简单、造价便宜，任何一种材料不可能兼有防水、保温、承重三种功能，所以正确选择屋顶、处理好三方面的关系，对于保证牛舍环境的控制极为重要；四是保持适宜的屋顶高度，肉牛舍的高度依牛舍类型、地区气温而异。按屋檐高度计，一般

为 2.8 ～ 4.0 米，双坡式为 3.0 ～ 3.5 米，单坡式为 2.5 ～ 2.8 米，钟楼式稍高点，棚舍式略低些。北方牛舍应低，南方牛舍应高。如果为半钟楼式屋顶，后檐比前檐高 0.5 米。在寒冷地区，适当降低净高，有利于保温；而在炎热地区，加大净高则是加强通风、缓和高温影响的有力措施。

（4）地面 地面的结构和质量不仅影响肉牛舍内的小气候、卫生状况，还会影响肉牛体的清洁，甚至影响肉牛的健康及生产力。地面的要求是坚实、致密、平坦、稍有坡度、不透水、有足够的抗机械能力和抗各种消毒液、消毒方式的能力。水泥地面要压上防滑纹（间距小于 10 厘米，纵纹深 0.4 ～ 0.5 厘米），以免牛滑倒，引起不必要的经济损失。

（5）门窗 肉牛舍门洞大小依牛舍而定。繁殖母牛舍、育肥牛舍门宽 1.8 ～ 2.0 米，高 2.0 ～ 2.2 米；犊牛舍、架子牛舍门宽 1.4 ～ 1.6 米，高 2.0 ～ 2.2 米。繁殖母牛舍、犊牛舍、架子牛舍的门洞数要求有 2 ～ 5 个（每一个横行通道一般门洞一个），育肥牛舍 1 ～ 2 个。高 2.1 ～ 2.2 米，宽 2 ～ 2.5 米。门一般设成双开门，也可设上下翻卷门。封闭式的窗应大一些，高 1.5 米，宽 1.5 米，窗台距地面 1.2 米高为宜。

3. 肉牛舍的设计

（1）牛舍的内部设计 牛舍内需要设置牛床、饲槽、饲喂通道、清粪通道以及粪尿沟等。

① 牛床。必须保证肉牛舒适、安静地休息，保持牛体清洁，并容易打扫。牛床应有适宜的坡度，通常为 1%～ 1.5%。常用的短牛床，牛的前躯靠近饲料槽后壁，后肢接近牛床的边缘，使粪便能直接落在粪沟内。短牛床的长度一般为 160 ～ 180 厘米。牛床的宽度取决于牛的体形，一般为 60 ～ 120 厘米。牛床结构有砖、水泥或土质（土质地面的牛床常以三合土或灰渣掺黄土夯实）。牛

床要造价低、保暖性好、便于清除粪尿。

目前牛床都采用水泥面层，并在后半部划线防滑。冬季，为降低寒冷对肉牛生产的影响，需要在牛床上加铺垫物。最好采用橡胶等材料铺作牛床面层。

牛床规格直接影响牛舍的规格，不同类型的牛需要牛床规格不同，见表4-1。

表4-1 牛舍内牛床规格

类别	长度/米	宽度/米	坡度/%
繁殖母牛	1.6～1.8	1.0～1.2	1.0～1.5
犊牛	1.2～1.3	0.6～0.8	1.0～1.5
架子牛	1.4～1.6	0.9～1.0	1.0～1.5
育肥牛	1.6～1.8	1.0～1.2	1.0～1.0
分娩母牛	1.8～2.2	1.2～1.5	1.0～1.5

② 饲槽。采用单一类型的全日粮配合饲料，即用青贮料和配合饲料调制成混合饲料，在采用舍饲散栏饲养时，大部分精料在舍内饲喂，青贮料在运动场或舍内食槽内采食，青、干草一般在运动场上饲喂。饲槽位于牛床前，通常为统槽。饲槽长度与牛床总宽相等，饲槽底平面高于牛床。饲槽需坚固，表面光滑不透水，多为砖砌、水泥砂浆抹面，饲槽底部平整，两侧带圈弧形，以适应牛用舌采食的习性。饲槽前壁（靠牛床的一侧）为了不妨碍牛的卧息，应做成一定弧度的凹形窝。也有采用无帮浅槽，把饲喂通道加高30～40厘米，前槽帮高20～25厘米（靠牛床），槽底部高出牛床10～15厘米。这种饲槽有利于饲料车运送饲料，饲喂省力。采食不“窝气”，通风好。肉牛饲槽尺寸见表4-2。

表4-2 肉牛饲槽的尺寸

类别	槽内（口）宽/厘米	槽有效深/厘米	前槽沿高/厘米	后槽沿高/厘米
成年牛	60	35	45	65
育成牛	50～60	30	30	65
犊牛	40～50	10～12	15	35

③ 饲喂通道。用于饲喂的专用通道，宽度为 1.6 ～ 2.0 米，一般贯穿牛舍中轴线。

④ 清粪通道与粪沟。清粪通道的宽度要满足运输工具的往返，宽度一般为 150 ～ 170 厘米，清粪通道也是牛进出的通道，要防止牛滑倒。在牛床与清粪通道之间一般设有排粪明沟，明沟宽度为 32 ～ 35 厘米、深度为 5 ～ 15 厘米（一般铁锹放进沟内清理），并要有一定的坡度，向下水道倾斜。粪沟过深会使牛蹄子损伤。当深度超过 20 厘米时，应设漏缝沟盖，以免胆小牛不越或牛失足时下肢受伤。

⑤ 牛栏和颈枷。牛栏位于牛床与饲槽之间，和颈枷一起用于固定牛只，牛栏由横杆、主立柱和分立柱组成，每 2 个主立柱间距离与牛床宽度相等，主立柱之间有若干分立柱，分立柱之间距离为 0.10 ～ 0.12 米，颈枷两边分立柱之间距离为 0.15 ～ 0.20 米。最简便的颈枷为下颈链式，用铁链或结实绳索制成，在内槽沿有固定环，绳索系于牛颈部、鼻环、角之间和固定环之间。此外，直链式、横链式颈枷也常用。

（2）不同类型牛舍的设计　专业化肉牛场一般只饲养育肥牛，牛舍种类简单，只需要肉牛舍即可；自繁自养的肉牛场牛舍种类复杂，需要有犊牛舍、育肥舍、繁殖牛舍和分娩牛舍。

① 犊牛舍。犊牛舍必须考虑屋顶的隔热性能和舍内的温度及昼夜温差，所以墙壁、屋顶、地面均应重视，并注意门窗安排，避免穿堂风。初生牛犊（0 ～ 7 日龄）对温度的适应力较差，所以南方气温高的地方应注意防暑。在北方重点放在防寒，冬天初生犊牛舍可用厚垫草。犊牛舍不宜用煤炉取暖，可用火墙、暖气等，初生犊牛要求冬季室温在 10℃左右，2 日龄以上则因需放室外运动，所以注意室内外温差不超过 8℃。

犊牛舍可分为两部分，即初生犊牛栏和犊牛栏。初生犊牛栏，长 1.8 ～ 2.8 米，宽 1.3 ～ 1.5 米，过道侧设长 0.6 米、宽 0.4

米的饲槽，门 0.7 米。犊牛栏之间用高 1 米的挡板相隔，饲槽端为栅栏（高 1 米，带颈枷），地面高出 10 厘米，向门方向做 1.5% 坡度，以便清扫。犊牛栏长 1.5 ～ 2.5 米（靠墙为粪尿沟，也可不设），过道端设统槽，统槽与牛床间以带颈枷的木栅栏相隔，高 1 米，每头犊牛占有面积为 3 ～ 4 米 ^{2}。

② 肉牛舍。肉牛舍可以采用封闭式、开放式或棚舍。具有一

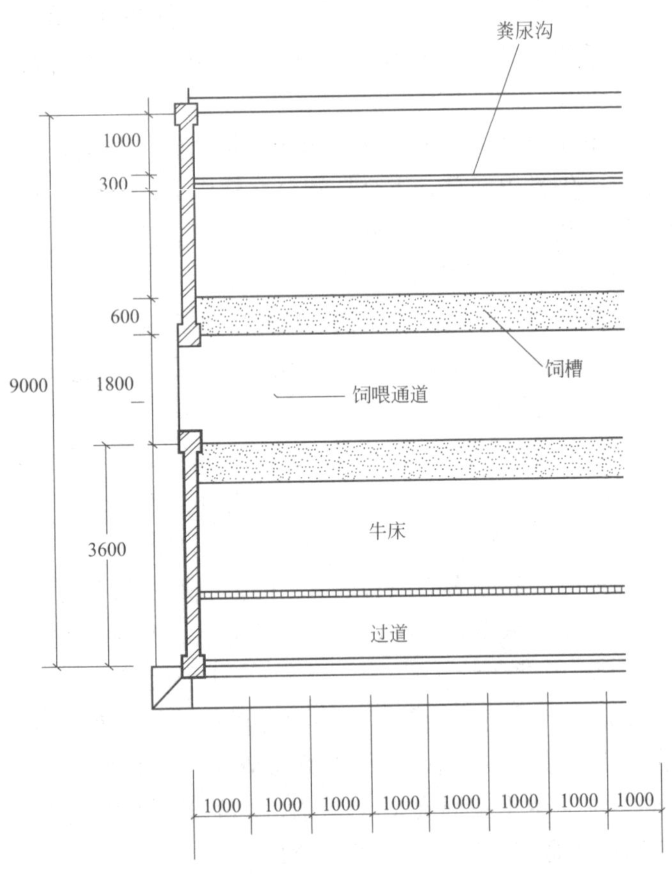

图 4-1　肉牛舍平面图（单位：毫米）

定保温隔热性能，特别是夏季防热。肉牛舍的跨度由清粪通道、饲槽宽度、牛床长度、牛床列数、粪尿沟宽度和饲喂通道等条件决定。一般每栋牛舍容纳牛 50 ～ 120 头。牛床以双列对头为好。牛床长加粪尿沟宽需 2.2 ～ 2.5 米，牛床宽 0.9 ～ 1.2 米，中央饲料通道 1.6 ～ 1.8 米，饲槽宽 0.4 米。肉牛舍平面图和剖面图见图 4-1、图 4-2。

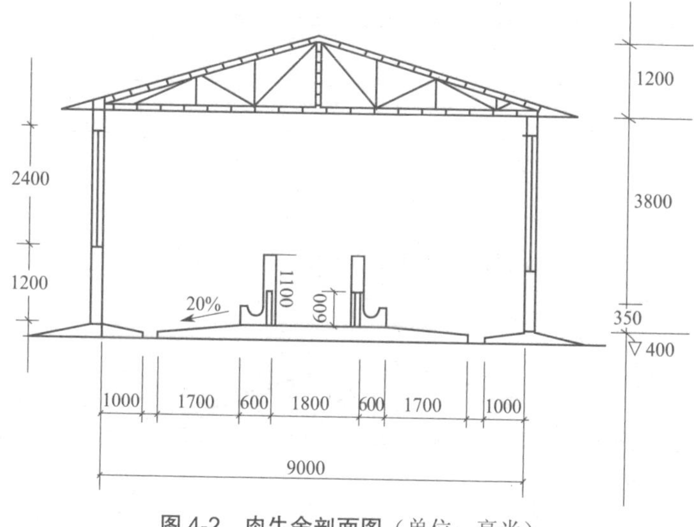

图 4-2　肉牛舍剖面图（单位：毫米）

③ 繁殖牛舍。繁殖牛舍的规格和尺寸同育肥牛舍。

④ 分娩牛舍。分娩牛舍多采用密闭舍或有窗舍，有利于保持适宜的温度。饲喂通道宽 1.6 ～ 2 米，牛走道（或清粪通道）宽 1.1 ～ 1.6 米，牛床长度 1.8 ～ 2.2 米，牛床宽度 1.2 ～ 1.5 米。可以是单列式，也可以是多列式。分娩牛舍平面图和剖面图见图 4-3、图 4-4。

4. 辅助性建筑和设施设备

（1）辅助性建筑

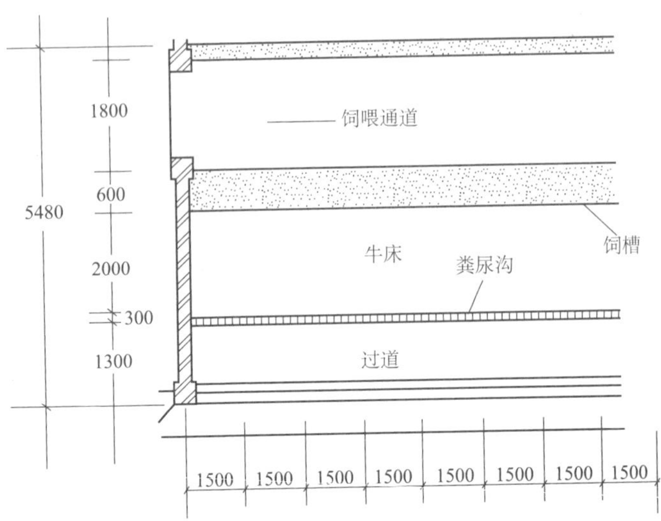

图 4-3　分娩牛舍平面图（单位：毫米）

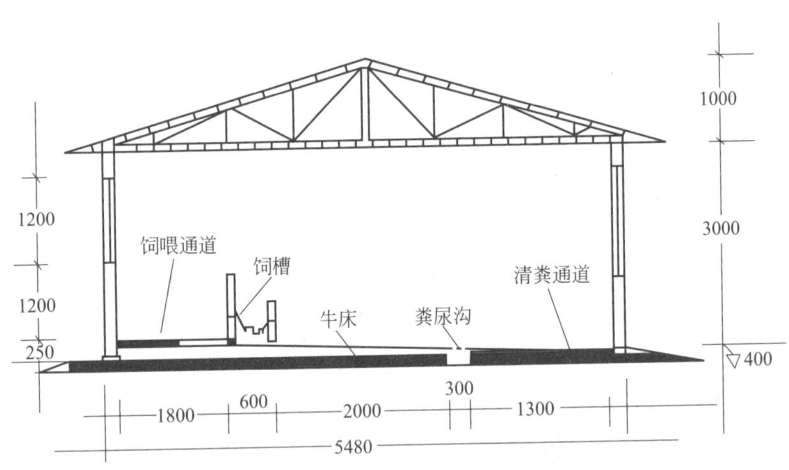

图 4-4　分娩牛舍剖面图（单位：毫米）

① 运动场。牛舍外的运动场大小应根据牛舍设计的载牛规模和体型大小，架子牛和犊牛的运动场面积分别为 15 米^2 和 8 米^2。

育肥牛应减少运动，饲喂后拴系在运动场休息，以减少消耗，提高增重，运动场应有一定的坡度，以利排水，场内应平坦、坚硬，一般不硬化或硬化一部分。场内设饮水池、补饲槽和凉棚等。运动场的围栏高度，成年牛为 1.2 米，犊牛为 1.0 米。

② 草料库。草料库的大小根据饲养规模、粗饲料的贮存方式、日粮的精粗料比重等确定。用于贮存切碎粗饲料的草料库应建得较高，为 5 ～ 6 米。草料库的窗户离地面也要高，至少为 4 米以上。草料库应设防火门，距下风向建筑物应大于 50 米。

③ 饲料加工场。饲料加工场包括原料库、成品库、饲料加工间等。原料库的大小应能够贮存肉牛场 10 ～ 30 天所需要的各种原料，成品库可略小于原料库，库房内应宽敞、干燥、通风良好。室内地面应高出室外 30 ～ 50 厘米，地面以水泥地面为宜，房顶要具有良好的隔热、防水性能，窗户要高，门窗注意防鼠，整体建筑注意防火等。

④ 青贮窖或青贮池。青贮窖或青贮池应建在饲养区，靠近牛舍的地方，位置适中，地势较高，防止粪尿等污水浸入污染，同时要考虑进出料时运输方便，减轻劳动强度。根据地势、土质情况，可建成地下式或半地下式长方形或方形的青贮窖，长方形青贮窖的宽、深比以 1 ∶（1.5 ～ 2）为宜，长度以需要量确定。

（2）设施设备

① 消毒室和消毒池。在生产区大门口和人员进入饲养区的通道口，分别修建供车辆和人员进行消毒的消毒池和消毒室。车辆用消毒池的宽度以略大于车轮间距即可，参考尺寸为长 3.8 米、宽 3 米、深 0.1 米，池底低于路面，坚固耐用，不渗水（见图 4-5）；消毒室（见图 4-6）大小可根据外来人员的数量设置，一般为串联的 2 个小间，其中一个为消毒室，内设小型消毒池和洗浴设施或紫外线灯，紫外线灯每平方米功率 2 ～ 3 瓦，另一个为更衣室。供人用消毒池，采用踏脚垫浸湿药液放入池内进行消毒，参考尺

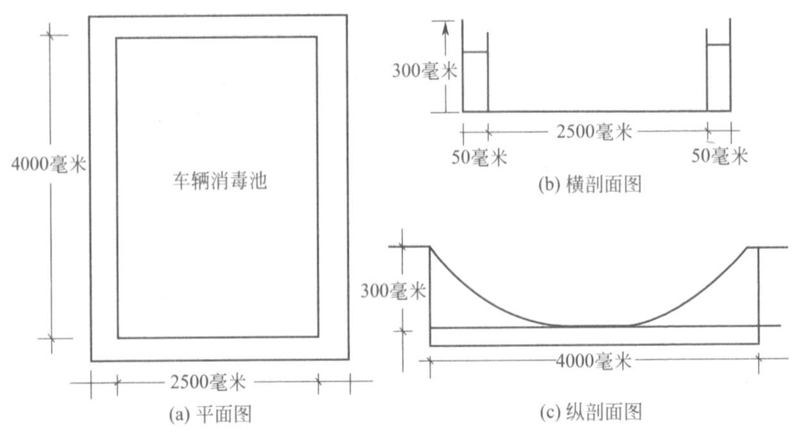

图 4-5　车辆用消毒池

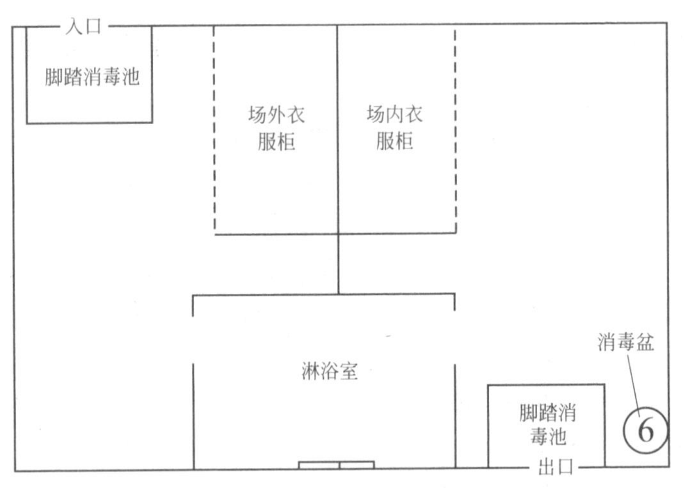

图 4-6　人员消毒室

寸为长 2.8 米、宽 1.4 米、深 0.1 米。

② 沼气池。建造沼气池，把牛粪、牛尿、剩草、废草等投入沼气池封闭发酵，产生的沼气供生活或生产用燃料，经过发酵的残渣和废水，是良好的肥料。目前，普遍推广水压式沼气池，这

种沼气池具有受力合理、结构简单、施工方便、适应性强、就地取材、成本较低等优点。

③ 地磅。对于规模较大的肉牛场，应设地磅，以便对各种车辆和牛等进行称重。

④ 装卸台。可减轻装车与卸车的劳动强度，同时减少对牛的损伤。装卸台可建成宽为 3 米、长约 8 米的驱赶牛的坡道，坡的最高处与车厢平齐。

⑤ 排水设施与粪尿池。牛场应设有废弃物储存、处理设施，防止泄漏、溢流、恶臭等对周围环境造成污染。粪尿池设在牛舍外、地势低洼处，且应在运动场相反的一侧，池的容积以能储存 20 ～ 30 天的粪尿为宜，粪尿池必须离饮水井 100 米以外。由牛舍粪尿沟至粪尿池之间设地下排水管，向粪尿池方向应有 2%～ 3%的坡度。

⑥ 补饲槽和饮水槽。在运动场的适当位置或凉棚下要设置补饲槽和饮水槽，以供牛群在运动场时采食粗饲料和随时饮水。根据牛数量的多少决定建饲槽和饮水槽的多少和长短。每个饲槽长 3 ～ 4 米，高 0.4 ～ 0.7 米，槽上宽 0.7 米，底宽 0.4 米。每 30 头牛左右要有一个饮水槽，用水时加满，至少在早晚各加水一次，水槽要抗寒防冻。也可以用自动饮水器。

⑦ 清粪形式及设备。牛舍的清粪形式有机械清粪、水冲清粪、人工清粪。我国肉牛场多采用人工清粪。机械清粪中采用的主要设备有连杆刮板，适于单列牛床；环行链刮板，适于双列牛床；双翼形推粪板，适于舍饲散栏饲养牛舍。

⑧ 保定设备。包括保定架、鼻环、缰绳与笼头。

a. 保定架。保定架是牛场不可缺少的设备，打针、灌药、编耳号及治疗时使用。通常用圆钢材制成，架的主体高度 160 厘米，前颈枷支柱高 200 厘米，立柱部分埋入地下约 40 厘米，架长 150 厘米，宽 65 ～ 70 厘米。也有活动式保定架，见图 4-7。

图 4-7　活动式保定架

b. 鼻环。鼻环有两种类型：一种用不锈钢材料制成，质量好又耐用，但价格较高；另一种用铁或铜材料制成，质地较粗糙，材料直径 4 毫米左右，价格较低。农村用铁丝自制的圈，易生锈，不结实，易将牛鼻拉破引起感染。

c. 缰绳与笼头。缰绳与笼头为拴系饲养方式所必需，采用围栏散养方式可不用缰绳与笼头。缰绳通常系在鼻环上以便牵牛；笼头套在牛的头上，抓牛方便，而且牢靠。缰绳材料有麻绳、尼龙绳，每根长 1.6 米左右，直径 0.9 ～ 1.5 厘米。

⑨ 吸铁器。由于牛采食行为是不经咀嚼直接将饲料吞入，若饲料中混有铁钉、铁丝等，一旦吞入，无法排出，容易造成牛的创伤性网胃炎或心包炎。吸铁器有两种：一种用于体外，即在草料传送带上安装磁力吸铁装置；另一种用于体内，称为磁棒吸铁器，使用时将磁棒吸铁器放入病牛口腔近咽喉部，灌水促使牛吞入瘤胃，随瘤胃的蠕动，经过一定的时间，慢慢取出，瘤胃中混有的细小铁器吸附在磁力棒上一并带出。

⑩ 饲料生产与饲养器具。大规模生产饲料时，需要各种作业机械，如拖拉机和耕作机械，制作青贮时，应有青贮料切碎机；

一般肉牛育肥场可用手推车给料，大型育肥场可用拖拉机等自动或半自动给料装置给料；切草用的铡刀、大规模饲养用的铡草机；还有称料用的计量器，有时需要压扁机或粉碎机等。

（二）场区环境控制

1. 合理规划肉牛场

肉牛场不仅要做好分区规划，还要注意肉牛舍朝向、之间的间距、肉牛场道路、储粪场（池）以及绿化等设计。

（1）肉牛舍朝向和间距　肉牛舍朝向直接影响到肉牛舍的温热环境维持和卫生，一般应以当地日照和主导风向为依据，使肉牛舍的长轴方向与夏季主导风向垂直。如我国夏季盛行东南风，冬季多为东北风或西北风，所以，南向的肉牛场场址和肉牛舍朝向是适宜的。肉牛舍之间应该有20米左右的距离。

（2）肉牛场道路　肉牛场设置清洁道和污染道，清洁道供饲养管理人员、清洁的设备用具、饲料和健康肉牛等使用，污染道供清粪、污浊的设备用具、病死和淘汰肉牛使用。清洁道在上风向，与污染道不交叉。

（3）储粪场（池）　肉牛场设置粪尿处理区。粪场可设置在多列肉牛舍的中间，靠近道路，有利于粪便的清理和运输。储粪场（池）设置注意：

① 储粪场位置。储粪场应设在生产区和肉牛舍的下风处，与住宅、肉牛舍之间保持有一定的卫生间距（距肉牛舍30～50米），并应便于运往农田或其他处理。

② 储粪池的深度。储粪池的深度以不受地下水浸渍为宜，底部应较结实，贮粪场和污水池要进行防渗处理，以防粪液渗漏流失污染水源和土壤。

③ 储粪池的大小。储粪池的大小应根据每天牧场肉牛排粪量

多少及储存时间长短而定。储粪场底部应有坡度，使粪水可流向一侧或集液井，以便取用。

（4）绿化　绿化不仅可以美化环境，还可以净化环境，改善小气候，而且有防疫防火的作用。肉牛场绿化设计注意如下方面：

① 场界林带的设置。在场界周边种植乔木和灌木混合林带，乔木如杨树、柳树、松树等，灌木如榆叶梅等。特别是场界的西侧和北侧，种植混合林带宽度应在10米以上，以起到防风阻沙的作用。树种选择应适应北方寒冷特点。

② 场区隔离林带的设置。主要用以分隔场区和防火。常用杨树、槐树、柳树等，两侧种以灌木，总宽度为3～5米。

③ 场内外道路两旁的绿化。常用树冠整齐的乔木和亚乔木以及某些树冠呈锥形、枝条开阔、整齐的树种。需根据道路宽度选择树种的高矮。在建筑物的采光地段，不应种植枝叶过密、过于高大的树种，以免影响自然采光。

④ 运动场的遮阴林。在运动场的南侧和西侧，应设1～2行遮阴林。多选枝叶开阔，生长势强，冬季落叶后枝条稀疏的树种，如杨树、槐树、枫树等。运动场内种植遮阴树时，应选遮阴性强的树种。但要采取保护措施，以防肉牛损坏。

2. 水源防护

肉牛场水源可分为三大类：

第一类为地面水，如江、河、湖、塘及水库水等，主要由降水或地下泉水汇集而成。其水质受自然条件影响较大，易受污染，特别是易受生活污水及工业废水的污染，经常因此而引发疾病或造成中毒。使用此类水源应经常进行水质化验，一般而言，活水比死水自净力强，应选择水量大、流动的地面水源。供饮用的地面水要进行人工净化和消毒处理。

第二类为地下水，这种水为封闭的水源，受污染的机会较少。

地下水距离地面越远，受污染的程度越低，也越洁净，但地下水往往受地质化学成分的影响而含有某些矿物性成分，硬度较大，有时会因某些矿物性毒物而引起地方性疾病。所以，选用地下水时，应进行检验。

第三类为降水，雨、雪等降落在地面而形成。由于大气中经常含有某些杂质和可溶性气体，使降水受到污染，另外降水不易收集，且无法保证水质，储存困难，除水源特别困难的小型肉牛场外，一般不宜采用降水作为水源。作为肉牛场水源的水质，必须符合卫生要求（表 4-3、表 4-4）。当饮用水含有农药时，农药含量不能超过表 4-5 中的规定。

表 4-3　畜禽饮用水质量

项目	自备水	地面水	自来水
大肠杆菌值 /（个 / 升）	3	3	
细菌总数 /（个 / 升）	100	200	
pH 值	5.5 ～ 8.5		
总硬度 /（毫克 / 升）	600		
溶解性总固体 /（毫克 / 升）	2000		
铅 /（毫克 / 升）	Ⅳ地下水标准	Ⅳ地下水标准	饮用水标准
铬（六价）/（毫克 / 升）	Ⅳ地下水标准	Ⅳ地下水标准	饮用水标准

表 4-4　肉牛饮用水水质标准

	项目	畜（禽）标准
感官性状及一般化学指标	色度	≤ 30
	混浊度	≤ 20
	臭和味	不得有异臭、异味
	肉眼可见物	不得含有
	总硬度（以 $CaCO_3$ 计）/（毫克 / 升）	≤ 1500
	pH 值	5.0 ～ 5.9（6.4 ～ 8.0）
	溶解性总固体 /（毫克 / 升）	≤ 1000（1200）
	氯化物（以 Cl 计）/（毫克 / 升）	≤ 1000（250）
	硫酸盐（以 SO_4^{2-} 计）/（毫克 / 升）	≤ 500（250）

续表

	项目	畜（禽）标准
细菌学指标	总大肠杆菌群数 /（个 /100 毫升）	成畜 10；幼畜和禽 1
毒理学指标	氟化物（以 F^- 计）/（毫克 / 升）	≤ 2.0
	氰化物 /（毫克 / 升）	≤ 0.2（0.05）
	总砷 /（毫克 / 升）	≤ 0.2
	总汞 /（毫克 / 升）	≤ 0.01（0.001）
	铅 /（毫克 / 升）	≤ 0.1
	铬（六价）/（毫克 / 升）	≤ 0.1（0.05）
	镉 /（毫克 / 升）	≤ 0.05（0.01）
	硝酸盐（以 N 计）/（毫克 / 升）	≤ 30

表 4-5　畜禽饮用水中农药限量指标

农药	马拉硫磷	内吸磷	甲基对硫磷	对硫磷	乐果	林丹	百菌清	甲萘威	2，4-D
限量 /（毫克 / 毫升）	0.25	0.03	0.02	0.003	0.08	0.004	0.01	0.05	0.1

肉牛生产过程中，肉牛场的用水量很大，如肉牛的饮水、粪尿的冲刷、用具及设施的消毒和洗涤、生活用水等。不仅在选择肉牛场场址时，应将水源作为重要因素考虑，而且肉牛场建好后还要注意水源的防护，其措施如下：

（1）水源位置适当　水源位置要选择远离生产区的管理区内，远离其他污染源，并且建在地势高燥处。肉牛场可以自建深水井和水塔，深层地下水经过地层的过滤作用，又是封闭性水源，水质水量稳定，受污染的机会很少。

（2）加强水源保护　水源周围没有工业和化学污染以及生活污染（不得建厕所、粪池垃圾场和污水池）等，并在水源周围划定保护区，保护区内禁止一切破坏水环境生态平衡的活动以及破坏水源林、护岸林、与水源保护相关植被的活动；严禁向保护区内倾倒工业废渣、城市垃圾、粪便及其他废弃物；运输有毒有害物质、油类、粪便的船舶和车辆一般不准进入保护区；保护区内禁止使用剧毒和高残留农药，不得滥用化肥，不得使用炸药、毒

品捕杀鱼类；避免污水流入水源。

（3）搞好饮水卫生　定期清洗和消毒饮水用具和饮水系统，保持饮水用具的清洁卫生。保证饮水的新鲜。

（4）注意饮水的检测和处理　定期检测水源的水质，污染时要查找原因，及时解决；当水源水质较差时要进行净化和消毒处理。地面水一般水质较差，常含有泥沙、悬浮物、微生物等，需经沉淀、过滤和消毒处理；地下水较清洁，可只进行消毒处理，也可不做消毒处理。

在水流减慢或静止时，泥沙、悬浮物等靠重力逐渐下沉，但水中细小的悬浮物，特别是胶体微粒因带负电荷，相互排斥不易沉降，因此，必须加混凝剂，混凝剂溶于水可形成带正电的胶粒，可吸附水中带负电的胶粒及细小悬浮物，形成大的胶状物而沉淀，这种胶状物吸附能力很强，可吸附水中大量的悬浮物和细菌等一起沉降，这就是水的沉淀处理。常用的混凝剂有铝盐（如明矾、硫酸铝等）和铁盐（如硫酸亚铁、三氯化铁等）。经沉淀处理，可使水中悬浮物沉降70%～95%，微生物减少90%。水的净化还可用过滤池，用滤料将水过滤、沉淀和吸附后，可阻留消除水中大部分悬浮物、微生物等而使水得以净化。常用滤料为砂，以江河、湖泊等作分散式给水水源时，可在水边挖渗水井、砂滤井等，也可建砂滤池；集中式给水一般采用砂滤池过滤。经沉淀过滤处理后，水中微生物数量大大减少，但其中仍会存在一些病原微生物，为防止疾病通过饮水传播，还须进行消毒处理。消毒的方法很多，其中加氯消毒法投资少、效果好，较常采用。氯在水中形成次氯酸，次氯酸可进入菌体破坏细菌的糖代谢，致其死亡。加氯消毒效果与水的pH值、混浊度、水温、加氯量及接触时间有关。大型集中式给水可用液氯消毒，液氯配成水溶液，加入水中；大型集中式给水或分散式给水多采用漂白粉消毒。

3. 污水处理

肉牛场必须专设排水设施，以便及时排除雨、雪水及生产污水。

全场排水网分主干和支干，主干主要是配合道路网设置的路旁排水沟，将全场地面径流或污水汇集到几条主干道内排出；另外也是各运动场的排水沟，设于运动场边缘，利用场地倾斜度，使水流入沟中排走。排水沟的宽度和深度可根据地势和排水量而定，沟底、沟壁应夯实，暗沟可用水管或砖砌，如暗沟过长（超过200米），应增设沉淀井，以免污物淤塞，影响排水。但应注意，沉淀井距供水水源应在200米以上，以免造成污染。污水经过消毒后排放。被病原体污染的污水，可用沉淀法、过滤法、化学药品处理法等进行消毒。比较实用的是化学药品消毒法。方法是先将污水处理池的出水管用一木闸门关闭，将污水引入污水池后，加入化学药品（如漂白粉或生石灰）进行消毒。消毒药的用量视污水量而定（一般1升污水用2～5克漂白粉）。消毒后，将闸门打开，使污水流出。

4. 灭鼠

鼠是人、畜多种传染病的传播媒介，鼠还盗食饲料，咬坏物品，污染饲料和饮水，危害极大，肉牛场必须加强灭鼠。

（1）防止鼠类进入建筑物　鼠类多从墙基、天棚、瓦顶等处窜入室内，在设计施工时注意墙基最好用水泥制成，碎石和砖砌的墙基，应用灰浆抹缝。墙面应平直光滑，防鼠沿粗糙墙面攀登。砌缝不严的空心墙体，易使鼠隐匿营巢，要填补抹平。为防止鼠类爬上屋顶，可将墙角处做成圆弧形。瓦顶房屋应缩小瓦缝和瓦、椽间的空隙并填实。用砖、石铺设的地面，应衔接紧密并用水泥灰浆填缝。各种管道周围要用水泥填平。通气孔、地脚窗、排水沟（粪尿沟）出口均应安装孔径小于1厘米的铁丝网，以防鼠窜入。

（2）器械灭鼠　器械灭鼠方法简单易行，效果可靠，对人、畜无害。灭鼠器械种类繁多，主要有夹、关、压、卡、翻、扣、淹、粘、电等。近年来还研究和采用电灭鼠、超声波灭鼠等方法。

（3）化学灭鼠　化学灭鼠效率高、使用方便、成本低、见效快，缺点是能引起人、畜中毒，有些鼠对药剂有选择性、拒食

性和耐药性。所以，使用时须选好药剂和注意使用方法，以保安全有效。灭鼠药剂种类很多，主要有灭鼠剂、熏蒸剂、烟剂、化学绝育剂等（见表 4-6）。

牛场化学灭鼠要注意定期和长期结合。定期灭鼠有三个时机：一是在牛群淘汰后，切断水源，清走饲料，投放毒饵的效果最好；二是在春季鼠类繁殖高峰，此时的杀灭效果也较高。三是秋季天气渐冷，外部的老鼠迁入舍内之际。在这三种情况下，灭鼠能达到事半功倍的效果。长期灭鼠的方法是在室内外老鼠活动的地方放置一些毒饵盒。毒饵盒要让老鼠容易进入和通过而其他动物不能接触毒饵。要经常更换毒饵。

表 4-6　常用的慢性化学灭鼠药物及特性

名称	性状	使用方法	特点及注意事项
敌鼠钠盐	黄色粉末，无臭，无味，溶于沸水	取敌鼠钠盐 5 克，加沸水 2 升搅匀，再加 10 千克杂粮，浸泡至毒水全部吸收后，加入适量植物油拌匀，晾干备用。混合毒饵：将敌鼠钠盐加入面粉或滑石粉中制成 1%毒粉，再取毒粉 1 份，倒入 19 份切碎的鲜菜中拌匀即成。毒水：用 1%敌鼠钠盐 1 份，加水 20 份即可	对人、畜和家禽毒性小，对犬、猫和猪毒性强，发现中毒后可以使用维生素 K_1 解救
氯敌鼠（氯鼠酮）	黄色结晶性粉末，无臭，无味，溶于油脂等有机溶剂，不溶于水，性质稳定	本品有 90%原药粉、0.25%母粉、0.5%油剂 3 种剂型。使用时可配制成如下毒饵：① 0.005%水质毒饵，取 90%原药粉 3 克，溶于适量热水中，待凉后，拌于 50 千克饵料中，晒干后使用；② 0.005%油质毒饵，取 90%原药粉 3 克，溶于 1 千克热食油中，冷却至常温，洒于 50 千克饵料中拌匀即可；③ 0.005%粉剂毒饵，取 0.25%母粉 1 千克，加入 50 千克饵料中，加少许植物油，充分混合拌匀即成	本品是敌鼠钠盐的同类化合物，但对鼠的毒性作用比敌鼠钠盐强，为广谱灭鼠剂，而且适口性好，不易产生拒食性。对人、畜和禽毒性较小，使用较为安全。主要用于毒杀家鼠和野栖鼠，尤其是可制成蜡块剂，用于毒杀下水道鼠类。灭鼠时将毒饵投在鼠洞或鼠活动的地区即可。其他参见敌鼠钠盐

续表

名称	性状	使用方法	特点及注意事项
杀鼠灵（华法令）	白色粉末，无味，难溶于水，其钠盐溶于水，性质稳定	毒饵配制方法：① 0.025%毒米，取2.5%母粉1份、植物油2份、米渣97份，混合均匀即成；② 0.025%面丸，取2.5%母粉1份，与99份面粉拌匀，再加适量水和少许植物油，制成每粒1克重的面丸。以上毒饵使用时，将毒饵投放在鼠类活动的地方，每堆约3克，连投3～4天	本品属香豆素类抗凝血灭鼠剂，一次投药的灭鼠效果较差，少量多次投放灭鼠效果好。鼠类对其毒饵接受性好，甚至出现中毒症状时仍能采食。本品对人、畜和家禽毒性很小，中毒时维生素K_1为有效解毒剂
杀鼠迷	黄色结晶性粉末，无臭，无味，不溶于水，溶于有机溶剂	杀鼠迷市售品有0.75%的母粉和3.75%的水剂。使用时，将10千克饵料煮至半熟，加适量植物油，取0.75%杀鼠迷母粉0.5千克，撒于饵料中拌匀即可。毒饵一般分2次投放，每堆10～20克。水剂可配制成0.0375%饵剂使用	本品也属香豆素类抗凝血灭鼠剂，适口性好，毒杀力强，二次中毒极少，是当前较为理想的杀鼠药物之一，主要用于杀灭家鼠和野栖鼠类。注意事项参见杀鼠灵
杀它仗	白灰色结晶性粉末，微溶于乙醇，几乎不溶于水	用0.005%杀它仗稻谷毒饵，杀黄毛鼠有效率可达98%，杀室内褐家鼠有效率可达93.4%，一般一次投饵即可。稻田每公顷放75个点，每点投毒饵20克	本品对各种鼠类都有很好的毒杀作用。适口性好，急性毒力大，1个致死剂量被吸收后3～10天就发生死亡，一次投药即可。适用于杀灭室内和农田的各种鼠类。对其他动物毒性较低，但犬很敏感
溴敌隆（溴敌鼠）	白色结晶性粉末，溶于乙醇、丙酮，不溶于水	对多种鼠类有较强的毒杀作用，也能杀死对杀鼠灵有耐药性的鼠。市售品有0.5%溶液剂、0.5%母粉、0.05%母粉、0.005%颗粒剂及蜡块剂等。常用毒饵浓度为0.005%	主要用于毒杀农田、林区的鼠，使用时一次投药于洞口及鼠类活动的地方效果较好。因本品毒性强，配制及使用时必须由专人负责，并采用一些防护措施，管理好畜、禽，严防中毒。如中毒，可用维生素K_1解毒

牛场的鼠类以饲料库、牛舍最多，是灭鼠的重点场所。饲料库可用熏蒸剂毒杀鼠类。投放毒饵时，要防止毒饵混入饲料中。鼠尸应及时清理，以防被人、畜误食而发生二次中毒。选用鼠长

期吃惯了的食物作饵料，突然投放，饵料充足，分布广泛，以保证灭鼠的效果。

5. 杀昆虫

蚊、蝇、蚤、蜱等吸血昆虫会侵袭肉牛并传播疫病，因此，在肉牛生产中，要采取有效的措施防止和消灭这些昆虫。

（1）环境卫生　搞好肉牛场环境卫生，保持环境清洁、干燥，是杀灭蚊蝇的基本措施。蚊虫需在水中产卵、孵化和发育，蝇蛆也需在潮湿的环境及粪便等废弃物中生长。因此，要填平无用的污水池、土坑、水沟和洼地。保持排水系统畅通，对阴沟、沟渠等定期疏通，勿使污水积存。对贮水池等容器加盖，以防蚊蝇飞入产卵。对不能清除或加盖的防火贮水器，在蚊蝇滋生季节，应定期换水。永久性水体（如鱼塘、池塘等），蚊虫多滋生在水浅而有植被的边缘区域，修整边岸，加大坡度和填充浅湾，能有效地防止蚊虫滋生。牛舍内的粪便应定时清除，并及时处理，贮粪池应加盖并保持四周环境的清洁。

（2）物理杀灭　利用机械方法以及光、声、电等物理方法，捕杀、诱杀或驱逐蚊蝇。我国生产有多种紫外线光或其他光诱器，效果良好。此外，还有可以发出声波或超声波并能将蚊蝇驱逐的电子驱蚊器等，都具有防除效果。

（3）生物杀灭　利用天敌杀灭害虫，如池塘养鱼即可达到鱼类治蚊的目的。此外，应用细菌制剂、内菌素杀灭吸血蚊的幼虫，效果良好。

（4）化学杀灭　化学杀灭是使用天然或合成的毒物，以不同的剂型（粉剂、乳剂、油剂、水悬剂、颗粒剂、缓释剂等）通过不同途径（胃毒、触杀、熏杀、内吸等），毒杀或驱逐蚊蝇。化学杀灭法具有使用方便、见效快等优点，是当前杀灭蚊蝇的较好方法。常用的药物见表4-7。

表 4-7　常用的杀虫剂及使用方法

名称	性　状	使用方法
敌百虫	白色块状或粉末，有芳香味；低毒、易分解、污染小；杀灭蚊（幼）、蝇、蚤、蟑螂及家畜体表寄生虫	25％粉剂撒布；1％喷雾；0.1％畜体涂抹；0.02 克 / 千克体重口服驱除畜体内寄生虫
敌敌畏	黄色油状液体，微芳香；易被皮肤吸收而中毒，对人、畜有较大毒害，畜舍内使用时应注意安全；杀灭蚊（幼）、蝇、蚤、蟑螂、螨、蜱	0.1％～0.5％喷雾，表面喷洒；10％熏蒸
马拉硫磷	棕色油状液体，强烈臭味；其杀虫作用强而快，具有胃毒、触杀作用，也可作熏杀，杀虫范围广，对人、畜毒害小，适于畜舍内使用。世界卫生组织推荐的室内滞留喷洒杀虫剂；杀灭蚊（幼）、蝇、蚤、蟑螂、螨	0.2％～0.5％乳油喷雾，灭蚊、蚤；3％粉剂喷撒灭螨、蜱
倍硫磷	棕色油状液体，蒜臭味；毒性中等，比较安全；杀灭蚊（幼）、蝇、蚤、臭虫、螨、蜱	0.1％的乳剂喷洒；2％的粉剂、颗粒剂喷撒、撒布
二溴磷	黄色油状液体，微辛辣；毒性较强；杀灭蚊（幼）、蝇、蚤、蟑螂、螨、蜱	0.05％～0.1％用于室内外蚊、蝇、臭虫等；野外用 5％浓度
杀螟松	红棕色油状液体，蒜臭味；低毒、无残留；杀灭蚊（幼）、蝇、蚤、臭虫、螨、蜱	40％的可湿性粉剂灭蚊、蝇及臭虫；2 毫克 / 升灭蚊
地亚农	棕色油状液体，酯味；中等毒性，水中易分解；杀灭蚊（幼）、蝇、蚤、臭虫、蟑螂及体表害虫	滞留喷洒 0.5％；喷浇 0.05％；撒布 2％粉剂
皮蝇磷	白色结晶粉末，微臭；低毒，但对农作物有害；杀灭体表害虫	0.25％喷涂皮肤；1％～2％乳剂灭臭虫
辛硫磷	红棕色油状液体，微臭；低毒；日光下短效；杀灭蚊（幼）、蝇、蚤、臭虫、螨、蜱	2 克 / 米 ^{2} 室内喷洒灭蚊、蝇；50％乳油剂灭成蚊或水体内幼蚊
杀虫畏	白色固体，有臭味；微毒；杀灭家蝇及家畜体表寄生虫（蝇、蜱、蚊、虻、蚋）	20％乳剂喷洒，涂布家畜体表；50％粉剂喷洒体表灭虫
双硫磷	棕色黏稠液体；低毒；稳定；杀灭幼蚊、人蚤	5％乳油剂喷洒；0.5～1 毫升 / 升撒布；1 毫克 / 升颗粒剂撒布
毒死蜱	白色结晶粉末；中等毒性；杀灭蚊（幼）、蝇、螨、蟑螂及仓储害虫	2 克 / 米 ^{2} 喷洒物体表面

续表

名称	性　状	使用方法
西维因	灰褐色粉末；低毒；杀灭蚊（幼）、蝇、臭虫、蜱	25%的可湿性粉剂和5%粉剂撒布或喷洒
害虫敌	淡黄色油状液体；低毒；杀灭蚊（幼）、蝇、蚤、蟑螂、螨、蜱	2.5%的稀释液喷洒；2%粉剂；1～2克/米^{2}撒布；2%气雾
双乙威	白色结晶，芳香味；中等毒性；杀灭蚊、蝇	50%的可湿性粉剂喷雾；2克/米^{2}喷洒灭成蚊
速灭威	灰黄色粉末；中等毒性；杀灭蚊、蝇	25%的可湿性粉剂和30%乳油喷雾灭蚊
残杀威	白色结晶粉末，酯味；中等毒性；杀灭蚊（幼）、蝇、蟑螂	2克/米^{2}用于灭蚊、蝇；10%粉剂局部喷洒灭蟑螂
胺菊酯	白色结晶；微毒；杀灭蚊（幼）、蝇、蟑螂、臭虫	0.3%的油剂、气雾剂，须与其他杀虫剂配伍使用

6. 病死肉牛处理

科学、及时地处理病死肉牛尸体，对防止肉牛传染病的发生、避免环境污染和维护公共卫生等具有重大意义。病死肉牛尸体可采用深埋法、焚烧法和高温法进行处理。

（1）深埋法　一种简单的处理方法，费用低且不易产生气味，但埋尸坑易成为病原的储藏地，并有可能污染地下水。因此，必须进行深埋，而且要有良好的排水系统。深埋应选择高岗地带，坑深在2米以上，尸体入坑后，撒上石灰或消毒药水，覆盖厚土。

（2）高温处理　确认是炭疽、鼻疽、牛瘟、牛肺疫、恶性水肿、气肿疽、狂犬病等传染病病牛尸体；恶性肿瘤或两个器官发现肿瘤的病肉牛整个尸体；从其他患病肉牛各部分割除下来的病变部分和内脏；以及弓形虫病、梨形虫病、锥虫病等病牛的肉尸和内脏等，进行高温处理。高温处理方法有：①湿法化制，是利用湿化机，将整个尸体投入化制（熬制工业用油）；②焚毁，是将整个尸体或割除下来的病变部分和内脏投入焚化炉中烧毁炭化；③高压蒸煮，是把肉尸切成重不超过 2 千克、厚不超过 8 厘米的肉块，放在密闭的高压锅内，在 112 千帕压力下蒸煮 1.5 ～ 2 小时；④一般煮沸法，是将肉尸切成规定大小的肉块，放在普通锅内煮沸 2 ～ 2.5 小时（从水沸腾时算起）。

7. 病牛产品的无害化处理

（1）血液

① 漂白粉消毒法。用于确认为肉牛病毒性出血症、野肉牛热、肉牛产气荚膜梭菌病等传染病的血液以及血液寄生虫病的病牛血液的处理。将 1 份漂白粉加入 4 份血液中充分搅拌，放置 24 小时后于专设掩埋废弃物的地点掩埋。

② 高温处理法。将已凝固的血液切成豆腐方块，放入沸水中烧煮，至血块深部呈黑红色并成蜂窝状时为止。

（2）蹄、骨和角　肉尸做高温处理时剔出的病牛骨和蹄、角放入高压锅内蒸煮至骨脱或脱脂为止。

（3）皮毛

① 盐酸食盐溶液消毒法。用于被炭疽、鼻疽、牛瘟、牛肺疫、恶性水肿、气肿疽、狂犬病等疫病污染的和一般病牛的皮毛消毒。用 2.5％盐酸溶液和 15％食盐水溶液等量混合，将皮张浸泡在此溶液中，并使液温保持在 30℃左右，浸泡 40 小时，皮张与消毒液之比为 1 ∶ 10（质量 / 体积）。浸泡后捞出沥干，放入 2％氢氧化钠溶液中，以中和皮张上的酸，再用水冲洗后晾干。也可按 100 毫升 25％食盐水溶液中加入盐酸 1 毫升配制消毒液，在室温 15℃条件下浸泡 18 小时，皮张与消毒液之比为 1 ∶ 4。浸泡后捞出沥干，再放入 1％氢氧化钠溶液中浸泡，以中和皮张上的酸，再用水冲洗后晾干。

② 过氧乙酸消毒法。用于任何病牛的皮毛消毒。将皮毛放入新鲜配制的2%过氧乙酸溶液浸泡30分钟，捞出，用水冲洗后晾干。

③ 碱盐液浸泡消毒法。用于被炭疽、鼻疽、牛瘟、牛肺疫、恶性水肿、气肿疽、狂犬病等疫病污染的皮毛消毒。将皮毛浸入5%碱盐液（饱和盐水内加5%烧碱）中，室温（17～20℃）浸泡24小时，并随时加以搅拌，然后取出挂起，待碱盐液流净，放入5%盐酸溶液内浸泡，使皮毛上的酸碱中和，捞出，用水冲洗后晾干。

④ 石灰乳浸泡消毒法。用于被口蹄疫和螨病污染的皮毛的消毒。石灰乳制法：将1份生石灰加1份水制成熟石灰，再用水配成10%或5%混悬液（石灰乳）。对于被口蹄疫污染的皮毛，将其浸入10%石灰乳中浸泡2小时；对于被螨病污染的皮毛，则将其浸入5%石灰乳中浸泡12小时，然后取出晾干。

⑤ 盐腌消毒法。用于被布鲁氏菌污染的皮毛的消毒。用占皮重15%的食盐，均匀撒于皮毛的表面。一般皮毛腌制2个月，胎儿皮毛腌制3个月。

（三）肉牛舍的环境控制

影响肉牛生活和生产的主要环境因素有空气温度、湿度、气流、光照、有害气体、微粒、微生物、噪声等。在科学合理地设计和建筑牛舍、配备必需设备设施以及保证良好的场区环境的基础上，加强对牛舍环境管理来保证舍内温度、湿度、气流、光照和空气中有害气体和微粒、微生物、噪声等条件适宜，保证牛舍良好的小气候，为肉牛的健康和生产性能的提高创造条件。

1. 舍内温度的控制

（1）温度对肉牛的影响　适宜的温度对肉牛的生长发育非常重要。温度过高、过低都会影响肉牛的生长和饲料利用率。环境温度过高，影响牛体热量散失，热平衡遭到破坏，轻者影响肉牛的采食和增重，重者可能导致肉牛中暑甚至死亡；温度过低，降低饲料消化率，同时牛体代谢率提高，以增加产热量维持体温，显著增加饲料消耗，而使生长速度减慢。

（2）适宜的环境温度　环境温度为 5 ～ 21℃时，牛的增重速度最快。牛舍的适宜温度见表 4-8。

表 4-8　牛舍的适宜温度

类型	最适温度 /℃	最低温度 /℃	最高温度 /℃
肉牛舍	10 ～ 15	2 ～ 6	25 ～ 27
哺乳犊牛舍	12 ～ 15	3 ～ 6	25 ～ 27
断奶牛舍	6 ～ 8	4	25 ～ 27
产房	15	10 ～ 12	25 ～ 27

（3）舍内温度的控制

① 牛舍的防寒保暖。虽然牛的抗寒能力较强，但是冬季外界气温过低时也会影响肉牛的增重和犊牛的成活率。所以，必须做好牛舍的防寒保暖工作。

a. 加强牛舍保温设计。牛舍保温隔热设计是维持牛舍适宜温度的最经济有效的措施。根据不同类型牛舍对温度的要求设计牛舍的屋顶和墙体，使其达到保温要求。

b. 减少舍内热量散失。如关闭门窗、挂草帘、堵缝洞等措施，减少牛舍热量外散和冷空气进入。

c. 增加外源热量。在牛舍的阳面或整个室外牛舍扣塑料大棚。利用塑料薄膜的透光性，白天接受太阳能，夜间可在棚上面覆盖草帘，减少热能散失。犊牛舍必要时可以采暖。

d. 防止冷风吹袭机体。舍内冷风可以来自墙、门、窗等缝隙和进出气口、粪沟的出粪口，局部风速可达 4 ～ 5 米 / 秒，使局部温度下降，影响牛的生产性能，冷风直吹机体，增加机体散热，

甚至引起伤风感冒。冬季到来前要检修好牛舍，堵塞缝隙，进出气口加设挡板，出粪口安装插板，防止冷风对牛体的侵袭。

② 牛舍的防暑降温。夏季，环境温度高，牛舍温度更高，容易使牛发生严重的热应激，轻者影响生长和生产，重者导致发病和死亡。因此，必须做好夏季防暑降温工作。

a. 加强牛舍的隔热设计。加强牛舍外维护结构的隔热设计，特别是屋顶的隔热设计，可以有效地降低舍内温度。

b. 环境绿化遮阳。在牛舍或运动场的南面和西面一定距离栽种高大的树木（如树冠较大的梧桐），或丝瓜、眉豆、葡萄、爬山虎等藤蔓植物，以遮挡阳光，减少牛舍的直接受热；在牛舍顶部、窗户的外面或运动场上拉遮光网，实践证明是有效的降温方法。其遮光率可达 70%，而且使用寿命达 4 ～ 5 年。

c. 墙面刷白。不同颜色对光的吸收率和反射率不同。黑色吸光率最高，而白色反光率很强，可将牛舍的顶部及南面、西面墙面等受到阳光直射的地方刷成白色，以减少牛舍的受热度，增强光的反射。可在牛舍的顶部铺放反光膜，能降低舍温 2℃左右。

d. 蒸发降温。牛舍内的温度来自太阳辐射，舍顶是主要的受热部位。降低牛舍顶部热能的传递是降低舍温的有效措施，在牛舍的顶部安装水管和喷淋系统；舍内温度过高时可以使用凉水在舍内进行喷洒、喷雾等，同时加强通风。

e. 加强通风。密闭舍加强通风可以增加对流散热。必要时可以安装风机进行机械通风。

2. 舍内湿度的控制

湿度是指空气的潮湿程度，生产中常用相对湿度表示。相对湿度是指空气中实际水蒸气压与饱和水蒸气压的百分比。肉牛体排泄和舍内水分的蒸发都可以产生水蒸气而增加舍内湿度。舍内上、下湿度大，中间湿度小（封闭舍）。如果夏季门窗大开，通风良好，则差异不大。保温隔热不良的牛舍，空气潮湿，当气温变化大，气温下降时容易达到露点，水汽凝聚为雾。虽然舍内温度未达露点，但由于墙壁、地面和天棚的导热性强，温度达到露点，水汽即在牛舍内表面凝聚为液体，甚至由水变成冰。水渗入围护结构的内部，气温升高时，水又蒸发出来，使舍内的湿度经常很高。潮湿的外围护结构保温隔热性能下降，常见天棚、墙壁生长绿霉、灰泥脱落等。

（1）湿度对肉牛的影响　湿度作为单一因子对肉牛的影响不大，但常与温度、气流等因素一起对肉牛产生一定影响。

① 高温高湿。高温高湿影响牛体的热调节，加剧高温的不良反应，破坏热平衡。环境温度升高，为了维持体温恒定，牛会增加蒸发散热。蒸发散热量正比于牛体蒸发面水蒸气压与空气水蒸气压之差，舍内空气湿度大，牛体蒸发面（皮肤和呼吸道）水蒸气压与空气水蒸气压变小，不利于蒸发散热，从而加重机体热调节负担，热应激更严重，导致牛食欲下降，采食量显著减少，甚至中暑死亡；高温高湿有利于许多病原的滋生和繁殖，从而引起疫病的发生和流行。如有利于真菌的滋生繁殖而引起皮肤病和霉菌病。

② 低温高湿。低温高湿时机体的散热容易，潮湿的空气使牛的被毛潮湿，保温性能下降，牛体感到更加寒冷，加剧了冷应激，特别是对犊牛和幼牛影响更大。牛易患感冒等疾病，如风湿症、关节炎、肌肉炎、神经痛等，以及消化道疾病（下痢）。寒冷冬季，相对湿度过高，对牛的生长有不利影响，饲料转化率会显著下降。

③ 低湿。高温低湿的环境中，能使牛体皮肤或外露的黏膜发生干裂，降低了对微生物的防卫能力，而导致细菌、病毒感染等。低湿条件下，舍内尘埃增加，容易诱发呼吸道疾病。

（2）舍内适宜的湿度　封闭式牛舍空气的相对湿度以60%～70%为宜，最高不超过75%。

（3）舍内湿度调节措施

① 湿度低时。舍内相对湿度低时，可在舍内地面洒水或用喷雾器在地面和墙壁上喷水，水的蒸发可以提高舍内湿度。

② 湿度高时。当舍内相对湿度过高时，可以采取如下措施：一是加大换气量，通过通风换气，驱除舍内多余的水汽，换进较为干燥的新鲜空气，舍内温度低时，要适当提高舍内温度，避免通风换气引起舍内温度下降；二是提高舍内温度，舍内空气水汽含量不变，提高舍内温度可以增大饱和水蒸气压，降低舍内相对湿度，特别是冬季或犊牛舍，因为加大通风换气量对舍内温度影响大，所以应同时提高舍内温度。

③ 防潮措施。保证牛舍干燥需要做好牛舍防潮工作，除了选择地势高燥、排水好的场地外，还可采取如下措施：一是肉牛舍墙基设置防潮层，新建牛舍待干燥后使用；二是舍内排水系统畅通，粪尿、污水及时清理；三是尽量减少舍内用水，舍内用水量大，舍内湿度容易提高，防止饮水设备漏水，能够在舍外洗刷的用具可以在舍外洗刷，或洗刷后的污水立即排到舍外，不要在舍内随处泼洒；四是保持舍内较高的温度，使舍内温度经常处于露点以上；五是使用垫草或防潮剂（如撒生石灰、草木灰），及时更换污浊潮湿的垫草。

3. 光照控制

光照不仅显著影响肉牛繁殖，而且对牛有促进新陈代谢、加速骨骼生长以及活化和增强免疫机能的作用。在舍饲和集约化生产条件下，采用“16 小时光照 8 小时黑暗”制度，育肥肉牛采食量增加，日增重得到明显改善。一般要求肉牛舍的采光系数为 1 ∶ 16，犊牛舍为 1 ∶（10 ～ 14）。

4. 有害气体控制

牛的呼吸、排泄物和生产过程的有机物分解，有害气体成分要比舍外空气成分复杂且含量高。密闭牛舍内，有害气体含量容易超标，可以直接或间接引起牛群发病或生产性能下降，影响牛群安全和产品安全。

（1）舍内有害气体的种类及分布　见表4-9。

表4-9　牛舍中主要有害气体种类及分布

种类	理化特性	来源和分布	标准/（毫克/米^3）
氨	无色，具有刺激性臭味，比空气轻，易溶于水，在0℃时，1升水可溶解907克氨	氨来源于牛的粪尿、饲料残渣和垫草等有机物的分解；舍内含量的多少决定于牛的密集程度、牛舍地面的结构、舍内通风换气情况和舍内管理水平；通常上、下含量高，中间含量低	20
硫化氢	无色、易挥发的恶臭气体，比空气重，易溶于水，1体积水可溶解4.65体积的硫化氢	来源于含硫有机物的分解；当牛采食富含蛋白质的饲料而又消化不良时排出大量的硫化氢；粪便厌氧分解也可产生；硫化氢产自地面和牛床，相对密度大，故愈接近地面浓度愈大	8
二氧化碳	无色、无臭、无毒、略带酸味气体，比空气重	来源于牛的呼吸；由于二氧化碳密度大于空气，因此聚集在牛舍下部，接近地面的位置浓度高	1500
一氧化碳	无色、无味、无臭气体，相对密度0.967	来源于火炉取暖的煤炭不完全的燃烧，特别是冬季夜间牛舍封闭严密，通风不良，可达到中毒程度；牛舍上部	30

（2）有害气体的危害　肉牛舍内的氨气和硫化氢对人和肉牛都有害，严重刺激和破坏黏膜、结膜，降低肉牛体的屏障功能，影响肉牛的抗病力，容易使肉牛发生疾病。肉牛若长时间生活在这种空气污浊的环境中，首先刺激上呼吸道黏膜，引起炎症。污浊的空气还可引起牛体质变弱、抗病力下降，易发生胃肠疾病及心脏病等。

（3）消除措施

① 科学选址和合理布局，避免工业废气污染。合理设计肉牛场和肉牛舍的排水系统、粪尿及污水处理设施。

② 加强防潮管理，保持舍内干燥。有害气体易溶于水，湿度大时易吸附于材料中，舍内温度升高时又挥发出来。

③ 适量通风。干燥是减少有害气体产生的主要措施，通风是消除有害气体的重要方法。当严寒季节保温与通风发生矛盾时，可向牛舍内定时喷雾过氧化物类的消毒剂，其释放出的氧能氧化空气中的硫化氢和氨，起到杀菌、除臭、降尘、净化空气的作用。

④ 加强肉牛舍管理。一是舍内地面、牛床上铺设麦秸、稻草、干草等垫料，可以吸附空气中的有害气体，并保持垫料清洁卫生；二是做好卫生工作，及时清理污物和杂物，排出舍内的污水，加强环境消毒等。

⑤ 加强环境绿化。绿化不仅美化环境，而且可以净化环境。绿色植物进行光合作用可以吸收二氧化碳，生产出氧气。如每公顷阔叶林在生长季节每天可吸收1000千克二氧化碳，产出730千克氧气；绿色植物可大量地吸附氨，如玉米、大豆、棉花、向日葵以及一些花草都可从大气中吸收氨而生长；绿色林带可以过滤阻隔有害气体。有害气体通过绿色林带至少有25%被阻留，煤烟中的二氧化硫被阻留60%。

⑥ 采用化学物质消除。使用过磷酸钙、丝兰属植物提取物、沸石以及木炭、活性炭、煤渣、生石灰等具有吸附作用的物质吸附空气中的臭气。

5. 舍内微粒的控制

微粒是以固体或液体微小颗粒形式存在于空气中的分散胶体。肉牛舍中的微粒来源于肉牛的活动、采食、鸣叫，饲养管理过程（如清扫地面、分发饲料、饲喂），以及通风除臭等机械设备运行。肉牛舍内有机微粒较多。

（1）微粒对肉牛体健康的影响　灰尘降落到肉牛体表，可与皮脂腺分泌物、被毛、皮屑等混在一起而妨碍皮肤的正常代谢，影响被毛品质；灰尘吸入体内还可引起呼吸道疾病，如肺炎、支气管炎等；灰尘还可吸附空气中的水汽、有毒气体和有害微生物，产生各种过敏反应，甚至感染多种传染性疾病；微粒可以吸附空气中的水汽、氨、硫化氢、细菌和病毒等有毒有害物质造成黏膜损伤，引起血液中毒及各种疾病。

（2）牛舍中微粒含量的标准　可吸入颗粒物（PM_{10}）不超过 2 毫克 / 米 ^{3}，总悬浮颗粒物（TSP）不超过 4 毫克 / 米 ^{3}。

（3）消除措施　一是改善牛舍和牧场周围的地面状况，实行全面绿化，种树、草和农作物等，植物表面粗糙不平，多茸毛，有些植物还能分泌油脂或黏液，能阻留和吸附空气中的大量微粒，含微粒的大气流通过林带，风速降低，大径微粒下沉，小的被吸附，夏季可吸附 35.2％～ 66.5％的微粒；二是肉牛舍远离饲料加工场，分发饲料和饲喂动作要轻；三是保持肉牛舍地面干净，禁止干扫，更换和翻动垫草动作要轻；四是保持适宜的湿度，适宜的湿度有利于尘埃沉降；五是保持通风换气，必要时安装过滤设备。

6. 舍内噪声的控制

物体呈不规则、无周期性震动所发出的声音称为噪声。噪声来源由外界产生，如飞机、汽车、拖拉机、打雷等；舍内机械产生，如风机、除粪机、喂料机等；牛本身产生，如鸣叫、走动、采食、争斗等。

（1）噪声对肉牛体的影响　噪声可使牛的听觉器官发生特异性病变，刺激神经反射，引起食欲不振、惊慌和恐惧，影响生产。噪声能影响牛的繁殖、生长、增重和生产力，并能改变牛的行为，易引发流产、早产。

（2）牛舍噪声标准　一般要求牛舍的噪声水平不超过 75 分贝。

（3）改善措施

① 选择场地。肉牛场选在安静的地方，远离噪声大的地方，如交通干道、工矿企业和村庄等。

② 选择设备。选择噪声小的设备。

③ 搞好绿化。场区周围种植林带，可以有效地隔声。

④ 科学管理。生产过程的操作要轻、稳，尽量保持肉牛舍的安静。

三、加强隔离卫生

（一）完善隔离卫生设施

场址选择及规划布局、牛舍设计和设备配备等方面都直接关系到场区的温热环境和卫生状况等。牛场场地选择不当，规划布局不合理，牛舍设计不科学，必然导致隔离卫生条件差，环境不稳定，环境污染严重，牛群疾病频发，生产性能不能正常发挥，经济效益差。所以，应科学选择好场地，合理规划布局，并注重牛舍的科学设计和各种设备配备，使隔离卫生设施更加完善，以维护牛群的健康和生产潜力的发挥。

1. 肉牛场场址选择

（1）场址选择的原则　一是符合肉牛的生物学特性和生理特点；二是有利于保持牛体健康；三是能充分发挥其生产潜力；四是最大限度地发挥当地资源和人力优势；五是有利于环境的保护和安全。

（2）场址选择的方法

① 地势和地形。场地地势高燥、避风、阳光充足，这样可防潮湿，有利于排水，便于牛体生长发育，防止疾病的发生。与河岸保持一定的距离，特别是在水流湍急的溪流旁建场时更应注意，

一般要高于河岸，最低应高出当地历史洪水线以上。其地下水位应在2米以下，即地下水位需在青贮窖底部0.5米以下，这样的地势可以避免雨季洪水的威胁，减少土壤毛细管水上升而造成的地面潮湿。要向阳背风，以保证场区小气候温热状况能够相对稳定，减少冬季雨雪的侵袭。牛场的地面要平坦稍有坡度（不超过2.5%），总坡度应与水流方向相同。山区地势变化大，面积小，坡度大，可结合当地实际情况而定，但要避开悬崖、山顶、雷区等地。地形应开阔整齐，尽量少占耕地，并留有余地来发展，理想的地形是正方形或长方形，尽量避免狭长形或多边角，以减少隔离设施的投入，提高场地的利用率。

② 土壤。场地的土壤应该具有较好的透水透气性能，抗压性好，洁净卫生。透水透气的场地，雨水、尿液不易聚集，场地干燥，渗入地下的废弃物在有氧情况下可分解为二氧化碳和水等产物，对牛场污染小，有利于保持牛舍及运动场的清洁与干燥，有利于防止蹄病等疾病的发生；土质均匀，抗压性强，有利于建造牛舍。沙壤土是肉牛场场地的最好土壤，其次是沙土、壤土。土壤的生物学指标见表4-10。

表4-10　土壤的生物学指标

污染情况	每千克土寄生虫卵数/个	每千克土细菌总数/万个	每克土大肠杆菌值/个
清洁	0	1	0.001
轻度污染	1～10	—	—
中度污染	10～100	10	0.02
严重污染	＞100	100	0.5～1.0

注：清洁和轻度污染的土壤适宜作场址。

③ 水源。场地的水源应充足，能满足肉牛场内的人、牛饮用和其他生产、生活用水，并应考虑防火和未来发展的需要，每头成年牛每日耗水量平均为60千克。要求水质良好，能符合饮用标

准的水最为理想，不含毒素及重金属。此外，在选择时要调查当地是否因水质不良而出现过某些地方性疾病等。水源要便于取用，便于保护，设备投资少，处理技术简单易行。通常以井水、泉水、地下水为好，雨水易被污染，最好不用。

④ 草料。饲草、饲料的来源，尤其是粗饲料，决定着牛场的规模。肉牛场应距秸秆、干草和青贮料资源较近，以保证草料供应，降低成本，减少费用。一般应考虑5千米半径内的饲草资源，根据有效范围内年产各种饲草、秸秆总量，减去原有草食家畜消耗量，剩余的富余量便可决定牛场的规模。

⑤ 交通。便利的交通是牛场对外进行物质交流的必要条件，但距公路、铁路和飞机场过近时，噪声会影响牛的正常休息与消化，人流、物流频繁也易使牛患传染病，所以牛场应距交通干线1000米以上，距一般交通线100米以上。

⑥ 社会环境。选择在居民点、村庄的下风向，径流的下方，距离居民点不少于500米，其海拔不得高于居民点，以避免肉牛排泄物、饲料废弃物、患传染病的尸体等对居民区的污染。同时也要防止居民区对肉牛场的干扰，如居民生活垃圾中的塑料膜、食品包装袋、腐烂变质食物、生活垃圾中的农药造成的牛的中毒，带菌宠物传染病，生活噪声影响牛的休息与反刍。为避免居民区与肉牛场的相互干扰，可在两地之间建立树林隔离区。牛场附近不应有超过90分贝噪声的工矿企业，不应有肉联、皮革、造纸、农药、化工等有毒有污染危险的工厂。

⑦ 场地面积。场地面积根据每头牛所需要面积160～200米^{2}确定；牛舍及房舍的面积为场地总面积的10%～20%。由于牛体大小、生产目的、饲养方式等不同，每头牛占用的牛舍面积也不一样。育肥牛每头所需面积为1.6～4.6米^2，通栏育肥牛舍有垫草的每头牛占2.3～4.6米^2。

场址大小、间隔距离等，均应遵守卫生防疫要求，并应符合配备的建筑物和辅助设备及牛场远景发展的需要。

⑧ 其他因素。我国幅员辽阔，南北气温相差较大，应减少气象因素的影响，如北方不要将牛场建设于西北风口处；山区牧场还要考虑建在放牧出入方便的地方，牧道不要与公路、铁路、水源等交叉，以避免污染水源和防止发生事故。

2. 肉牛场规划布局

牛场规划布局的要求是应从人和牛的保健角度出发，建立最佳的生产联系和卫生防疫条件，合理安排不同区域的建筑物，特别是在地势和风向上进行合理的安排和布局。牛场一般分成生产管理区、辅助区、生产区、隔离区四大功能区（见图 4-8），各区之间保持一定的卫生间距。

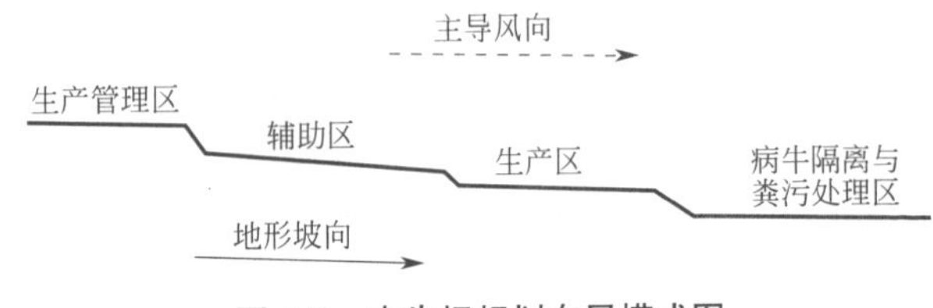

图 4-8 肉牛场规划布局模式图

（1）生产管理区 包括办公室、财务室、接待室、档案资料室、试验室等。管理区应建在牛场入场口的上风处，严格与生产区隔离，保证 50 米以上的距离，这是建筑布局的基本原则。另外，以主风向分析，办公区和生活区要区别开来，不要在同一条线上，生活区还应在水流或排污的上游方向，以保证生活区良好的卫生环境。为了防止疫病传播，场外运输车辆（包括牲畜）严禁进入生产区。汽车库应设置在管理区。除饲料外，其他仓库也应该设在管理区。外来人员只能在管理区活动，不得进入生产区。

（2）辅助区 包括饲料调制、贮存、加工、设备维修等。可

设在管理区与生产区之间，其面积可按要求来决定。但也要适当集中，节约水电线路管道，缩短饲草饲料运输距离，便于科学管理。粗饲料库设在生产区下风向地势较高处，与其他建筑物保持60米防火距离。兼顾由场外运入、入场后再运到牛舍两个环节。饲料库、干草棚、加工车间和青贮池，离牛舍要近，位置适中，便于车辆运送草料，减轻劳动强度。但必须防止牛舍和运动场因污水渗入而污染草料。

（3）生产区　是牛生活生产的场所，应设在场区管理区的下风向处，更要控制场外人员和车辆，使之不能直接进入生产区，以保证最安全、最安静。大门口设立门卫传达室、消毒室、更衣室和车辆消毒池，严禁非生产人员出入牛场，出入人员和车辆必须经消毒室或消毒池严格消毒。生产区牛舍要合理布局，分阶段分群饲养，按育成牛、架子牛、育肥牛阶段等顺序排列，各牛舍之间要保持适当距离，布局整齐，以便于防疫和防火。

（4）病牛隔离与粪污处理区　此区应设在下风向，地势较低处，应与生产区距离100米以上，病牛区应便于隔离，单独通道，便于消毒，便于污物处理。病牛管理区要四周砌围墙，设小门出入，出入口建消毒池、专用粪尿池，严格控制病牛与外界接触，以免病原扩散。

粪尿处理场所应位居下风向地势较低处的牛场偏僻地带，防止粪尿恶臭味四处扩散，蚊蝇滋生蔓延，影响整个牛场的环境卫生。配套有污水池、粪尿池、堆粪场，污水池地面和四周以及堆粪场的底部要做防渗处理，防止污染水源及饲料饲草。

3. 建设隔离卫生设施

为避免一切可能的污染和干扰，保证防疫安全，牛场应建立必要的卫生设施。

（1）隔离墙或防疫沟　场界要划分明确，四周应建较高的围墙或坚固的防疫沟，以防止外界人员及其他动物进入场区；牛场大门及各牛舍入口处，应设立消毒池或喷雾消毒室、更衣室、紫外线灭菌灯等。

（2）给水设施　应考虑给水方式和水源保护。分散式给水是指各排牛舍内可打一口浅水井，但地下水一般比较混浊，细菌含量较多，必须采用混凝沉淀、砂滤净化和消毒法来改善水质。集中式给水，通常称“自来水”，把统一由水源取来的水集中进行净化与消毒处理，然后通过配水管网将清洁水送到牛场各用水点。集中式给水的水源主要以水塔为主，在其周围具有卫生保护措施，以防止水源受到污染。

（3）排水设施　场内排水系统多设置在各种道路的两旁及运动场周边，一般采用大口径暗管埋在冻土层以下，以免受冻阻塞。如果距离超过 200 米，应增设沉淀井，以尽量减少污染物积存，被人、畜损坏。

（二）加强隔离

肉牛场隔离卫生和消毒是维持场区良好环境和保证肉牛健康的基础。

1. 严格检疫

坚持“自繁自养”和“全进全出”制度。引种时应从非疫区，取得“动物防疫合格证”的种牛场或繁育场引进经检疫合格的种牛。采用血清学或病原学的方法，定期有计划地对种牛群进行疫病动态监测，坚决淘汰阳性和带毒（菌）牛；发生疑似疫病时要及时对患病牛和疑似感染牛进行隔离治疗或淘汰处理，对假定健康的牛进行紧急预防接种。

2. 严格隔离

隔离是指阻止或减少病原进入肉牛体的一切措施，这是控制

传染病的重要而常用措施，其意义在于严格控制传染源，有效地防止传染病的蔓延。

（1）设置隔离消毒设施　生产区最好有围墙和防疫沟，并且在围墙外种植荆棘类植物，形成防疫林带，只留人员入口、饲料入口和牛的进出口，减少与外界的直接联系；牛场大门必须设立宽于门口、长于大型载货汽车车轮一周半的水泥结构的消毒池，并装有喷洒消毒设施；生活管理区和生产区之间的人员入口和饲料入口应以消毒池或消毒室隔开，生产区的每栋牛舍门口必须设立消毒脚盆。严禁闲杂人员进场，外来人员来访必须在值班室登记，把好防疫第一关。

（2）采用“全进全出”的饲养制度　“全进全出”的饲养制度是有效防止疾病传播的措施之一。“全进全出”使得牛场能够做到净场和充分的消毒，切断了疾病传播的途径，从而避免患病牛或病原携带者将病原传染给日龄较小的牛群。

（3）加强消毒　外来车辆必须在场外经严格冲洗消毒后才能进入生活管理区，严禁任何车辆和外人进入生产区。人员必须在更衣室沐浴、更衣、换鞋，经严格消毒后方可进入。生产区生产人员经过脚盆再次消毒工作鞋后进入牛舍。饲料应由本场生产区外的饲料车运到饲料周转仓库，再由生产区内的车辆转运到每栋牛舍，严禁将饲料直接运入生产区内。生产区内的任何物品、工具（包括车辆），除特殊情况外不得离开生产区，任何物品进入生产区必须经过严格消毒，特别是饲料袋，应先经熏蒸消毒后才能装料进入生产区。场内生活区严禁饲养畜禽。尽量避免猪、狗、禽鸟进入生产区。生产区内肉食品要由场内供给，严禁从场外带入偶蹄动物的肉类及其制品。

（4）人员相对隔离　全场工作人员禁止兼任其他畜牧场的饲养、技术工作和屠宰贩卖工作。保证生产区与外界环境有良好的隔离状态，全面预防外界病原侵入牛场内。休假返场的生产人员必须在生活管理区隔离2天后，方可进入生产区工作。牛场后勤人员应尽量避免进入生产区。

（5）发病后的隔离措施

① 分群隔离饲养。在发生传染病时，要立即仔细检查所有的肉牛，根据肉牛健康程度的不同，可进行不同的肉牛群管理，严格隔离（见表4-11）。

表4-11 不同肉牛群的隔离措施

肉牛群	隔离措施
病牛	在彻底消毒的情况下，把症状明显的肉牛隔离在原来的场所，单独或集中饲养在偏僻、易于消毒的地方，专人饲养，加强护理、观察和治疗，饲养人员不得进入健康肉牛群的肉牛舍。要固定所用的工具，注意对场所、用具的消毒，出入口设有消毒池，进出人员必须经过消毒后，方可进入隔离场所。粪便无害化处理，其他闲杂人员和动物避免接近。如经查明，场内只有极少数的肉牛患病，为了迅速扑灭疫病并节约人力和物力，可以扑杀病肉牛
可疑病牛	与传染源或其污染的环境（如同群、同笼或同一运动场等）有过密切的接触，但无明显症状的肉牛，有可能处在潜伏期，并有排菌、排毒的危险。对可疑病肉牛所用的用具必须消毒，然后将其转移到其他地方单独饲养，紧急接种和投药治疗，同时，限制活动场所，平时注意观察
假定健康牛	无任何症状，一切正常，要将这些肉牛与上述两类肉牛分开饲养，并做好紧急预防接种工作，同时，加强消毒，仔细观察，一旦发现病肉牛，要及时消毒、隔离。此外，对污染的饲料、垫草、用具、肉牛舍和粪便等进行严格消毒；妥善处理好尸体；做好杀虫、灭鼠、灭蚊蝇工作。在整个封锁期间，禁止由场内运出和向场内运进

② 禁止人员和肉牛流动。禁止肉牛、饲料、养肉牛的用具在场内和场外流动，禁止其他畜牧场、饲料间的工作人员的来往以及场外人员来肉牛场参观。

③ 紧急消毒。对环境、设备、用具每天消毒一次并适当加大消毒液的用量，提高消毒的效果。当传染病扑灭后，经过2周不再发现病肉牛时，进行一次全面彻底的消毒后，才可以解除

封锁。

（三）保持卫生

1. 保持牛舍以及周围环境卫生

及时清理牛舍的污物、污水和垃圾，定期打扫牛舍和设备用具的灰尘，每天进行适度的通风，保持牛舍清洁卫生；不在牛舍周围和道路上堆放废弃物和垃圾。

2. 保持饲料、饲草和饮水卫生

饲料、饲草不霉变，不被病原污染，饲喂用具勤清洁消毒；饮用水符合卫生标准，水质良好，饮水用具要清洁，饮水系统要定期消毒。

3. 废弃物要无害化处理

粪便堆放要远离牛舍，最好设置专门的储粪场，对粪便进行无害化处理，如堆积发酵、生产沼气等处理。病死牛不要随意出售或乱扔乱放，防止传播疾病。

4. 防害灭鼠

昆虫可以传播疫病，因而要保持舍内干燥和清洁，夏季使用化学杀虫剂防止昆虫滋生繁殖；老鼠不仅可以传播疫病，而且可以污染和消耗大量的饲料，危害极大，必须注意灭鼠，每 2 ～ 3 个月应进行一次彻底灭鼠。

四、加强消毒工作

消毒是采用一定方法将养殖场、交通工具和各种被污染物体中病原微生物的数量减少到最低或无害的程度。通过消毒能够杀灭环境中的病原体，切断传播途径，防止传染病的传播与蔓延。消毒是传染病预防措施中的一项重要内容。

（一）消毒的方法

1. 物理消毒法

物理消毒法包括机械性清扫、冲洗、加热、干燥、阳光和紫外线照射等方法。如用喷灯对牛经常出入的地方、产房、培育舍，每年进行 1 ～ 2 次火焰瞬间喷射消毒；人员入口处设紫外线灯照射至少 5 分钟来消毒等。

2. 化学消毒法

化学消毒法即利用化学消毒剂对被病原微生物污染的场地、物品等进行消毒。如在牛舍周围、入口、产房和牛床下撒生石灰或洒火碱液进行消毒；用甲醛等对饲养器具在密闭的室内或容器内进行熏蒸；用规定浓度的新洁尔灭、有机碘混合物或煤酚皂溶液洗手、洗工作服或胶鞋。

3. 生物热消毒法

生物热消毒法主要用于粪便及污物消毒，是通过堆积发酵产热来杀灭一般病原体的消毒方法。

（二）消毒的程序

根据消毒的类型、对象、环境温度、病原体性质以及传染病流行特点等因素，将多种消毒方法科学合理地加以组合而进行的消毒过程称为消毒程序。

1. 人员消毒

所有工作人员进入场区大门必须进行鞋底消毒，并经自动喷

雾器进行喷雾消毒。进入生产区的人员必须淋浴、更衣、换鞋、洗手，并经紫外线照射15分钟。工作服、鞋、帽等定期消毒（可放在1%～2%碱水内煮沸消毒，也可每立方米空间42毫升福尔马林熏蒸20分钟消毒）。严禁外来人员进入生产区。人员进入牛舍要先踏消毒池（消毒池的消毒液每2天更换一次），再洗手后方可进入。工作人员在接触牛群、饲料之前必须洗手，并用消毒液浸泡消毒3～5分钟。病牛隔离人员和剖检人员操作前后都要进行严格消毒。

2. 车辆消毒

进入场内的车辆除要经过消毒池外，还必须对车身、车底盘进行高压喷雾消毒，消毒液可用2%过氧乙酸或1%灭毒威。严禁车辆（包括员工的摩托车、自行车）进入生产区。进入生产区的饲料车每周彻底消毒一次。

3. 环境消毒

（1）垃圾处理消毒　生产区的垃圾实行分类堆放，并定期收集。每逢周六进行环境清理、消毒和焚烧垃圾。可用3%的氢氧化钠溶液喷湿，阴暗潮湿处撒生石灰。

（2）生活区、办公区消毒　生活区、办公区院落或门前屋后4～10月份每7～10天消毒一次，11月至次年3月每半月一次。可用2%～3%的火碱或甲醛溶液喷洒消毒。

（3）生产区的消毒　生产区道路、每栋舍前后每2～3周消毒一次；每月对场内污水池、堆粪坑、下水道出口消毒一次；使用2%～3%的火碱或甲醛溶液喷洒消毒。

（4）地面土壤消毒　土壤表面可用10%漂白粉溶液、4%福尔马林或10%氢氧化钠溶液进行消毒。停放过芽孢杆菌所致传染病（如炭疽）病牛尸体的场所，应严格加以消毒，首先用上述漂白粉澄清液喷洒池面，然后将表层土壤掘起30厘米左右，撒上干漂白粉，并与土混合，将此表土妥善运出掩埋。其他传染病所污染的地面土壤，则可先将地面翻一下，深度约30厘米，在翻地的同时撒上干漂白粉（用量为每平方米0.5千克），然后以水湿润，压平。如果放牧地区被某种病原体污染，一般利用自然因素（如阳光）来消除病原体；如果污染的面积不大，则应使用化学消毒药消毒。

4. 牛舍消毒

（1）空舍消毒　牛出售或转出后对牛舍进行彻底的清洁消毒，消毒步骤如下：

① 清扫。对空舍的粪尿、污水、残料、垃圾和墙面、顶棚、水管等处的尘埃进行彻底清扫，并整理归纳舍内饲槽、用具，当发生疫情时，必须先消毒后清扫。

② 浸润。对地面、牛栏、出粪口、食槽、粪尿沟、风扇匣、护仔箱进行低压喷洒，并确保充分浸润，浸润时间不低于30分钟，但不能时间过长，否则不利于干燥，浪费水且不好洗刷。

③ 冲刷。使用高压冲洗机，由上至下彻底冲洗屋顶、墙壁、栏架、网床、地面、粪尿沟等。要用刷子刷洗藏污纳垢的缝隙，尤其是食槽、水槽等，冲刷不要留死角。

④ 消毒。晾干后，选用广谱高效消毒剂，消毒牛舍内所有表面、设备和用具，必要时可选用2%～3%的火碱溶液进行喷雾消毒，30～60分钟后低压冲洗，晾干后用另一种广谱高效消毒剂（0.3%好利安）喷雾消毒。

⑤ 复原。恢复原来栏舍内的布置，并检查维修，做好进牛前的充分准备，并进行第二次消毒。

⑥ 二次消毒。进牛前一天再喷雾消毒。

⑦ 熏蒸消毒。对封闭牛舍冲刷干净、晾干后，最好进行熏

蒸消毒。用福尔马林、高锰酸钾熏蒸。方法：熏蒸前封闭所有缝隙、孔洞，计算房间容积，称量好药品。按照福尔马林：高锰酸钾：水 2：1：1 比例配制，福尔马林用量一般为 28～42 毫升 / 米^3。容器应大于福尔马林加水后容积的 3～4 倍。放药时一定要把福尔马林倒入盛高锰酸钾的容器内，室温最好不低于 24℃，相对湿度在 70%～80%。先从牛舍一头逐点倒入，倒入后迅速离开，把门封严，24 小时后打开门窗通风。无刺激味后再用消毒剂喷雾消毒一次。

（2）产房和隔离舍的消毒　在产犊前应进行一次，产犊高峰时进行多次，产犊结束后再进行一次。在病牛舍、隔离舍的出入口处应放置浸有消毒液的麻袋片或草垫，消毒液可用 2%～4% 氢氧化钠溶液（对病毒性疾病），或用 10% 克辽林溶液（对其他疾病）。

（3）带牛消毒　正常情况下选用过氧乙酸或喷雾灵等消毒剂，0.5% 浓度以下对人畜无害。夏季每周消毒 2 次，春、秋季每周消毒 1 次，冬季 2 周消毒 1 次。如果发生传染病，每天或隔日带牛消毒 1 次，带牛消毒前必须彻底清扫，消毒时不仅限于牛的体表，还包括整个舍的所有空间。应将喷雾器的喷头高举空中，喷嘴向上，让雾料从空中缓慢地下降，雾粒直径控制在 80～120 微米，压力为 0.2～0.3 千克力 / 厘米^2（1 千克力 / 厘米^2 = 98.0665 千帕）。注意不宜选用刺激性大的药物。

5. 废弃物消毒

（1）粪便消毒　牛的粪便消毒方法主要采用生物热消毒法，即在距牛场 100～200 米以外的地方设一堆粪场，将牛粪堆积起来，上面覆盖 10 厘米厚的沙土，堆放发酵 30 天左右，即可用作肥料。

（2）污水消毒　最常用的方法是将污水引入污水处理池，加入化学药品（如漂白粉或其他氯制剂）进行消毒，用量视污水量而定，一般1升污水用2～5克漂白粉。

五、免疫接种

免疫接种是给动物接种各种免疫制剂（疫苗、类毒素及免疫血清），使动物个体和群体产生对传染病的特异性免疫力。免疫接种是预防和治疗传染病的主要手段，也是使易感动物群转化为非易感动物群的唯一手段。

（一）免疫接种类型

根据免疫接种的时机不同，可分为预防接种和紧急接种两类。

1. 预防接种

预防接种是在平时为了预防某些传染病的发生和流行，有组织有计划地按免疫程序给健康牛群进行的免疫接种。预防接种常用的免疫制剂有疫苗、类毒素等。由于所用免疫制剂的品种不同，接种方法也不一样，有皮下注射、肌内注射、皮肤刺种、口服、点眼、滴鼻、喷雾吸入等。预防接种应首先对本地区近几年来曾发生过的传染病流行情况进行调查了解，然后有针对性地拟定年度预防接种计划，确定免疫制剂的种类和接种时间，按所制定的免疫程序进行免疫接种，争取做到逐头进行免疫接种。

在预防接种后，要注意观察被接种牛的局部或全身反应（免疫反应）。局部反应，接种局部出现一般的炎症变化（红、肿、热、痛）；全身反应，则呈现体温升高，精神不振，食欲减退等。

2. 紧急接种

紧急接种指在发生传染病时，为了迅速控制和扑灭疫病，而对疫区和受威胁区尚未发病的牛进行紧急免疫接种。

应用疫苗进行紧急接种时，必须先对牛群逐头进行详细的临

床检查，只能对无任何症状的牛进行紧急接种，对患病和处于潜伏期的牛，不能接种疫苗，应立即隔离治疗或扑杀。但应注意，在临床检查无症状而貌似健康的牛中，必然混有一部分处于潜伏期的牛，在接种疫苗后不仅得不到保护，反而促进其发病，造成一定的损失，这是一种正常的、不可避免的现象。但由于这些急性传染病潜伏期短，而疫苗接种后又能很快产生免疫力，疫情会得到控制，使多数动物得到保护。

（二）免疫接种方法

免疫接种方法主要有皮下注射、皮内注射和肌内注射。

1. 皮下注射

将疫苗注入皮下结缔组织内，经毛细血管吸收进入血液循环。因为皮下有脂肪层，其中的毛细血管稀疏，故吸收较缓慢，一般10～15分钟才开始呈现药效。凡刺激性不大的注射液，如疫（菌）苗、血清等均可采用。每一注射点不得注射过多的药液，如药液过多则应分点注射。皮下注射一般多采用较细的针头。

（1）注射部位　应选择皮肤较薄而皮下组织较疏松的部位，如颈部或股内侧。

（2）注射方法　注射前要进行必要的保定，局部剪毛，消毒。术者以左手捏起局部的皮肤，使成一皱褶；右手可持注射器，由皱褶的基部穿入。一般针头可刺入2～3厘米（如针头刺入正确则可较自由地拔动），注完药液后，拔出注射器，局部消毒处理。

（3）注意事项　针头不宜刺入肌层；尽量避免应用刺激作用过强的药物作皮下注射，如磺胺类注射液等不宜作皮下注射。

2. 皮内注射

皮内注射是将少量药物注射入表皮和真皮之间的注射方法。牛皮内注射常用于结核病的普查，即结核菌素的过敏试验；还可用于少数药物的过敏试验。

（1）注射部位　取牛躯体被毛较少、颜色较浅、皮肤较细嫩且易于观察处。因这些皮肤较薄、皮色较淡，易于注射和辨认。一般在颈部皮肤做皮内注射。

（2）注射方法　将牛保定确实，局部剪毛消毒，左手拇指和食指将术部皮肤捏起并形成皱褶，右手持注射器使针头（通常用1毫升结核菌注射器和皮内注射针头）与皮肤呈30度角刺入皮内0.2～0.5厘米，缓缓注入药液。

（3）注意事项　对过敏反应试验，一般不用碘酊消毒。因碘酊有颜色，对观察有影响；注射后在局部形成小丘疹状隆起者为注射正确，注射后用酒精轻轻消毒即可；设置对侧对照试验，20分钟后，对照观察反应。

3. 肌内注射

肌肉组织内血管较丰富，药液吸收较快；一般刺激性较强、吸收较难的药液，如水剂、乳剂、混悬剂和油剂等多采用肌内注射。

（1）注射部位　应选择肌肉丰厚、无大血管和神经干的部位，如颈侧、耳后、臀部等。

（2）注射方法　注射前要进行必要的保定，局部剪毛，消毒。术者以左手抚摸注射部位，右手持注射器，使与皮肤呈直角，迅速刺入肌肉，一般刺入深度为2～4厘米；刺入后立即改用左手持注射器，以右手推进注射器手柄，将药液挤入肌肉。注完后，拔除注射器，局部消毒处理。

（3）注意事项　把针头垂直、快速刺进肌肉内适当的深度。为防止针头折断，刺入时的用力方向应与针头的方向平行一致；针头刺入后，应留1/3在外面，以防折断时无法拔出；需长期作肌内注射者，注射部位应交替更换，避免产生硬结。

（三）免疫接种程序

免疫接种程序是指根据一定地区、养殖场或特定动物群体内传染病的流行状况、动物健康状况和不同疫苗特性，为特定动物群体制订的免疫接种计划，包括接种疫苗的类型、顺序、时间、方法、次数、时间间隔等规程和次序。科学合理的免疫程序是获得有效免疫保护的重要保障。制定肉牛免疫程序时应充分考虑当地疫病流行情况，动物种类、年龄，母源抗体水平和饲养管理水平，以及使用疫苗的种类、性质、免疫途径等方面的因素。免疫程序的好坏可根据肉牛的生产力水平和疫病发生情况来评价，科学地制定一个免疫程序必须以抗体检测为重要的参考依据。

1. 制定免疫程序考虑的因素

根据本场的实际情况，考虑本地区牛的疫病流行特点，结合饲养管理、母源抗体的干扰以及疫苗的性质、类型等各方面因素和免疫监测结果，制定适合本场的免疫程序。其中下列几点是需要我们重点考虑的因素：

（1）牛场发病史　在制定免疫程序时必须考虑本地区域牛病疫情和该牛场已发生过什么病、发病日龄、发病频率及发病批次，确定疫苗的种类和免疫时机，如果本地区、本场尚未证实发生的疾病，必须证明确实已受到严重威胁时才计划接种。

（2）母源抗体干扰　免疫接种还要考虑母源抗体。尤其是犊牛初次免疫，应按母源抗体的消长情况选择适宜的时机进行接种。如果接种过早则受到母源抗体的干扰而影响免疫效果；如果接种时间过晚，没有保护力的时间过长，牛群发生传染病的危险性较大。这个时机最好通过免疫监测，依抗体的水平来确定。

（3）不同疫苗之间的干扰　在接种疫苗时，要考虑疫苗之间的相互影响。如果疫苗间在引起免疫反应时互不干扰或有相互促进作用，可以同时接种；如果相互有抑制作用，则不能同时接种，否则会影响免疫效果。因此，在不了解情况时，不要几种疫苗同时免疫接种。

（4）季节性预防疫病　在可能流行口蹄疫的地区，每年春、秋两季各用同型的口蹄疫弱毒苗接种一次，肌内或皮下注射，1～2岁牛1毫升/头，2岁以上牛2毫升/头；经常发生炭疽或受威胁地区的牛，每年春季应作炭疽菌苗预防接种一次；在春季或秋季定期预防接种牛巴氏杆菌病疫苗等。

2. 参考免疫程序

肉牛免疫程序见表4-12。

表4-12　肉牛免疫程序

疫苗名称	用途	免疫时间	用法用量
牛气肿疽灭活疫苗	预防牛气肿疽。免疫期6年	犊牛1～2月龄和6月龄各免疫一次	颈部或肩胛部后缘皮下注射，5毫升/头。生效期14天左右
口蹄疫疫苗	预防牛口蹄疫。免疫期6个月	犊牛4～5月龄首免；以后每隔4～5个月免疫一次	皮下或肌内注射，犊牛0.5～1毫升/头，成年牛2毫升/头。生效期14天
牛出血性败血病氢氧化铝菌苗	预防牛出败。免疫期9个月	犊牛4.5～5月龄首免；以后每年春、秋各一次	皮下或肌内注射，犊牛4毫升/头，成年牛6毫升/头。生效期21天
无毒炭疽芽孢苗	预防牛炭疽。免疫期1年	每年5月或10月全群免疫一次	皮下注射，成年牛2毫升/头，犊牛0.5毫升/头。生效期14天
布氏杆菌猪型二号	预防布氏杆菌病。免疫期1年	一年一次（3～4月或8～9月）	皮下或肌内注射，5毫升/头。生效期30天
传染性胸膜炎疫苗	预防传染性胸膜炎。免疫期1年	一年一次（3～4月或9～10月）	臀部肌内注射，成年牛2毫升/头，犊牛1毫升/头。生效期21～28天

（四）提高免疫效果的措施

1. 注重疫苗的选择和保管

疫苗质量是基础，要选择优质的疫苗；做好疫苗的运输和储存工作，防止疫苗效价降低。疫苗要冷链运输。一般情况下，死菌苗、类毒素、血清及诊断液要保存在低温、干燥、阴暗的地方，温度维持在 2 ～ 8℃之间。防止冻结、高温和阳光直射。弱毒疫苗应在－ 15℃或更低的温度下保存，才能很好地保持其效力。在不同温度下保存的期限，不得超过该制品所规定的有效保存期。同时保存过程中的温度不得忽高忽低，马虎从事；疫（菌）苗在使用之前应逐瓶检查，盛药的玻璃瓶或安瓿破损、瓶塞松动、没有标签或标签不清、过期失效、制品的色泽和性状与该制品说明书不符，没有按规定的方法保存的都不能使用。

2. 正确使用疫苗

应按具体要求正确使用疫（菌）苗。不同疫（菌）苗有不同性质、组成成分和使用方法，配合使用时可能会出现疫（菌）苗间的干扰现象。因此，除生物药厂发放的联合疫苗外，所有单独发放的疫（菌）苗均不得随意配合使用，也不应随便改变用药途径。否则，可能会产生干扰现象或者难以收到免疫效果。故各种疫（菌）苗都必须按产品说明书的要求使用，不得随意改变。

3. 接种前要进行健康检查

接种前，对被接种牛的状况、年龄、妊娠与否、饲养管理情况以及牛舍卫生状况都要进行了解。一般体质健康、饲养管理及牛舍卫生条件良好的牛，注射疫（菌）苗后的异常反应较少，免疫效果也好；反之，幼龄（特别是哺乳期内）牛，体质较弱、患有慢性病、饲养管理和牛舍卫生条件较差的牛，注苗后往往异常反应较多、较重，且免疫效果较差。泌乳期的母牛，注苗后可能会出现一时性的产奶量下降。因此，对那些哺乳期的母牛和体弱的牛，如果不是已经受到传染威胁时，最好暂缓注射。对那些饲养管理和牛舍卫生条件较差的牛，在预防接种的同时，必须加强饲养管理，改善卫生条件。

4. 正确的接种操作

（1）注意保定　接近前应由饲养员牵住牛绳，呼唤安抚，其他人员由侧方贴近。如牛仍骚动不安，用徒手保定法：保定者面向牛的头部，站于牛的一侧，一手握住内侧牛角，另一手拇指、食指（或中指）捏住牛的鼻中隔略向上提即可。

（2）严格消毒　进行免疫接种所需的用具，如注射器、针头、滴管等，都要洗涤干净，并经煮沸消毒后方可使用。药瓶应先除去封蜡，并用碘酊或75%酒精消毒，吸取疫（菌）苗的针头要固定，严禁用给牛注药后的针头吸药，以防污染药液。

注射部位先用碘酊，再用酒精脱碘，待挥发后再注射，注射完毕应按少许时间减少疫苗溢出。大批注射时，应选择专职消毒员，用0.5%碘酊先涂擦临时固定的右或左侧耳根后部皮肤，然后用70%酒精脱碘，待3～5分钟后注射疫苗。禁用5%碘酊在注苗时局部消毒。

（3）减少接种传播　注射针头尽可能做到每头牛换一支，禁止用一支针头连续注射，以免从带菌（毒）牛把病原体通过针头传给健康牛。没有条件的，最多只能一栏牛用一个针头。

（4）避免应激　在接种疫苗前后，应尽可能避免造成剧烈刺激的操作，如转群、采血等，这些应激因素会降低牛机体的免疫机能，影响疫苗的效果。确实因科研等工作需要这些操作时，要严格注意牛群的健康状况，并对抗体水平进行监测。

5. 加强接种后管理

接种后将剩余的疫苗及疫苗瓶无害化处理，使用的用具进行消毒处理。

6. 注意疫苗之间的干扰作用

同时免疫接种两种或多种弱毒苗往往会产生干扰现象。产生干扰的原因可能有两个方面：一是两种病毒感染的受体相似或相同，产生竞争作用；二是一种病毒感染细胞后产生干扰素，影响另一种病毒的复制。要根据疫苗特性合理安排免疫间隔时间。

7. 避免药物干扰

如抗生素对弱毒活菌素的作用，病毒灵等抗病毒药对疫苗的影响。在接种弱毒活菌苗期间（例如接种布氏杆菌猪型二号弱毒菌苗时）使用抗生素，就会明显影响菌苗的免疫效果；在接种病毒疫苗期间使用抗病毒药物（如病毒唑、病毒灵等），也可能影响疫苗的免疫效果。

8. 保持良好的环境条件

牛体内免疫功能在一定程度上受到神经、体液和内分泌的调节。当环境过冷过热、湿度过大、通风不良时，都会引起牛体不同程度的应激反应，导致牛体对抗原免疫应答能力下降，接种疫苗后不能取得相应的免疫效果，表现为抗体水平低、细胞免疫应答减弱。多次的免疫虽然能使抗体水平很高，但并不是疾病防治要达到的目标。有资料表明，动物经多次免疫后，高水平的抗体会使动物的生产力下降。

9. 疫情发生后的免疫

在疫病发生时，为了迅速控制和扑灭疫病，对疫区和受威胁区尚未发病的牛群应进行紧急接种。在外表正常的牛只中可能混有一部分带菌（毒）者，它们在接种疫苗后不能获得保护，反而会促使其更快发病，因此在紧急接种后的一段时间内，牛群中发病数有增多的可能，但由于这些急性传染病的潜伏期较短，而疫苗接种后又很快产生抵抗力，因此发病数不久即下降，从而使流行很快停息。

六、正确的药物防治

食品安全问题日益受到人们的关注，按照无公害生产的要求，要建立无公害生产的全程质量控制体系，在生产过程中要控制药物的使用，减少药物残留。养牛场要根据牛群的健康情况，制定合理的疫病免疫程序，控制牛病的发生，从而有效地减少各种药物的使用。在牛生病时，严格用药管理，尽量不使用滞留性强且有毒的药物，特别注意防止抗生素、激素类药物和合成驱虫剂的滥用。通过对养殖户进行畜产品中药物残留危害性的宣传教育，使养殖人员充分认识到滥用药物的严重性和不良后果，增强他们对畜产品安全性的认识，自觉规范养殖行为，减少不必要的药物和药物添加剂的使用。注重抗生素、激素类药物以及一些合成药物等滞留性强的药物替代品（如中药）的开发研究。

（一）药物使用的注意事项

1. 选择适宜的药物

任何一种药物对某一器官组织的选择作用，与药物的化学结构及组织生化过程的特性有关。一般来说，一种药物在一定的剂量下对某一种疾病疗效最佳。因此，牛群发病时，应先

确诊是什么病，再针对致病的原因确定用什么药物，严禁不经确诊就盲目投药。在给药前应先了解所选药物的内含成分，同时应注意药物内含成分的有效含量，避免治疗效果很差或发生中毒。

2. 确定最佳用药剂量和疗程

药物要有一定的剂量，在机体吸收后达到一定的药物浓度，才发挥药物的作用。要发挥药物的作用而又要避免其不良反应，必须掌握药物的剂量范围。要根据疾病的类型以及药物的性质和牛群的具体情况来确定用药疗程，切忌停药过早而导致疾病复发。

（二）选择最佳给药方法

不同的给药途径不仅影响药物吸收的速度和数量，还与药理作用的快慢和强弱有关，有时甚至产生性质完全不同的作用。如硫酸镁溶液内服起泻下作用，若静脉注射则起镇静作用。牛群常用给药方法有内服给药和注射给药两大类，由于不同药物的吸收途径和在体内的分布浓度的差异，对同种疾病的疗效是不同的，见表 4-13。

表 4-13　牛的用药方法

方法		操作
群体给药法（指对牛群用药。用药前，最好先做小批量的药物毒性及药效试验）	混饲给药	将药物均匀混入饲料中，让牛吃料时能同时吃进药物。主要用于不溶于水的药物
	混水给药	将药物溶解于水中，让牛自由饮用。有些疫苗也可用此法投服。在给药前一般应停止饮水半天，以保证每头牛都能在规定时间内饮到一定量的水

续表

方法		操作
个体给药法（指对患病牛单独进行治疗）	口服法	主要通过长颈瓶或药板给药，一般分别用于灌服稀药液和服用舔剂
	灌服法	将药物配制成液体，通过橡皮管直接灌入直肠内。用前先将直肠内的粪便清除，同时灌服药液的温度应与体温一致
	胃管插入法	牛插入胃管的方法有两种：一是经鼻腔插入；二是经口腔插入。胃管插入时要防止胃管误入气管。灌服大量水及有刺激性的药液时应经口腔插入。患咽喉炎和咳嗽严重的病牛，不可用胃管灌服
	注射法	将灭菌的液体药物，用注射器注入牛的体内。一般按注射部位可分为几种方式：一是皮下注射，把药液注射到牛的皮肤和肌肉之间，注射部位是在牛颈部或股内侧松软处；二是肌内注射，是将灭菌的药液注入肌肉比较多的部位，注射部位是在牛股后肌群，特别是在半膜肌和半腱肌上；三是静脉注射，是将灭菌的药液直接注射到静脉内，使药液随血液很快分布全身，迅速发生药效，对牛常用的注射部位是颈静脉；四是气管注射，即将药液直接注入气管内；五是瘤胃穿刺注药法，当牛发生瘤胃臌气时可采用此法；六是腹腔注射法，一般选用右肷部为腹腔注射的部位
	皮肤、黏膜给药	一般用于可以通过皮肤和黏膜吸收的药物。主要方法有点眼、滴鼻、皮肤涂擦、药浴等

（三）注意药物的不良反应

有些药物由于选择性低，作用范围广泛，当某一作用被作为用药目的时，其他作用就成为副作用。特别是当药物用量过大或用药时间过久或机体对某一药物特别敏感时。

（四）合理的用药配伍

1. 配伍用药

同时使用两种以上的药物称为配伍用药。在配伍用药中，各

种药物的作用相似，药效增加，称协同作用。协同作用又可分为相加作用和增强作用，临床上利用药物的相加作用以减少单用某一药物所产生的不良反应，如三溴合剂的总药效等于钾、钠、铵溴化物3种相加的总和；临床上利用药物之间的增强作用以提高疗效，如磺胺类药物或某些抗生素与抗菌增效剂（TMP）合用，其抗菌作用大大超过各药单用时的总和。在配伍用药中，各种药物作用相反，引起药效减弱或互相抵消，称为拮抗作用。如应用普鲁卡因局部麻醉时，若用磺胺类防治创伤感染，则会降低磺胺药物的抑菌效果。但临床上可利用药物的拮抗作用以减轻或避免某药物的副作用或解除某药物的毒性反应。

2. 重复用药

为了保持药物的血中浓度，继续发挥该药的作用，往往重复用药。但重复用药可使机体对某一药物产生耐受性，而使药物作用减弱；亦可使病原体产生耐药性，而使药效下降或消失。特别是使用抗生素时，用药剂量和疗程不足，病原体的耐药性更易产生。

3. 配伍禁忌

在配伍用药中，两种或两种以上的药物相互混合后，有可能产生物理、化学反应，使药物在外观或药理性质上产生变化。相互有配伍禁忌的药物不能混合使用。

（五）给药次数与间隔时间

给药次数决定于病情，一般每天2～3次。重复用药不见效时应改变治疗方案或更换药物，给药间隔时间取决于药物消除速度。如健胃药宜在饲喂前给药，有刺激性的药物宜在饲喂后给药。

（六）防止病原菌产生耐药性

许多养牛场反映，用抗菌药给牛治病，给药的剂量越来越大，但疗效越来越差，其原因主要是细菌对药物耐药性增强了。许多饲料厂家在饲料中加入少量抗菌药作添加剂，牛群长期服用后，产生不同程度的耐药性，以致再用同类药物治疗牛病的效果就很差了。

（七）疫苗接种期内慎用药物

在接种弱毒活疫（菌）苗前后5天内，禁止使用对疫苗敏感的药物、抗病毒药物（如病毒灵、病毒唑等）、激素制剂（如地塞米松、氢化可的松等），并避免用消毒剂饮水，以防将疫苗中活的细菌和病毒杀死或抑制，从而造成免疫失败。在疫苗接种期可选用抗应激和提高免疫能力的药，如维生素类、高效微量元素及某些具有免疫促进作用的中药制剂等，以提高免疫效果。

肉牛用药保健程序见表4-14。

表 4-14　肉牛用药保健程序

阶段		用药方案
后备肉牛	引入第1周及配种前1周	饲料中适当添加一些抗应激药物如维力康、维生素C、多维、电解质添加剂等；同时饲料中适当添加一些抗生素药物如呼诺玢、呼肠舒、泰灭净、强力霉素、利高霉素、支原净、泰舒平（泰乐菌素）、土霉素等
妊娠母肉牛	前期	饲料中适当添加一些抗生素药物如呼诺玢、泰灭净、利高霉素、新强霉素、泰舒平（泰乐菌素）等，同时饲料中添加亚硒酸钠维生素E，妊娠全期饲料添加防治霉菌毒素药物（霉可脱）
	产前	驱虫。帝诺玢拌料1周，肌内注射一次得力米先（长效土霉素）等

续表

阶段		用药方案
产前产后母肉牛	母肉牛产前产后2周	饲料中适当添加一些抗生素药物，如呼肠舒、新强霉素（慢呼清）、菌消清（阿莫西林）、强力泰、强力霉素、金霉素等；母牛产后1～3天如有发热症状用输液来解决，所输液体内可加入庆大霉素、林可霉素，效果更佳
哺乳仔肉牛	仔肉牛吃初乳前	口服庆大霉素、氟哌酸、兽友一针1～2毫升或土霉素半片内
	3日龄	补铁（如血康、牲血素、富来血）、补硒（亚硒酸钠维生素E）
	1日龄、7日龄、14日龄	鼻腔喷雾卡那霉素、10%呼诺玢
	7日龄左右、开食补料前后及断奶前后	饲料中适当添加一些抗应激药物如维力康、开食补盐、维生素C、多维等。哺乳全期饲料中适当添加一些抗生素药物如菌消清、泰舒平、呼诺玢、呼肠舒、泰灭净、恩诺沙星、诺氟沙星、氧氟沙星及环丙沙星等。出生后体况比较差的肉牛犊，一生下来喂些代乳粉（牛专用）兑葡萄糖水或凉开水，连饮5～7天，并调整乳头以加强体况
	断奶	根据肉牛犊体况25～28天断奶，断奶前几天母牛要控料、减料，以减少其泌乳量，在肉牛犊的饮水中加入阿莫西林＋恩诺沙星＋加强保易多以预防流行性腹泻。肉牛犊如发生球虫病，可加适合的药物来获得抗体的产生
断奶保育肉牛	保育牛阶段前期（28～35天）	饲料或饮水中适当添加一些抗应激药物如维力康、开食补盐、维生素C、多维等；此阶段可在肉牛犊饲料中添加泰乐菌素＋磺胺二甲＋TMP＋金霉素，以保证肉牛犊健康。此阶段如发生链球菌病、传染性胸膜肺炎可采用阿莫西林＋恩诺沙星＋泰乐菌素＋磺胺二甲＋TMP＋金霉素防治
	肉牛犊45～50天阶段	此阶段要预防传染性胸膜肺炎的发生，可用氟苯尼考80克/吨＋泰乐菌素＋磺胺二甲＋TMP＋金霉素防治
生长育肥肉牛	整个生长期	可用泰乐菌素＋磺胺二甲＋TMP＋金霉素添加在饲料中饲喂，并在应激时添加抗应激药物如维力康、开食补盐、维生素C、多维等。定期在饲料中添加伊维菌素、阿维菌素或帝诺玢、净乐芬等驱虫药物进行驱虫

续表

阶段		用药方案
公肉牛	饲养期	每月饲料中适当添加一些抗生素药物如土霉素预混剂、呼诺玢、呼肠舒、泰灭净、支原净、泰舒平（泰乐菌素）等，连用1周。每个季度饲料中适当添加伊维菌素、阿维菌素或帝诺玢、净乐芬等驱虫药物进行驱虫，连用1周。每月体外喷洒驱虫药一次，如虱螨净、杀螨灵
空怀母肉牛	空怀期	饲料中适当添加一些抗生素药物如土霉素预混剂、呼诺玢、呼肠舒、泰灭净、支原净、泰乐菌素等，连用1周
	配种前	肌内注射一次得力米先、长效土霉素等；饲料中添加伊维菌素、阿维菌素或帝诺玢、净乐芬等驱虫药物进行驱虫，连用1周

注：1. 驱虫。牛群一年期最好驱虫三次，以防治线虫、蛔虫、螨虫等寄生虫病的发生，从而提高饲料报酬。药物选用伊维菌素或复方药（伊维菌素＋阿苯达唑）等。

2. 红皮病的防治。红皮病主要是由于肉牛犊断奶后多系统衰弱综合征并发寄生虫病引起的，症状为体温在40～41℃，表皮出现小红点，出现时间多在30日龄以后，40～50日龄以及全期都有。在治疗上可采用先驱虫后再用20%长效土霉素和地塞米松＋维丁胶性钙肌内注射治疗，预防此病要从源头开始，做自家苗，肉牛犊分别在7日龄和25日龄各接种一次。

第五招 尽量降低生产消耗

【核心提示】

产品的生产过程就是生产的耗费过程，企业要生产产品，就是发生各种生产耗费。生产过程的耗费包括劳动对象（如饲料）的耗费、劳动手段（如生产工具）的耗费以及劳动力的耗费等。在产品产量一定的情况下，降低生产消耗就可以增加效益；在消耗一定的情况下，增加产品产量也可以增加效益；同样规模的养牛企业，生产水平和管理水平高，产品数量多，各种消耗少，就可以获得更好的效益。

一、加强生产运行过程的管理

（一）科学制定劳动定额和操作规程

1. 定额管理

定额管理就是对肉牛场工作人员明确分工，责任到人，以达到充分利用劳动力，不断提高劳动生产效率的目的。定额是编制生产计划的基础。在编制计划的过程中，对人力、物力、财力的配备和消耗，产供销的平衡，经营效果的考核等计划指标，都是根据定额标准进行计算和研究确定的。只有有合理的定额，才能制订出先进可靠的计划。如果没有定额，就不能合理地进行劳动力的配备和调度、物资的合理储备和利用，资金的利用和核算就没有根据，生产就不合理。定额是检验的标准，在一些计划指标的检查中，要借助定额来完成。在计划检查中，检查定额的完成情况，通过分析来发现计划中的薄弱环节。同时定额也是劳动报酬分配的依据，可以在很大程度上提高劳动生产率。

（1）定额的种类　见表 5-1。

表 5-1　定额的种类

人员分配定额	完成一定任务应配备的生产人员、技术人员和服务人员标准
机械设备定额	完成一定生产任务所必需的机械、设备标准或固定资产利用程度的标准
物资储备定额	按正常生产需要的零配件、燃料、原材料和工具等物资的必需库存量
饲料储备定额	按生产需要来确定饲料的生产量，包括各种精饲料、粗饲料、矿物质及预混合饲料储备和供应量
产品定额	皮、奶、肉产品的数量和质量标准
劳动定额	生产者在单位时间内完成符合质量标准的工作量，或完成单位产品或工作量所需要的工时消耗，又可称工时定额
财务定额	生产单位的各项资金限额和生产经营活动中的各项费用标准，包括资金占用定额、成本定额和费用定额等

（2）牛场的主要生产定额

① 劳动定额。劳动定额是在一定生产技术和组织条件下，为生产一定合格的产品或完成一定工作量所规定的必需劳动消耗，是计量产量、成本、劳动效率等各项经济指标和编制生产、成本和劳动等计划的基础依据。牛场应依据不同的劳动作业、劳动

强度、劳动条件等制定相应工种定额。劳动定额标准见表 5-2。

表 5-2　劳动定额标准

<table>
<tr><th>工种</th><th>工作内容</th><th>每人定额</th><th>工作条件</th></tr>
<tr><td>饲养犊牛</td><td rowspan="3">负责饲喂，饲槽和牛床卫生，牛蹄刷拭以及观察牛只的食欲</td><td>哺乳犊牛 4 月龄断奶。成活率不低于 95 %，日增重 800 ～ 900 克，管理 35 ～ 40 头</td><td>随母牛哺乳配合人工哺乳</td></tr>
<tr><td>幼牛育肥</td><td>日增重 1000 ～ 1200 克，14 ～ 16 月龄体重达到 450 ～ 500 千克，管理 40 ～ 50 头</td><td>人工</td></tr>
<tr><td>架子牛育肥</td><td>日增重 1200 ～ 1300 克，育肥 3 ～ 5 个月，体重达到 500 ～ 600 千克，管理 35 ～ 40 头</td><td>人工</td></tr>
<tr><td>饲料加工供应</td><td>饲料称重入库，加工粉碎，清除异物，配制混合，按需要供给各牛舍</td><td>管理 120 ～ 150 头</td><td>手工和机械相结合</td></tr>
<tr><td>配种</td><td>按配种计划适时配种，肉用繁殖母牛保证受胎率在 75% 以上，受胎母牛平均使用冻精不超过 2.5 粒（支）</td><td>管理 250 头</td><td>人工授精</td></tr>
<tr><td>兽医</td><td>检疫、治疗，接产，医药和器械购买、保管及修蹄，牛舍消毒</td><td>管理 200 ～ 250 头</td><td>手工</td></tr>
<tr><td>清洁工</td><td>负责运动场粪尿清理以及周围环境卫生</td><td>管理 120 ～ 150 头</td><td>手工</td></tr>
</table>

② 饲料消耗定额。饲料消耗定额是生产单位增重所规定的饲料消耗标准，是确定饲料需要量、合理利用饲料、节约饲料和实行经济核算的重要依据。在制定饲料消耗定额时，要考虑牛的性别、年龄、生长发育阶段、体重或日增重、饲料种类和日粮组成等因素。全价合理的饲养是节约饲料和取得经济效益的基础。

饲料消耗定额的制定方法如下：肉牛维持生长和生产产品，需要从饲料中摄取营养物质。由于肉牛品种、性别和年龄、生长发育阶段及体重不同，其营养需要量亦不同。因此，在制定不同类别育肥牛的饲料消耗定额时，首先应查找其饲养标准中对各种营养成分的需要量，参照不同饲料的营养价值确定日粮的配给量；再以日粮的配给量为基础，计算不同饲料在日粮中的占有量；最后根据占有量和牛的年饲养头日数即可计算出年饲料的消耗定额。由于各种饲料在实际饲喂时都有一定的损耗，尚需要加上一定损耗量。

一般情况下，肉牛每头每天平均需2千克优质干草，鲜玉米（秸）青贮25千克；架子牛育肥每头每天平均需精料按体重的1.2%配给，直线育肥需要按体重的1.3%～1.4%定额，放牧补饲按1千克增重2千克精料，生产上一定要定额精饲料，确定增重水平，粗料、辅料不定额。

③ 成本定额。成本定额通常指育肥牛生产1千克增重所消耗的生产资料和所付的劳动报酬的总和，其包括各种育肥牛的饲养日成本和增重单位成本。

牛群饲养日成本等于牛群饲养费用除以牛群饲养头日数。牛群饲养费定额，即构成饲养日成本各项费用定额之和。牛群和产品的成本项目包括：工资和福利费、饲料费、燃料费和动力费、医药费、牛群摊销、固定资产折旧费、固定资产修理费、低值易耗品费、其他直接费用、共同生产费、企业管理费等。这些费用定额的制定，可参照历年的实际费用、当年的生产条件和计划来确定。

对班组或定员进行成本定额是计算生产作业时所消耗的生产数据和付出劳动报酬的总和。肉牛生产成本主要有饲养成本、增重成本、活重成本和牛肉成本，其中重点是增重成本。

（3）定额的修订　修订定额是搞好计划的一项很重要内容。定额是在一定条件下制定的，反映了一定时期的技术水平和管理水平。生产的客观条件不断发生变化，因此定额也应及时修订。在编制计划前，必须对定额进行一次全面的调查、整理、分析，对不符合新情况、新条件的定额进行修订，并补充齐全的定额和

制定新的定额标准，使计划的编制有理有据。

2. 牛场管理制度

制度管理是做好劳动管理不可缺少的手段。主要包括考勤制度、劳动纪律、生产责任制、劳动保护、劳动定额、奖惩制度等。制度的建立，一是要符合牛场的劳动特点和生产实际；二是内容具体化，用词准确，简明扼要，质和量的概念必须明确；三是要经全场职工认真讨论通过，并经场领导批准后公布执行；四是必须具有一定的严肃性，一经公布，全场干部职工必须认真执行，不搞特殊化；五是必须具备连续性，应长期坚持，并在生产中不断完善。

（1）技术操作规程　技术操作规程是牛场生产中按照科学原理制定的日常作业的技术规范。肉牛群管理中的各项技术措施和操作等均通过技术操作规程加以贯彻。同时，它也是检验生产的依据。不同饲养阶段的牛群，按其生产周期制定不同的技术操作规程。如犊牛技术操作规程、育成牛技术操作规程和育肥牛技术操作规程。

技术操作规程的主要内容是：对饲养任务提出生产指标，使饲养人员有明确的目标；指出不同饲养阶段牛群的特点及饲养管理要点；按不同的操作内容分段列条，提出切合实际的要求等。

技术操作规程的指标要切合实际，条文要简明具体，易于落实执行。

（2）每日工作程序　规定各类牛舍每天从早到晚的各个时间段内的常规操作，使饲养管理人员有规律地完成各项任务。

（3）综合防疫制度　为了保证牛群的健康和安全生产，场内必须制定严格的防疫措施，规定对场内、外人员、车辆、场内环境及时或定期消毒、牛舍在空出后的冲洗、消毒，各类牛群的检疫、免疫，对寄生虫病原的定期检查以及灭鼠，夏、秋季节的蚊、蝇等。

（二）肉牛场的计划管理

计划管理就是根据肉牛场情况和市场预测合理制订生产计划，并落到实处。制订计划就是对肉牛场的投入、产出及其经济效益做出科学的预见和安排，计划是决策目标的具体化，经营计划分为长期计划、年度计划、阶段计划等。

1. 编制计划的原则

肉牛场要编制科学合理、切实可行的生产经营计划，必须遵循以下原则：

（1）整体性原则　编制的肉牛场经营计划一定要服从和适应国家的肉牛业计划，满足社会对肉牛产品的要求。因此，在编制计划时，必须在国家计划指导下，根据市场需要，围绕肉牛场经营目标，处理好国家、企业、劳动者三者的利益关系，统筹兼顾，合理安排。作为行动方案，不能仅提出和规定一些方向性的问题，还应当规定详尽的经营步骤、措施和行为等内容。

（2）适应性原则　肉牛生产是自然再生产和经济再生产、植物第一性生产和动物第二性生产交织在一起的复杂生产过程，生产经营范围广泛，其不可控影响因素较多。因此，计划要有一定弹性，以适应内部条件和外部环境条件的变化。

（3）科学性原则　编制肉牛场生产经营计划要有科学的态度，一切从实际出发，深入调查分析有利条件和不利因素，进行科学的预测和决策，使计划尽可能地符合客观实际，符合经济规律。编制计划使用的数据资料要准确，计划指标要科学，不能太高，也不能太低。要注重市场，以销定产，即要根据市场需求倾向和容量来安排组织肉牛场的经营活动，充分考虑消费者需求以及潜

在的竞争对手，以避免供过于求，造成经济损失。

（4）平衡性原则 肉牛场安排计划要统筹兼顾，综合平衡。肉牛场生产经营活动与各项计划、各个生产环节、各种生产要素以及各个指标之间，应相互联系，相互衔接，相互补充。所以，应当把它们看作是一个整体，各个计划指标要平衡一致，使肉牛场各个方面、各个阶段的生产经营活动协调一致，使之能够充分发挥牛场优势，达到各项指标和完成各项任务。因此，要注重两个方面：一是加强调查研究，广泛收集资料数据，进行深入分析，确定可行的、最优的指标方案；二是计划指标要综合平衡，要留有余地，不能破坏肉牛场的长期协调发展，也不能满打满算，使肉牛场生产处于经常性的被动局面。

2. 编制计划的方法

肉牛业计划编制的常用方法是平衡法，是通过对指导计划任务和完成计划任务所必须具备的条件进行分析、比较，以求得两者的相互平衡。畜牧业企业在编制计划的过程中，重点要做好草原（土地）、劳力、机具、饲草饲料、资金、产销等平衡工作。利用平衡法编制计划主要是通过一系列的平衡表来实现的，平衡表的基本内容包括需要量、供应量、余缺三项。具体运算时一般采用下列平衡公式：

期初结存数＋本期计划增加数－本期需要数＝结余数

上式三部分，即供应量（期初结存数＋本期计划增加数）、需要量（本期需要量）和结余数构成平衡关系，进行分析比较，采取措施，调整计划指标，以实现平衡。

3. 编制计划的程序

编制经营计划必须按照一定程序进行，其基本程序如下：

（1）做好各项准备工作 主要是总结上一计划期计划的完成

情况，调查市场的需要情况，分析本计划期内的利弊情况，即做好总结、收集资料、分析形势、核实目标、核定计划量等工作。

（2）编制计划草案 主要是编制各种平衡表，试算平衡，调整余额，提出计划大纲，组织修改补充，形成计划草案。

（3）确定计划方案 组织讨论计划草案，并由有关部门审批，形成正式计划方案。一套完整的企业计划，通常由文字说明的计划报告和一系列计划指标组成的计划表两部分构成。计划报告也叫计划纲要，是计划方案的文字说明部分，是整个计划的概括性描述。一般包括以下内容：分析企业上期肉牛生产发展情况，概括总结上期计划执行中的经验和教训；对当前肉牛生产和市场环境进行分析；对本计划期肉牛生产和畜产品市场进行预测；提出本计划期企业的生产任务、目标和计划的具体内容，分析实现计划的有利和不利因素；提出完成计划所要采取的组织管理措施和技术措施。计划表是通过一系列计划指标反映计划报告规定的任务、目标和具体内容的形式，是计划方案的重要部分。

4. 肉牛场主要生产计划

（1）产品产量计划 计划经济条件下的传统产量计划，是依据牛群周转计划而制订的。而市场经济条件下必须反过来计算，即以销定产，以产量计划倒推牛群周转计划。根据肉牛场不同产品产量计划可以细分为种牛供种计划、犊牛生产计划和肉牛出栏计划等。

（2）牛群周转计划 养牛场生产中，牛群因购、销、淘汰、死亡、犊牛出生等原因，在一定时间内，牛群结构有增减变化，需要制订牛群周转计划。肉牛群周转计划是制订其他各项计划的基础，只有制订好周转计划，才能制订饲料计划、产品计划和引种计划。通过牛群周转计划的实施，使牛群结构更加合理，增长投入产出比，提高经济效益。制订牛群周转计划，应综合考

虑牛舍、设备、人力、成活率、淘汰和转群移舍时间、数量等，保证各牛群的增减和周转能够完成规定的生产任务，又最大限度地降低各种劳动消耗。肉牛群的周转计划表见表 5-3。

表 5-3　肉牛群的周转计划表

日期	年初数 / 头	本年增加 / 头			本年减少 / 头			年末数量 / 头
		繁殖	购进	转入	出售	转出	淘汰或死亡	

（3）牛场饲料供应计划　为使养牛生产有可靠的饲料基础，每个牛场都要制订饲料供应计划。编制饲料供应计划时，要根据牛群周转计划，按全年牛群的年饲养天数乘以各种饲料的日消耗定额，再增加 10%～15% 的损耗量，确定为全年各种饲料的总需要量。在编制饲料供应计划时，要考虑牛场发展增加牛数量时所需量，对于粗饲料要考虑一年的供应计划，对于精料、糟渣类料要留足 1 个月的量或保证相应的流动资金，精饲料中各种饲料的供应是在确定精料的基础上按能量饲料（玉米）、蛋白质补充料、辅料（麸皮）、矿物质料之比为 60 ∶ 30 ∶ 20 ∶ 8 考虑，其中矿物质料包括食盐、石粉、小苏打、磷酸氢钙、微量元素预混料等，可按等同比例考虑。肉牛场饲料供应计划表见表 5-4。

表 5-4　肉牛场饲料供应计划表　　单位：千克

类别	数量 / 头	粗饲料		青贮饲料	能量饲料	蛋白质补充料			辅料	其他饲料	矿物质饲料					
		秸秆	干草			油粕类	副产品	其他			食盐	石粉	小苏打	碳酸氢钠	微量元素预混料	其他

（4）疫病防治计划　肉牛场疫病防治计划是指一个年度内对牛群疫病防治所做的预先安排。肉牛场的疫病防治是保证其生产效益的重要条件，也是实现生产计划的基本保证。肉牛场实行“预防为主，防治结合”的方针，建立一套综合性的防疫措施和制度。其内容包括牛群的定期检查、牛舍消毒、各种疫苗的定期注射、病牛的资料与隔离等。对各项防疫制度要严格执行，定期检查。

（5）资金使用计划　有了生产销售计划、草料供应计划等计划后，资金使用计划也就必不可少了。资金使用计划是经营管理计划中非常关键的一项工作，做好计划并顺利实施，是保证企业健康发展的关键。资金使用计划的制订应依据有关生产等计划，本着“节省开支，并最大限度提高资金使用效率”的原则，精打细算，合理安排，科学使用。既不能让资金长时间闲置，造成资金资源浪费，还要保证生产所需资金及时足额到位。在制订资金使用计划时，对牛场自有资金要统筹考虑，尽量盘活资金，不要造成自有资金沉淀。对企业发展所需贷款，经可行性研究，认为有效益、项目可行，就要大胆贷款，破除“企业不管发展快慢，只要没有贷款就是好企业”的传统思想，要敢于并善于科学合理地运用银行贷款，加快规模牛场的发展。一个企业只要其资产负债率保持在合理的范围内，都是可行的。

（三）记录管理

记录管理就是将肉牛场生产经营活动中的人、财、物等消耗情况及其他有关情况记录在案，并进行规范、计算和分析。目前许多牛场认识不到记录的重要性，缺乏系统、原始的记录资料，导致管理者和饲养者对生产经营情况（如各种消耗是多是少、产品成本是高是低、单位产品利润和年总利润多少等）都不清楚，更谈不上采取有效措施降低成本，提高效益。

1. 记录管理的作用

（1）肉牛场记录反映牛场生产经营活动的状况　完善的记录可将整个牛场的动态与静态记录无遗。有了详细的牛场记录，管理者和饲养者通过记录不仅可以了解现阶段肉牛场的生产经营状况，而且还可以了解过去肉牛场的生产经营情况，有利于加强管理，有利于对比分析，有利于进行正确的预测和决策。

（2）肉牛场记录是经济核算的基础　详细的肉牛场记录包括各种消耗、肉牛群的周转及死亡淘汰等变动情况、产品的产出和销售情况、财务的支出和收入情况以及饲养管理情况等，这些都是进行经济核算的基本材料。没有详细、原始、全面的肉牛场记录材料，经济核算也是空谈，甚至会出现虚假的核算。

（3）肉牛场记录是提高管理水平和效益的保证　通过详细的牛场记录，并对记录进行整理、分析和必要的计算，可以不断发现生产和管理中的问题，并采取有效的措施来解决和改善，不断提高管理水平和经济效益。

2. 肉牛场记录的原则

（1）及时准确　及时是根据不同记录要求，在第一时间认真填写，不拖延、不积压，避免出现遗忘和虚假；准确是按照牛场当时的实际情况进行记录，既不夸大，也不缩小，实实在在。特别是一些数据要真实，不能虚构。如果记录不精确，将失去记录的真实可靠性，这样的记录也是毫无价值的。

（2）简洁完整　记录工作烦琐就不易持之以恒地实行。所以设置的各种记录簿（册）和表格力求简明扼要，通俗易懂，便于记录；记录要全面系统，最好设计成不同的记录册和表格，并且填写完整，易于辨认。

（3）便于分析　记录的目的是分析肉牛场生产经营活动的

情况，因此在设计表格时，要考虑记录下来的资料便于整理、归类和统计，为了与其他肉牛场的横向比较和与本场过去情况的纵向比较，还应注意记录内容的可比性和稳定性。

3. 肉牛场记录的内容

记录的内容因肉牛场的经营方式与所需的资料不同而有所不同，一般应包括以下内容：

（1）生产记录

① 肉牛群生产情况记录。肉牛的品种、饲养数量、饲养日期、死亡淘汰、产品产量等。

② 饲料记录。将每日不同肉牛群（以栋或栏或群为单位）所消耗的饲料按其种类、数量及单价等记录下来。

③ 劳动记录。记录每天出勤情况、工作时数、工作类别以及完成的工作量、劳动报酬等。

（2）财务记录

① 收支记录。包括出售产品的时间、数量、价格、去向及各项支出情况。

② 资产记录。固定资产类，包括土地、建筑物、机器设备等的占用和消耗；库存物资类，包括饲料、兽药、在产品、产成品、易耗品、办公用品等的消耗数、库存数量及价值；现金及信用类，包括现金、存款、债券、股票、应付款、应收款等。

（3）饲养管理记录

① 饲养管理程序及操作记录。饲喂程序、光照程序、牛群的周转、环境控制等记录。

② 疾病防治记录。包括隔离消毒情况、免疫情况、发病情况、诊断及治疗情况、用药情况、驱虫情况等。

（4）肉牛档案

① 成年母牛档案。记录其系谱、配种产犊情况。

② 犊牛档案。记录其系谱、出生时间、体尺、体重情况。

③ 育成牛档案。记录其系谱、各月龄体尺和体重情况、发情配种情况。

④ 育肥牛档案。记录品种、体重、饲料用量等。

4. 肉牛场生产记录表格

日常生产记录表格见表5-5～表5-10。

表5-5　生产记录表（按日或变动记录）　　填表人：

日期	栋、栏号	变动情况/只					备注
		存栏数	出生数	调入数	调出数	死、淘数	

表5-6　饲料添加剂、预混料、饲料购、领记录表　　填表人：

购入日期	名称	规格	生产厂家	批准文号或登记证号	生产批号或生产日期	来源（生产厂家或经销点）	购入数量	发出数量	结存数量

表5-7　消毒记录表　　填表人：

消毒日期	消毒药名称	生产厂家	消毒场所	配制浓度	消毒方式	操作者

表5-8　诊疗记录表　　填表人：

发病日期	发病动物栋、栏号	发病群体只数	发病数	发病动物日龄	病名或病因	处理方法	用药名称	用药方法	诊疗结果	兽医签字

表 5-9　出场销售和检疫情况记录表　　填表人：

出场日期	品种	栋、栏号	数量/只	出售动物日龄	销往地点及货主	检疫情况			曾使用的有停药期要求的药物		经办人
						合格头数	检疫证号	检疫员	药物名称	停药时动物日龄	

表 5-10　收支记录表格

收入		支出		备注
项目	金额/元	项目	金额/元	
合计				

5. 牛场记录的分析

通过对牛场的记录进行整理、归类，可以进行分析。分析是通过一系列分析指标的计算来实现的。利用成活率、增重率、饲料转化率等技术效果指标来分析生产资源的投入和产出产品数量的关系，并分析各种技术的有效性和先进性。利用经济效果指标分析生产单位的经营效果和盈利情况，为牛场的生产提供依据。

二、加强经济核算

（一）资产核算

1. 流动资产

流动资产是指可以在一年内或者超过一年的一个营业周期内变

现或者运用的资产。流动资产是企业生产经营活动的主要资产。主要包括牛场的现金、存款、应收款及预付款、存货（原材料、在产品、产成品、低值易耗品）等。流动资产周转状况影响到产品的成本。加快流动资产周转是流动资产核算的目的。其措施如下：

（1）有计划的采购　加强采购物资的计划性，防止盲目采购，合理地储备物质，避免积压资金，加强物资的保管，定期对库存物资进行清查，防止鼠害和霉烂变质。

（2）缩短生产周期　科学地组织生产过程，采用先进技术，尽可能缩短生产周期，节约使用各种材料和物资，减少在产品资金占用量。

（3）及时销售产品　产品及时销售可以缩短产成品的滞留时间，减少流动资金占用量。

（4）加快资金回收　及时清理债权债务，加速应收款限的回收，减少成品资金和结算资金的占用量。

2. 固定资产

固定资产是指使用年限在1年以上，单位价值在规定的标准以上，并且在使用中长期保持其实物形态的各项资产。牛场的固定资产主要包括建筑物、道路、基础牛以及其他与生产经营有关的设备、器具、工具等。固定资产核算的目的就是提高固定资产利用效果，最大限度地减少折旧费用。

（1）固定资产的折旧　固定资产的长期使用中，在物质上要受到磨损，在价值上要发生损耗。固定资产的损耗，分为有形损耗和无形损耗两种：有形损耗是指固定资产由于使用或者由于自然力的作用，使固定资产物质上发生磨损；无形损耗是由于劳动生产率提高和科学技术进步而引起的固定资产价值的损失。固定资产的折旧：固定资产在使用过程中，由于损耗而发生的价值转移，称为折旧。由于固定资产损耗而转移到产品中去的那部分价值叫折旧费或折旧额，用于固定资产的更新改造。

牛场提取固定资产折旧，一般采用平均年限法和工作量法。

① 平均年限法。它是根据固定资产的使用年限，平均计算各个时期的折旧额，因此也称直线法。其计算公式：

$$\text{固定资产年折旧额}=\frac{\text{原值}-(\text{预计残值}-\text{清理费用})}{\text{固定资产预计使用年限}}$$

$$\text{固定资产年折旧率}=\frac{\text{固定资产年折旧额}}{\text{固定资产原值}}\times100\%=\frac{1-\text{净残值率}}{\text{折旧年限}}\times100\%$$

② 工作量法。它是按照使用某项固定资产所提供的工作量，计算出单位工作量平均应计提折旧额后，再按各期使用固定资产所实际完成的工作量，计算应计提的折旧额。这种折旧计算方法，适用于一些机械等专用设备。其计算公式为：

$$\begin{matrix}\text{单位工作量（单位里程}\\\text{或每工作小时）折旧额}\end{matrix}=\frac{\text{固定资产原值}-\text{预计净残值}}{\text{总工作量（总行驶里程或总工作小时）}}$$

（2）提高固定资产利用效果的途径

① 适时、适量购置和建设固定资产。根据轻重缓急，合理购置和建设固定资产，把资金使用在经济效果最大而且在生产上迫切需要的项目上；购置和建造固定资产要量力而行，做到与单位的生产规模和财力相适应。

② 注重固定资产的配套。注意加强设备的通用性和适用性，并注意各类固定资产务求配套完备，使固定资产能充分发挥效用。

③ 加强固定资产的管理。建立严格的使用、保养和管理制度，对不需用的固定资产应及时采取措施，以免浪费，注意提高机器设备的时间利用强度和其生产能力的利用程度。

（二）成本核算

产品的生产过程，同时也是生产的耗费过程。企业要生产

产品，就要发生各种生产耗费。生产过程的耗费包括劳动对象（如饲料）的耗费、劳动手段（如生产工具）的耗费以及劳动力的耗费等。企业为生产一定数量和种类的产品而发生的直接材料费（包括直接用于产品生产的原材料、燃料动力费等）、直接人工费用（直接参加产品生产的工人工资以及福利费）和间接制造费用的总和构成产品成本。

产品成本是一项综合性很强的经济指标，它反映了企业的技术实力和整个经营状况。牛场中牛的品种是否优良、饲料质量好坏、饲养技术水平高低、固定资产利用的好坏、人工耗费的多少等，都可以通过产品成本反映出来。所以，牛场通过成本和费用核算，可发现成本升降的原因，从而降低成本费用耗费，提高产品的竞争能力和盈利能力。

1. 做好成本核算的基础工作

（1）建立、健全各项原始记录　原始记录是计算产品成本的依据，直接影响着产品成本计算的准确性。如原始记录不实，就不能正确反映生产耗费和生产成果，就会使成本计算变为“假账真算”，成本核算就失去了意义。所以，饲料、燃料动力的消耗、原材料、低值易耗品的领退，生产工时的耗用，牛群变动，牛群周转、死亡淘汰、产出产品等原始记录都必须认真如实地登记。

（2）建立、健全各项定额管理制度　牛场要制定各项生产要素的耗费标准（定额）。不管是饲料、燃料动力，还是费用工时、资金占用等，都应制定比较先进、切实可行的定额。定额的制定应建立在先进的基础上，对经过十分努力仍然达不到的定额标准或不需努力就很容易达到的定额标准，要及时进行修订。

（3）加强财产物资的计量、验收、保管、收发和盘点制度　财产物资的实物核算是其价值核算的基础。做好各种物资的计量、收集和保管工作，是加强成本管理、正确计算产品成本的前提条件。

2. 肉牛场成本的构成项目

（1）饲料费　指饲养过程中耗用的自产和外购的混合饲料和各种饲料原料。凡是购入的按买价加运费计算，自产饲料一般按生产成本（含种植成本和加工成本）进行计算。

（2）劳务费　从事养牛的生产管理劳动，包括饲养、清粪、繁殖、防疫、转群、消毒、购物运输等所支付的工资、资金、补贴和福利等。

（3）医疗费　指用于牛群的生物制剂、消毒剂及检疫费、化验费、专家咨询服务费等。但已包含在配合饲料中的药物及添加剂费用不必重复计算。

（4）公、母牛折旧费　种公牛从开始配种算起，种母牛从产犊开始算起。

（5）固定资产折旧维修费　指牛舍、设备等固定资产的基本折旧费及修理费。根据牛舍结构和设备质量、使用年限来计损。如是租用土地，应加上租金；土地、牛舍等都是租用的，只计租金，不计折旧。

（6）燃料动力费　指饲料加工、牛舍保暖、排风、供水、供气等耗用的燃料和电力费用，这些费用按实际支出的数额计算。

（7）利息　是指对固定投资及流动资金一年中支付利息的总额。

（8）杂费　包括低值易耗品费用、保险费、通信费、交通费、搬运费等。

（9）税金　指用于肉牛生产的土地、建筑设备及生产销售等一年内应交税金。

（10）共同的生产费用　指分摊到牛群的间接生产费用。

以上十项构成了肉牛场生产成本，从构成成本比重来看，饲料费、公母牛折旧费、劳务费、固定资产折旧维修费等数额较大，是成本项目构成的主要部分，应当重点控制。

3. 成本的计算方法

牛的活重是牛场的生产成果，牛群的主、副产品或活重是反映产品率和饲养费用的综合经济指标，如在肉牛生产中可计算饲养日成本、增重成本、活重成本和产肉成本等。

（1）饲养日成本　指一头肉牛饲养1天的费用，反映饲养水平的高低。

$$饲养日成本=\frac{本期饲养费用}{本期饲养头天数}$$

（2）增重单位成　本指犊牛或育肥牛体重增重的平均单位成本。

$$增重单位成本=\frac{本期饲养费用-副产品价值}{本期增重量}$$

（3）活重单位成本　指牛群全部活重单位成本。

$$活重单位成分=\frac{期初全群成本+本期饲养费用-副产品价值}{期终全群活重+本期售出转群活重}$$

（4）生长量成本　指按牛群生长量计算的成本。

$$生长量成本=生长量饲养日成本\times本期饲养日$$

（5）牛肉单位成本

$$牛肉单位成本=\frac{出栏牛饲养费用-副产品价值}{出栏牛牛肉总量}$$

（三）盈利核算

盈利核算是对肉牛场的盈利进行观察、记录、计量、计算、分析和比较等工作的总称。所以盈利也称税前利润。盈利是企业在一定时期内的货币表现的最终经营成果，是考核企业生产经营好坏的一个重要经济指标。

1. 盈利的核算公式

盈利＝销售产品价值－销售成本＝利润＋税金

2. 衡量盈利效果的经济指标

（1）销售收入利润率　表明产品销售利润在产品销售收入中所占的比重。销售收入利润率越高，经营效果越好。

$$销售收入利润率=\frac{产品销售利润}{产品销售收入}\times 100\%$$

（2）销售成本利润率　它是反映生产消耗的经济指标，在畜产品价格、税金不变的情况下，产品成本愈低，销售利润愈多，销售成本利润率愈高。

$$销售成本利润率=\frac{产品销售利润}{产品销售收入}\times 100\%$$

（3）产值利润率　它说明实现百元产值可获得多少利润，用以分析生产增长和利润增长的比例关系。

$$产品利润率=\frac{利润总额}{总产值}\times 100\%$$

（4）资金利润率　把利润和占用资金联系起来，反映资金占用效果，具有较大的综合性。

$$资金利润率=\frac{利润总额}{流动资金和固定资金的平均占用额}\times 100\%$$

三、降低生产成本的措施

（一）选喂杂交牛

如果肉用品种牛不能满足需要，可以选择杂交牛。利用肉牛品种（利木赞牛、夏洛来牛、西门塔尔牛）与本地牛进行杂交，因为杂交牛集中了不同品种的优良性状，具有明显的杂交优势，在短时间内可生产大量优质牛肉。若无杂交牛，可选年龄 3 ～ 8 岁、体重 250 千克、膘情中等、健康无病的本地阉牛进行短期育肥。

（二）饲喂青贮和氨化的粗饲料

发展肉牛业不能搞无米之炊，需要拥有饲草资源，而低成本地发展肉牛业，则需要拥有廉价的饲草资源。如果花高价买草来养牛，就会增加饲草成本，得不偿失。我国农区特别是东北地区的玉米秸资源，是数量巨大的饲草资源，也是价格低廉的饲草资源。青贮是玉米秸利用的最佳方式，在全世界被普遍采用。青贮可以提高玉米秸适口性、消化率和营养价值，青贮玉米秸是营养价值高的优质饲草资源。

用氨化草喂牛能提高营养转化率，增强适口性，降低生产成本。按 100 千克草、3 千克尿素和 40 千克水的比例在氨化室进行密封处理制作氨化草。氨化好的秸秆要在天晴时转移到露天场地并不断进行翻动放氨，待氨味散尽后再堆积在室内备用。饲喂氨化草要有 7 ～ 10 天过渡期，对肉牛的正常投喂量一般占体重的 2%，以其吃好不浪费为原则，日喂 3 次。

在饲喂氨化饲草的过渡期驱虫，每千克体重内服丙硫咪唑 30 毫克，服后还应健胃。

（三）补充混合精料

按照可消化氨基酸含量和理想蛋白质模式给不同类型、不同生长阶段的肉牛配合平衡日粮，使其中各种氨基酸含量与动物的维持与生产需要完全符合。达到饲料利用率最大，营养素排出减至最少，从而节约养殖肉牛的成本。要保证营养充足平衡，必须补充混合精料。参考配方为玉米60%，饼粕37%，淀粉2%，盐1%。按牛体重的1%定时补充混合精料，每天分2次进行。

（四）使用添加剂

“靠科学养牛，向技术要肉”是发展肉牛业、提高肉牛效益的重要途径。目前，应用比较广泛的是埋植增重剂技术。舍饲育肥公牛可随时埋植，以阉牛的埋植增重效果为最好，育肥母牛不必埋药。对饲养期较长的牛，可间隔100天重复埋植一次，育肥效果更佳。

使用饲料添加剂可显著提高日粮营养成分的有效利用率，减少营养物质的排泄，促进肉牛的快速生长和防止疾病。添加剂类型包括霉剂、酸制剂、抗生素、微生物制剂、微量元素、氨基酸、抗菌中草药和植物有效成分提取物等。饲料添加剂要在保质期内使用，应选择使用效果明显、稳定性强的。

（五）饲料合理加工

饲料加工过程中应使用细微粉碎，高温蒸汽制粒或膨化技术，提高淀粉糊化度，增加消化率。玉米等原料粉碎时，颗粒不能过大或过小。颗粒过大肉牛难以消化造成下痢，过小可造成肉牛胃溃疡或易引起呼吸道疾病。母肉牛饲粮中玉米最佳颗粒大小为0.35～0.65毫米。配合饲料预混时要保证足够的时间，一般预混时间为5分钟左右。时间太短，各种添加剂与原料混合不均匀，营养平衡失调；时间太长，浪费人力和能源，影响正常生产。

（六）精细饲喂和管理

加水湿喂比干喂效果好，料水比例以 1 ∶（1 ～ 2）为宜。拌料时要求先将料拌湿，1 小时后再与饲草拌均匀；颗粒料比干粉料适口性好，减少粉末飞扬，饲料利用率高；饮水要保证清洁充足。自动饮水器安装在食槽附近也能减少饲料浪费。育肥阶段，青草季节放牧 1 ～ 2 个月，后期要求不少于 1 个月的舍饲育肥，利用高精料日粮催肥时间为 60 ～ 90 天；并经常清除湿垫草，保持牛栏干燥清洁。

（七）提高劳动生产效率

按照劳动定额合理安排饲养人员，加强对饲养人员的关怀和培训，制定技术操作规程和生产指标，奖勤罚懒，充分调动饲养管理人员的劳动积极性；合理购置和利用资产，避免资产闲置，提高资产利用效率。

（八）维持牛群健康

保持牛舍适宜的环境条件，加强隔离消毒和卫生，按照免疫程序进行确实的免疫接种，保证牛体的健康，避免疾病的发生，充分发挥肉牛的生长潜力，生产更多的产品。

第六招
增加产品价值

【核心提示】

加强肉牛质量控制，生产优质牛肉产品，提高副产品的利用价值，有利于提高牛场效益。

一、加强肉牛质量控制

肉牛的质量控制包括外在质量和内在质量控制。肉牛质量控制的目的是提高屠宰率和商品率，避免药物和有毒有害物质残留以及病原微生物污染，保证肉牛产品优质安全。

（一）肉牛外在质量的控制

外在质量主要包括体形外貌（要求肉牛体形外貌呈长方形，四肢粗壮，头方正而大，整个外观圆滑丰满，肌肉发达）、体重等方面，直接影响到肉牛的屠宰率和生产效果。

1. 影响体形外貌的因素及控制

（1）品种　由于我国没有专用肉牛品种，所以可利用国外优

良肉牛品种的公牛与我国地方品种的母牛杂交，或国内优良地方品种间的杂交后代进行育肥。杂交后代的杂种优势对提高育肥肉牛的经济效益有重要作用。如西门塔尔杂交牛产奶、产肉效果都很明显；皮埃蒙特杂交牛生长迅速、肉质好；海福特改良牛早熟性和肉的品质都有提高；利木赞杂交牛的牛肉大理石花纹明显改善；夏洛来改良牛生长速度快、肉质好等。

（2）年龄　年龄对牛的增重影响很大。一般规律是肉牛在1岁时增重最快，2岁时增重速度仅为1岁时的70%，3岁时的增重又只有2岁时的50%。幼龄牛的增重以肌肉、内脏、骨骼为主，而成年牛的增重除增长肌肉外，主要是沉积脂肪。饲料利用率随年龄增长、体重增大而呈下降趋势。在同一品种内，牛肉品质和出栏体重有非常密切的关系，出栏体重小的牛肉质往往不如体重大的牛，但变化没有年龄的影响大。按年龄，大理石花纹形成的规律是：12月龄以前花纹很少；12～24月龄之间，花纹迅速增加；30月龄以后花纹变化很微小。由此看出，要获得经济效益高的高档牛肉，需在18～24月龄时出栏。

2. 影响体重的因素及控制

（1）品种　不同品种的体重增长规律及体组织生长规律不尽相同。在同等饲养、环境条件下，一般大型肉牛比小型肉牛品种的初生重、日增重均高，饲料转化效率也较高，但当生产高档牛肉时，饲喂到同样胴体等级时，大型肉牛所需时间长，且二者饲料转化效率相似。

（2）性别　公牛体重大于母牛。

（3）饲养水平　在不同饲养水平下，18月龄阉牛活重可相差190千克。

（4）环境因素　包括温度、湿度、光照、饲养密度、卫生等诸多因素，这些因素影响肉牛生产性能的正常发挥，尤其对犊牛影响最大。

（5）饲养营养　合理搭配饲料。要按照育肥牛的营养需要标准配合日粮，正确使用各种饲料添加剂。日粮中的精料和粗料品种应多样化，这样不仅可提高适口性，也利于营养互补和提高增重。肉牛在不同的生长、育肥阶段，对饲料品质的要求不同，幼龄牛处于生长发育阶段，增重以肌肉为主，所以需要较多的蛋白质饲料；而成年牛和育肥后期牛增重以脂肪为主，所以需要较多的能量饲料。

（6）饲喂　采用适宜的精、粗饲料比例。精饲料可以提高牛胴体脂肪含量，提高牛肉的等级，改善牛肉的风味；粗饲料在育肥前期可锻炼牛的胃肠机能，预防疾病的发生，另外由于粗饲料可消化养分含量低，能够防止血糖过高，而低血糖可刺激牛分泌生长激素，从而促进其生长发育。一般肉牛育肥阶段日粮的精、粗比例为：前期粗料55%～65%，精料35%～45%；中期粗料45%，精料55%；后期粗料15%～25%，精料75%～85%。饲料搭配应具有多样性，从而提高饲料的适口性，实现营养互补，提高饲料利用率。要保证青粗料的供应，特别是优质青干草的供应，能大大降低饲养成本，同时也具有良好的育肥效果。充分利用当地优质饲料资源，既降低饲料成本，又可保证饲料的来源。如甜菜糟渣作为饲料，可提高牛对干物质的采食量；白酒糟、啤酒糟等是肉牛常用的饲料资源和催肥料，将酒糟与粗料（如秸秆等）混合发酵后，可使秸秆纤维得到软化，大大增加牛的采食量，提高消化率。科学合理地使用添加剂，可提高育肥效果和经济效益。如使用调味剂、矿物质添加剂、增重剂和其他有益的添加剂，促进牛的增重。此外，减少牛的运动，延长饲喂时间，全天拴系，自由饮水，少喂勤添，降低维持消耗，节省饲料。

（7）管理　育肥前要进行驱虫和疫病防治，育肥过程中要勤检查、细观察，发现异常及时处理。严禁饲喂发霉变质的草料，注意饮水卫生，要保证充足、清洁的饮水，每天至少饮2次，饮足为止。冬、春季节水温应不低于10℃。要经常刷拭牛体，保持体表干净，特别是春、秋季节要预防体外寄生虫病的发生。牛舍要勤换垫草、勤清粪便。保持舍内空气清新，冬暖夏凉。保持环境安静和清洁卫生，避免牛群受惊。育肥期间应减少牛只的运动，以利于提高增重。每出栏一批牛，要对牛舍进行彻底的清扫和消毒。

（二）内在质量控制

内在质量包括牛肉色泽（以鲜樱桃红色而有光泽为最佳）、大

理石花纹（指肌内脂肪含量和分布数量，由第 12 ～ 13 肋骨间眼肌部位的肌内脂肪分布程度来判定；大理石状脂肪被认为是决定牛肉风味的脂肪，与牛肉的嫩度和风味密切相关）、嫩度（指入口咀嚼时对碎裂的抵抗力）、风味、脂肪颜色和质地、多汁性、药物和有毒有害物质残留以及病原微生物污染等方面，影响到肉牛产品的品质和安全。影响肉牛内在品质的因素及控制措施见表 6-1。

表 6-1　影响肉牛内在品质的因素及控制措施

影响内在品质的因素			控制措施
肉牛内在品质	品种	肉用牛和杂交牛比本地牛品质好	选择肉用牛或杂交牛（肉用牛和杂交牛与本地牛比，大理石花纹有改善，熟肉率、嫩度及眼肌面积的改善显著，粗蛋白、粗脂肪、总氨基酸含量、必需氨基酸总量、鲜味氨基酸总量等也有所提高）
	年龄	在其他条件一定的情况下，年龄是影响肉质最重要的一个指标	肉牛在 24 月龄以后，年龄对脂肪沉积的作用才表现出来，且随年龄的增长，大理石花纹愈加丰富，而在 24 月龄之前，年龄与花纹无特定的关系；嫩度在 24 ～ 30 月龄最好（牛肌肉中总胶原蛋白含量从出生时起就是一定的，并不随年龄的变化而变化，只是胶原中交联的数目随年龄的增长而增多，使肉质发生变化）；肌肉营养成分中，粗蛋白质含量随年龄的增长而增加；年龄与水分含量也有较大的关系，一般年龄小的牛肌肉中水分含量要比年龄大的牛肌肉水分含量高；肌肉中结合水含量越高，肉的多汁性也越好
	活重	活重对胴体重影响最为显著	活重影响胴体重和眼肌面积，活重越大，胴体重和眼肌面积越大。活重小于 500 千克的牛大理石花纹不易沉积，除非饲以能量水平较高的饲料。所以，加强饲养和管理，获得较大的活重可以提高牛肉品质
	日粮营养水平	日粮营养水平对牛肉的品质和产肉量都有显著影响	粗饲料喂养的牛肉质不如精料喂养的牛。肉牛生长期间用高蛋白质、低能量饲料，育肥期间用低蛋白质、高能量饲料能满足脂肪沉积，利于形成大理石状花纹。肌肉组织中养分的变化，尤其是脂肪和蛋白质的含量变化，直接关联到肉品感官性状和营养特性。在低营养水平下，肉品中水分和蛋白质含量相对较高，脂肪较少；高营养水平下则相反。此外，低营养水平下，牛长期处于慢性营养应激状态，肌肉中糖原的储备较低，屠宰后糖原降解并不能使 pH 降到蛋白质等电点，易产生 DFD 样肉；营养水平影响脂肪的沉积量而影响肉的嫩度。若营养状态良好，则肌肉内脂肪含量增加，胶原含量降低，使肉的嫩度提高，品质改善。另外，由于低日粮水平饲喂的牛胴体较轻，皮下脂肪蓄积较少，在预冷过程中胴体温度下降较快，更易发生寒冷收缩，造成滴水损失和剪切力的增加。而且，低日粮水平使得牛在经过宰前运输及禁食后血糖水平较低，牛肉最终 pH 相对偏高

续表

影响内在品质的因素			控制措施
肉牛内在品质	饲料	饲料与脂肪硬度及颜色	具有硬脂肪的肉品称为硬脂肉，此种肉因适于生、熟肉品的各种造型加工，故被视为优质肉品。可使脂肪白而坚硬的饲料有大麦、燕麦、高粱、麸皮、麦糠、马铃薯、淀粉渣和颗粒化的草粉等。尤其是大麦效果较好，大麦脂肪含量低（2%），但饱和脂肪酸含量高，而且大麦富含淀粉，可直接转变成饱和脂肪酸，饱和脂肪酸颜色洁白硬挺，屠宰后胴体脂肪硬挺。另外大麦中叶黄素、胡萝卜素含量都较低，在后期饲喂大麦，对脂肪颜色和脂肪硬度都有极为良好的作用。可使脂肪组织颜色加深的饲料有大豆饼粕、黄玉米、南瓜、胡萝卜等。黄玉米含较多的不饱和脂肪酸、叶黄素和胡萝卜素，易使脂肪变软、变黄，所以在高档牛肉生产的后期要谨慎使用。油脂含量高的饲料饲喂过多可使牛体脂肪变软，所以，用豆饼、蚕蛹等育肥牛脂肪较软；脂肪色泽越白与亮红色品质高。脂肪颜色变黄，主要是由于花青素、叶黄素、胡萝卜素沉积在脂肪组织中所造成。牛随日龄增大，脂肪组织中沉积的上述色素物质增加，使颜色变深。要使肌肉内外脂肪近乎白色，可对年龄较大的牛（3岁以上）采用可溶性色素少的草料作日粮。脂溶性色素物质较少的草料有干草、秸秆、白玉米、大麦、椰子饼、豆饼、豆粕、啤酒糟、粉渣、甜菜渣、糖蜜等，用这类草料组成日粮饲喂3个月以上，可明显地使脂肪颜色变浅。一般育肥肉牛在出栏前30天最好少用胡萝卜、番茄、南瓜、黄心或红心的甘薯、黄玉米、鸡粪再生饲料、青草、青贮、高粱糠、红辣椒、苋菜等饲料，以免脂肪色泽不佳
		饲料油脂与牛肉品质	与普通玉米相比，饲喂等能量的高油玉米日粮可以增加牛肉背最长肌脂肪中亚油酸、花生四烯酸和总多不饱和脂肪酸的含量，而降低其中饱和脂肪酸的含量，提高肌内脂肪的沉积，并改善牛肉的大理石纹结构。反刍动物能够自身合成共轭亚油酸（CLA），CLA具有抗癌、抗氧化、促进生长、降低脂肪沉积以及免疫调节等重要生理功能，因此，牛肉和牛奶被称为“功能性食品”。反刍动物产品是人类食物中CLA的主要来源。在日粮中添加亚油酸或富含亚油酸的植物油，如玉米油、豆油、向日葵油、亚麻籽油和花生油等，可以增加牛肉中CLA含量

续表

影响内在品质的因素			控制措施
肉牛内在品质	饲料	饲料因素与牛肉色泽、气味	要使肉色不发暗，应多喂青草、马铃薯。米糠中的有效成分可防止肉牛的血红蛋白氧化，抑制胴体肌肉色泽变暗。饲料中某些不良的气味可经肠道吸收，后转入肌肉，如带辛辣味的葱类饲料等，育肥期牛常喂这类饲料会使肉品带有不良气味；牛肉脂肪中饱和脂肪酸含量较多，为增加牛肉中不饱和脂肪酸的含量，特别是增加多不饱和脂肪酸的含量来提高牛肉的保健效果，可通过适量增加以鱼油为原料（海鱼油中富含多不饱和脂肪酸）的钙皂加入饲料中来达到，一般用量不要超过精料的3%，以免牛肉有鱼腥味
		维生素E与牛肉品质	维生素E具有抗氧化作用，在肉牛日粮中补充维生素E，不仅可以提高牛肉的嫩度，改善牛肉品质，还可以延长牛肉的货架期。维生素E是保持肌肉完整性所必需的，日粮中缺乏维生素E，会导致肌肉发育不良，营养不良的肌肉颜色苍白、渗水。若日粮中含有较多不饱和脂肪酸，尤其是亚油酸时，牛对维生素E缺乏更加敏感
		微量元素与牛肉品质	配合饲料中注意平衡微量元素的含量，一方面可以得到很高的增产效益，另一方面有利于提高牛肉的风味；有机铬可减轻运输过程中的应激而提高肉品质量；日粮缺乏铁时间长，会使牛血液中铁浓度下降，导致肌肉中铁元素分离，补充血液铁不足，使肌肉颜色变淡。肌肉色泽过浅（如母牛），则可在日粮中使用含铁高的草料，例如鸡粪再生饲料、番茄、阿拉伯高粱、菠萝皮（渣）、椰子饼、红花饼、玉米酒糟、燕麦、亚麻饼、土豆及绿豆粉渣、意大利黑麦青草、燕麦麸、苜蓿和各种动物性饲料等，也可在精料中配入硫酸亚铁等，使每千克铁含量提高到500毫克左右
	应激	应激可影响屠宰后的酸化速率和程度，从而导致蛋白质变性速度异常、肉品系水力下降和失色加快	做好运输前的准备工作，减少运输过程应激；给应激牛补铬能降低血清皮质醇和提高血液免疫球蛋白水平，可使动物变得安定，降低动物在运输和屠宰场的应激，减少对肉质的不良影响

续表

影响内在品质的因素			控制措施
肉牛的质量安全	药物残留	饲料中违禁使用药物添加剂	严格执行《饲料药物添加剂使用规范》，少用或不用抗生素，使用绿色添加剂和中草药添加剂来防治疾病
		不按规定用药，没有按照休药期停药	严格按照《无公害肉牛饲养允许使用的抗寄生虫药物、抗菌药使用规定》用药
		非法使用违禁药物	严禁使用假药、不合格药品，严禁使用有致畸、致癌、致突变和未经农业部批准的药物，严禁使用已被淘汰的或对环境、对人类造成严重污染的药物，严禁使用激素类药物（己烯雌酚、醋酸甲孕酮等）、镇静药、催眠药（安眠酮、氯丙嗪、地西泮等），还有其他方面如瘦肉精、氯霉素等
	有毒有害物质污染	饲料污染	严把饲料原料质量，保证原料无污染（注意饲料原料在生长过程中受到各种污染农药、杀虫剂、除草剂、消毒剂、清洁剂以及工矿企业所排放的“三废”污染，或新开发利用的石油酵母饲料、污水处理池中的沉淀物饲料与制革业下脚料等蛋白饲料中含有的致癌物质导致有毒有害物质污染等）；对动物性饲料要采用先进技术进行彻底无菌处理；对有毒的饲料要严格脱毒并控制用量。完善法律法规，规范饲料生产管理，建立完善的饲料质量卫生监测体系，杜绝一切不合格的饲料上市；夏季避免肉牛后期料中加入肉渣酸败和被微生物污染等；避免在肉牛饲料中使用反刍动物蛋白质饲料等
		配合饲料加工调制与贮运过程中的氧化变质和酸败	特别是一些含油脂较高的饲料，如玉米、花生饼、肉骨粉等，在加工、调制、贮运中易氧化、酸败和霉变产生有毒物质等，所以要科学合理地加工、保存饲料；饲料中添加抗氧化剂和防霉剂防止饲料氧化和霉变［如已证明霉菌毒素次生代谢产物 AFT（黄曲霉毒素）的毒性很强，致癌强度是“六六六”的 2 万倍］
		饮水被有毒有害物质污染	注意水源选择和保护，保证饮用水符合标准（避免使用被重金属污染、农药污染的水源）。定期检测水质，避免水受到污染
	微生物污染	饲料污染	选择优质的无污染的饲料（禁用微生物污染的屠宰场下脚料）；使用的肉渣和鱼粉要严格检疫，避免微生物含量超标（在后期料中添加动物肉渣，特别是在夏季易出现微生物污染）；配合饲料科学处理，避免在加工调制与贮运过程中被微生物污染

续表

<table>
<tr><th colspan="3">影响内在品质的因素</th><th>控制措施</th></tr>
<tr><td rowspan="3">肉牛的质量安全</td><td rowspan="3">微生物污染</td><td>饮水污染</td><td>注意水源选择和保护（避免水源被生活污水、畜产品加工厂和医院、兽医院和病畜隔离区污水污染等），保证饮用水符合标准。定期检测水质</td></tr>
<tr><td>饲养过程污染</td><td>加强环境消毒卫生，保持洁净的环境和清新的空气（防止空气微粒和微生物含量超标）</td></tr>
<tr><td>疫病</td><td>加强种牛和引种的检疫；加强肉牛场的隔离、消毒、卫生和免疫接种，避免疾病（特别是疫病）发生</td></tr>
</table>

二、生产高档牛肉

（一）高档牛肉标准

1. 年龄与体重要求

牛年龄在30月龄以内；屠宰活重为500千克以上；达满膘，体形呈长方形，腹部下垂，背平宽，皮较厚，皮下有较厚的脂肪。

2. 胴体及肉质要求

胴体表面脂肪的覆盖率达80％以上，背部脂肪厚度为8～10毫米以上，第12、13肋骨脂肪厚为10～13毫米，脂肪洁白、硬挺；胴体外形无缺损；肉质柔嫩多汁，剪切值在3.62千克以下的出现次数应在65％以上；大理石纹明显；每条牛柳2千克以上，每条西冷5千克以上；符合西餐要求。

（二）高档牛肉生产模式

高档牛肉生产应实行“产加销一体化”经营方式，在具体工作中重点把握以下几个环节：

1. 建立架子牛生产基地

生产高档牛肉，必须建立肉牛基地，以保证架子牛牛源供应。

基地建设应注意以下几个环节：

（1）品种　高档牛肉对肉牛品种要求并不十分严格，据实验测定，我国现有的地方良种或它们与引进的国外肉用、兼用品种牛的杂交牛，经良好饲养，均可达到进口高档牛肉水平，都可以作为高档牛肉的牛源。但从复州牛、科尔沁牛屠宰成绩上看，未去势牛屠宰成绩低于去势牛，因此育肥前应对牛去势。

（2）饲养管理　根据我国生产力水平，现阶段架子牛饲养应以专业乡、专业村、专业户为主，采用半舍饲半放牧的饲养方式，夏季白天放牧，晚间舍饲，补饲少量精料，冬季全天舍饲，寒冷地区扣上塑膜暖棚。舍饲阶段，饲料以秸秆、牧草为主，适当添加一定量的酒糟和少量的玉米粗粉、豆饼。

2. 建立育肥牛场

生产高档牛肉应建立育肥牛场，当架子牛饲养到12～20月龄，体重达300千克左右时，集中到育肥场育肥。育肥前期，采取粗料日粮过渡饲养1～2周。然后采用全价配合日粮并应用增重剂和添加剂，实行短缰拴系，自由采食，自由饮水。经150天一般饲养阶段后，每头牛在原有配合日粮中增喂大麦1～2千克，采用高能日粮，再强度育肥120天，即可出栏屠宰。

3. 建立现代化肉牛屠宰场

高档牛肉生产有别于一般牛肉生产，屠宰企业无论是屠宰设备、胴体处理设备、胴体分割设备、冷藏设备、运输设备均应达到较高的现代水平。根据各地的生产实践，高档牛肉屠宰要注意以下几点：

（1）屠宰年龄　肉牛的屠宰年龄必须在30月龄以内，30月龄以上的肉牛，一般是不能生产出高档牛肉的。

（2）屠宰体重　屠宰体重在500千克以上，因牛肉块重与

体重呈正相关，体重越大，肉块的绝对重量也越大。其中：牛柳重量占屠宰活重的0.84％～0.97％，西冷重量占屠宰活重的1.92％～2.12％，去骨眼肉重量占屠宰活重的5.3％～5.4％，这三块肉产值可达一头牛总产值的50％左右；臀肉、大米龙、小米龙、膝圆、腰肉的重量占屠宰活重的8.0％～10.9％，这五块肉的产值约占一头牛产值的15％～17％。

（3）屠宰胴体要进行成熟处理　普通牛肉生产实行热胴体剔骨，而高档牛肉生产则不能，胴体要求在温度0～4℃条件下吊挂7～9天后才能剔骨。这一过程也称胴体排酸，对提高牛肉嫩度极为有效。

（4）胴体分割要按照用户要求进行　一般情况下，牛肉割分为高档牛肉、优质牛肉和普通牛肉三部分。高档牛肉包括牛柳、西冷和眼肉三块；优质牛肉包括臀肉、大米龙、小米龙、膝圆、腰肉、腱子肉等；普通牛肉包括前躯肉、脖领肉、牛腩等。

三、提高粪便利用价值

肉牛生产过程中产生的废弃物，如牛粪，通过合理利用，可变废为宝，提高其经济价值。

（一）用作肥料

肉牛粪尿中的尿素、氨以及钾、磷等，均可被植物吸收。但粪中的蛋白质等未消化的有机物，要经过腐熟分解成NH_3或NH_4^+，才能被植物吸收。所以，肉牛粪尿可作底肥。为提高肥效，减少肉牛粪中的有害微生物和寄生虫卵的传播与危害，肉牛粪在利用之前最好先经过发酵处理。

1. 处理方法

将肉牛粪尿连同其垫草等污物堆放在一起，最好在上面覆盖一层泥土，让其增温、腐熟。或将肉牛粪、杂物倒在固定的粪坑内（坑内不能积水），待粪坑堆满后，用泥土覆盖严密，使其发酵、腐熟，经 15 ～ 20 天便可开封使用。经过生物热处理过的肉牛粪肥，既能减少有害微生物、寄生虫的危害，又能提高肥效，减少氨的挥发。肉牛粪中残存的粗纤维虽肥分低，但对土壤具有疏松的作用，可改良土壤结构。

2. 利用方法

直接将处理后的肉牛粪用作各类旱作物、瓜果等经济作物的底肥。其肥效高，肥力持续时间长；或将处理后的肉牛粪尿加水制成粪尿液，用作追肥喷施植物，不仅用量省、肥效快，增产效果也较显著。粪液的制作方法是将肉牛粪存于缸内（或池内），加水密封 10 ～ 15 天，经自然发酵后，滤出残余固形物，即可喷施农作物。尚未用完或缓用的粪液，应继续存放于缸中封闭保存，以减少氨的挥发。

（二）生产沼气

固态或液态粪污均可用于生产沼气。沼气是厌氧微生物（主要是甲烷细菌）分解粪污中含碳有机物而产生的一种混合气体，其中甲烷约占 60%～ 75%，二氧化碳占 25%～ 40%，还有少量氧、氢、一氧化碳、硫化氢等气体。将牛粪、牛尿、垫料、污染的草料等投入沼气池内封闭发酵生产沼气，可用于照明、发电或作燃料等。沼气池在厌氧发酵过程中可杀死病原微生物和寄生虫，发酵粪便产气后的沼渣还可再用作肥料。

（三）生产双孢蘑菇

利用牛粪栽培双孢蘑菇，提高牛粪的利用价值。其方法如下：

1. 牛粪发酵

（1）堆积处理　在干牛粪中加入 3%～ 4%石灰混合均匀后，

加水拌湿，调节含水量至70%～75%，将牛粪堆积在室外，料堆宽2～3米，高1米，长度因地势而异，覆盖塑料薄膜保湿发酵，堆积发酵时间为7～10天。

（2）二次发酵　将发酵的牛粪堆放在蘑菇栽培床架上，堆放厚度为30～40厘米，并压平整料面，关闭门窗，自然升温，当培养料内温度上升到48～52℃时，维持1～2天。通入蒸汽升高温度，使培养料内温度上升到60℃时，保持6～8小时，然后停止通入蒸汽，降低培养料内温度，当温度下降到48～52℃时，维持3～5天，每天通风1～2次。

2. 播种

当料内温度下降到26℃时开始播种，将麦粒菌种均匀撒在料面上，轻压菌种，使其与培养料充分接触。然后关闭门窗，保温保湿发菌。3天后，菌种已开始萌发并吃料生长时，适当加大通风量，增加新鲜空气。经过7～10天，当菌丝已生长布满料面后，逐渐加大通风量，降低料面水分，并将菇房内空气相对湿度控制在80%左右，促使菌丝向料内生长，防止菌丝在培养料表面徒长。一般接种18～20天，菌丝可长到料底部。

3. 覆土管理

（1）覆土准备　选择前茬没有生产过食用菌的田地，取耕作层以下的土壤或者取山林土壤。土壤要求保水和通透性好，将土壤打碎成细颗粒，直径1.0～1.5厘米，并在土壤中加入1.0%～1.5%的石灰粉拌匀，调节pH至7.5左右；或覆盖泥炭土，泥炭土具有较好的保水性能和通透性，是最理想的覆土材料；此外，还可将泥炭土与耕地土壤混合使用。

（2）覆土　当菌丝长满料层，并从底部可见到菌丝时，即可覆盖土壤。覆土方法是：将2/3粗土粒盖在料面上，厚度为2.5～3.0厘米，再覆盖细土粒，厚度为0.8～1.0厘米，使覆盖土壤的厚度达到 3.5 ～ 4.0 厘米。

（3）覆土后管理　覆盖土壤后的 3 天内，保持菇房内空气相对湿度在 90%左右，使土壤呈湿润状态。之后，适当加大通风量，促使菌丝向土壤中生长。若土壤含水量较高，湿度大时，应加大通风量，降低湿度，防止菌丝徒长，在土表形成气生菌丝，影响产量和质量。

4. 出菇管理

（1）诱导出菇　覆土 12 天后，在土粒间可见菌丝时，及时诱导出菇。通过喷水来促使菌丝扭结形成原基，喷水量以土层湿透而不漏入培养料内为宜，同时加大通风量。当形成黄豆粒大小的菇蕾后，及时喷出菇水，保持土壤呈湿润状态，满足子实体生长的水分和湿度。

（2）子实体生长发育管理　双孢蘑菇栽培是在秋季接种，在秋、冬、春季为出菇期，即在 10 月至翌年的 4 月出菇。由于各个季节温度和生长期不同，因此出菇管理方法也不同。

① 秋季出菇管理。秋季是首次出菇，当子实体形成后，将菇房内温度控制在 14 ～ 18℃之间。温度低于 10℃时，须做好保温管理；温度高于 20℃时，打开门窗，加强通风管理，降低温度。将菇房内空气相对湿度控制在 90%左右，通过喷水来调节湿度，始终保持土壤呈湿润状态。喷水量应根据出菇量和气候来定，喷水要做到轻喷勤喷，菇多多喷，菇少少喷，晴天多喷，阴雨天少喷，忌喷关门水，忌在高温期间和采菇时喷水。正确处理好喷水、通风和温度三者之间的关系，是提高产量和质量的关键。当子实体菌盖直径达到 2 ～ 5 厘米，菌膜未破裂时采收。温度高于 20℃时，采收要及时，每天采收 2 ～ 3 次，才能保证产品质量。采收时，准备装菇和菇脚的筐，边采收边截去菇脚。不同大小的菇，分别装筐。采收后，整理床面，去除病死菇和残根，修补

土层，喷水补足水分，通风降温，诱导下一潮菇生长。

② 冬季出菇管理。冬季气温低于10℃时，不出菇。此期间应做好通风、保温、松土、除老根和适当调节水分管理。每周喷水1～2次，保持土壤呈湿润状态，不变白；在晴天中午通风，保持菇房内空气新鲜。在冬季后期，为了让土层内菌丝恢复生长，应对土层进行一次松动，除去失去再生能力的老根。然后，补充水分，每天喷水1～2次，在2～3天内喷水量为3千克/米2左右，同时进行通风换气，使断裂的菌丝重新萌发生长。

③ 春季出菇管理。当气温回升并稳定在10℃以上时，开始进入出菇管理，春菇出菇时间为3～5月。在3月初开始补水，用5%石灰调制的石灰水来喷洒，用水量为5～9千克/米2。首先喷水补充培养料和土壤中水分，使土壤含水量达到19%～20%，即手捏土能扁、搓得圆、不粘手为度。若土壤和培养料较干时，应重喷一次水，喷水要淋透培养料。然后，做好保温保湿管理，诱导子实体生长。当子实体生长出来后，喷水以提高环境中湿度为主，使空气相对湿度达到90%～95%，同时，适当通风，既要菇房内空气新鲜，又要菌床不干燥。春菇管理得当，可获得高产。因春季气温变化大，并逐渐升高，易出现薄皮菇和开伞菇，因此春菇采收要及时，才能保证产品质量。

四、产品销售管理

（一）销售预测

规模牛场的销售预测是在市场调查的基础上，对牛产品的趋势作出正确的估计。牛产品市场是销售预测的基础，市场调查的对象是已经存在的市场情况，而销售预测的对象是尚未形成的市场情况。牛产品销售预测分为长期预测、中期预测和短期预测。

长期预测指 5 ～ 10 年的预测；中期预测一般指 2 ～ 3 年的预测；短期预测一般为每年内各季度月份的预测，主要用于指导短期生产活动。进行预测时可采用定性预测和定量预测两种方法，定性预测是指对对象未来发展的性质、方向进行判断性、经验性的预测，定量预测是通过定量分析对预测对象及其影响因素之间的密切程度进行预测。两种方法各有所长，应从当前实际情况出发，结合使用。

（二）销售决策

影响企业销售规模的因素有两个：一是市场需求；二是牛场的销售能力。市场需求是外因，是牛场外部环境对企业产品销售提供的机会；销售能力是内因，是牛场内部自身可控制的因素。对具有较高市场开发潜力，但目前在市场上占有率低的产品，应加强产品的销售推广宣传工作，尽力扩大市场占有率；对具有较高的市场开发潜力，且在市场上有较高占有率的产品应有足够的投资维持市场占有率。但由于其成长期潜力有限，过多投资则无益；对那些市场开发潜力小，市场占有率低的产品，应考虑调整企业产品组合。

（三）销售计划

牛产品的销售计划是牛场经营计划的重要组成部分，科学地制订牛产品销售计划，是做好销售工作的必要条件，也是科学地制订牛场生产经营计划的前提。主要内容包括销售量、销售额、销售费用、销售利润等。制订销售计划的中心问题是要完成企业的销售管理任务，能够在最短的时间内销售产品，争取到理想的价格，及时收回货款，取得较好的经济效益。

（四）销售形式

销售形式指牛产品从生产领域进入消费领域，由生产单位传

送到消费者手中所经过的途径和采取的购销形式。依据不同服务领域和收购部门经销范围的不同而各有不同，主要包括国家预购、国家订购、外贸流通、牛场自行销售、联合销售、合同销售6种形式。合理的销售形式可以加速产品的传送过程，节约流通费用，减少流通过程的消耗，更好地提高产品的价值。

（五）销售管理

牛场销售管理包括销售市场调查、营销策略及计划的制订、促销措施的落实、市场的开拓、产品售后服务等。市场营销需要研究消费者的需求状况及其变化趋势。在保证产品质量并不断提高的前提下，利用各种机会、各种渠道刺激消费、推销产品，做好以下三个方面工作：

1. 加强宣传，树立品牌

有了优质产品，还需要加强宣传，将产品推销出去。广告是被市场经济所证实的一种良好的促销手段，应很好地利用。一个好企业，首先必须对企业形象及其产品包装（含有形和无形）进行策划设计，并借助广播电视、报刊等各种媒体做广告宣传，以提高企业及产品的知名度。在社会上树立起良好的形象，创造产品品牌，从而促进产品的销售。

2. 加强营销队伍建设

一是要根据销售服务和劳动定额，合理增加促销人员，加强促销力量，不断扩大促销辐射面，使促销人员无所不及；二是要努力提高促销人员业务素质，促销人员的素质高低，直接影响着产品的销售，因此，要经常对促销人员进行业务知识的培训和职业道德、敬业精神的教育，使他们以良好的素质和精神面貌出现在用户面前，为用户提供满意的服务。

3. 积极做好售后服务

售后服务是企业争取用户信任，巩固老市场，开拓新市场的关键。因此，肉牛场要高度重视，扎实认真地做好此项工作。要学习“海尔”集团的管理经验，打服务牌。在服务上，一是要建立售后服务组织，经常深入用户做好技术咨询服务；二是对出售的肉牛等提供防疫、驱虫程序及饲养管理等相关技术资料和服务跟踪卡，规范售后服务，并及时通过用户反馈的信息，改进牛场的工作，加快牛场的发展。

第七招 注意细节管理

【核心提示】

古人云："天下难事，必做于易；天下大事，必做于细。"细节管理在养殖生产中很重要，它可避免由于技术人员的疏忽和饲养人员的惰性而造成的失误，从而减少损失，降低成本。

一、牛场场址的规划、建设的细节

场址要地势高燥，水源充足，水质良好，供电和交通方便，远离污染区，周围筑有2.6～3米高的围墙或较宽的绿化隔离带、防疫沟；要做到生产区、生活区、行政区严格分开，净、污道分开，减少交叉；按饲养工艺流程建牛舍，不让牛走回头路，出场的牛有专用通道；设隔离观察舍、消毒室、兽医室、隔离舍、病死牛无害化处理间等，应设在牛场的下风处；草场设置在生产区的侧向，草场内建有青贮窖（池）、草垛等，有专用通道通向场外；草垛距离房舍要有50米以上的距离；牛舍要有利于保温、防暑，便于通风除湿，易于采光，方便排污、清洗、消毒，便于环境控制。

二、肉牛引种的细节

（一）因地制宜选择优良品种，开展杂交改良

如农户饲养的牛大都以本地品种为主，个体小、生长慢、出栏率低，为提高生长速度，应引进优良的肉用公牛开展杂交改良。如夏洛来、海福特等优良的种公牛与本地牛杂交，其杂交后代体型明显增大，生长速度加快，可显著提高效益。

（二）保证引种质量

目前我国肉牛的引种方式有两种：一种是引进活体牛；另一种是引进冻精或胚胎。引种时要注意如下方面：一是查看引进的公牛、冻精或胚胎的系谱，避免近交；二是查看该公牛是否有后裔测定成绩或遗传评估结果，该胚胎的父母代是否有生产性能测定记录；三是对于种公牛要查看该公牛外貌表现及发育情况，冻精要查看精液品质，胚胎要鉴定胚胎质量。

三、饲料选择和加工中的细节

（一）解决好秸秆价格高的问题

花生秧、红薯秧、豆秧是养牛必备的优质秸秆，但价格较高，提高了饲养成本。针对秸秆价格高的情况，有三条途径可以解决：一是大力开展玉米秸秆青贮，70％的饲草可用青贮玉米秸代替；二是充分利用工业副产品，比如豆腐渣、啤酒渣、苹果渣、玉米渣等，这几种副产品既能代替部分饲草，又能替代部分精饲料；

三是种植紫花苜蓿、墨西哥玉米、皇竹草等高产牧草。

（二）精饲料的加工调制

精饲料的加工调制主要目的是便于牛咀嚼和反刍，提高养分的利用率，同时为合理和均匀搭配饲料提供方便。其方法有两种。一是粉碎与压扁。精饲料最常用的加工方法是粉碎，可以为合理和均匀地搭配饲料提供方便，但用于肉牛日粮不宜过细。粗粉与细粉相比，粗粉可提高适口性，提高牛唾液分泌量，增加反刍，筛孔通常 3 ～ 6 毫米。将谷物用蒸汽加热到 120℃左右，再用压扁机压成厚 1 毫米的薄片，迅速干燥。由于压扁饲料中的淀粉经加热糊化，用于饲喂牛消化率明显提高。二是浸泡。豆类、油饼类、谷物等饲料相当坚硬，不经浸泡很难嚼碎。经浸泡后吸收水分，膨胀柔软，容易咀嚼，便于消化。浸泡方法：用池子或缸等容器把饲料用水拌匀，一般料水比为 1 ：（1 ～ 1.5），即手握指缝渗出水滴为准，不需任何温度条件。有些饲料中含有单宁、棉酚等有毒物质，并带有异味，浸泡后毒素、异味均可减轻，从而提高适口性。浸泡的时间应根据季节和饲料种类的不同而异，以免引起饲料变质。

（三）肉牛饲料的过瘤胃保护

强度育肥的肉牛补充过瘤胃保护蛋白质、过瘤胃淀粉和脂肪能提高生产性能。其处理方法如下：

1. 热处理

加热可降低饲料蛋白质的降解率，但过度加热也会降低蛋白质的消化率，引起一些氨基酸、维生素的损失，应加热适度。一般认为，140℃左右烘焙 4 小时，或 130 ～ 145℃火烤 2 分钟，或 3420.5×10^3Pa、121℃处理饲料 45 ～ 60 分钟较宜。有研究表明，加热以 150℃、45 分钟最好。膨化技术用于全脂大豆的处理，取得了理想效果。

2. 化学处理

（1）甲醛处理　甲醛可与蛋白质分子的氨基、羟基、硫氢基发生基化反应而使其变性，免于瘤胃微生物降解。处理方法：饼粕经 2.5 毫米筛孔粉碎，然后每 100 克粗蛋白质称 0.6 ～ 0.7 克甲醛溶液（36%），用水稀释 20 倍后喷雾与饼粕混合均匀，用塑料薄膜封闭 24 小时后打开薄膜，自然风干。

（2）锌处理　锌盐可以沉淀部分蛋白质，从而降低饲料蛋白质在瘤胃的降解。处理方法：硫酸锌溶解在水里，其比例为豆粕∶水∶硫酸锌＝1∶2∶0.03，拌匀后放置 2 ～ 3 小时，50 ～ 60℃烘干。

（3）鞣酸处理　用 1%鞣酸均匀地喷洒在蛋白质饲料上，混合后烘干。

（4）过瘤胃保护脂肪　许多研究表明，直接添加脂肪对反刍动物效果不好，脂肪在瘤胃中干扰微生物的活动，降低纤维消化率，影响生产性能的提高，所以，添加的脂肪应采用某种方法保护起来，形成过瘤胃保护脂肪。最常见的是脂肪酸钙产品。

（四）草粉安全储藏

草粉安全储藏的含水量和温度：含水量 12%时，要求温度为 15℃以下；含水量在 13%以上时，要求储藏温度为 5 ～ 10℃。在密闭低温条件下储藏，可减少草粉中胡萝卜素的损失。在寒冷地区利用自然低温容易储藏。草粉也可以利用添加抗氧化剂和防腐剂的方式储藏。

（五）青贮饲料的调制利用

青贮是养牛业最主要的饲料来源，在各种粗饲料加工中保存

的营养物质最高（保存83%的营养），粗硬的秸秆在青贮过程中还可以得到软化，增加适口性，使消化率提高。在密封状态下可以长年保存，制作简便，成本低廉。

1. 窖址选择适宜

青贮窖应建在离牛舍较近的地方，要求干燥，易排水，切忌在低洼处或树荫下建窖，以防漏水、漏气和倒塌。

2. 注意青贮原料的选择

对青贮原料的要求：

一是适宜的含水量。为造成无氧环境要把原料压实，而水分含量过低（低于60%），不容易压实，所以青贮料一般要求适宜的含水量为65%～70%，最低不少于55%。含水量也不要过高，否则使青贮料腐烂，因为压挤结成黏块易引起酪酸发酵。用手抓一把铡短的原料，轻揉后用力握，手指缝中出现水珠但不成串滴出，说明含水量适宜；无水珠则含水分少，成串滴出水珠则水分过多。原料中含水分过多会造成压实结块，腐败发臭，品质降低。这样的原料青贮前需加入适量的麸皮或干草等吸收水分，也可适当延长晾晒时间；原料中含水分过少，青贮时难压紧，窖内空气较多，使好气性菌大量繁殖，导致饲料发霉腐烂，所以应适量均匀加入清水或含水分高的青饲料。

二是有一定的含糖量。青贮原料要有一定的含糖量，一般不应低于1%～1.5%，这样才能保证乳酸菌活动。含糖多的玉米秸和禾本科草易于青贮，若含糖量不足的原料青贮时（如苜蓿等豆科牧草）应与含糖量高的青贮原料混合青贮或加含糖量高的青贮添加剂。禾本科牧草或秸秆含糖量符合青贮要求，可进行单一青贮；豆科牧草含糖量低，粗蛋白含量高，不宜单独作青贮，应按1∶3比例与禾本科牧草混贮。此外，每1000千克豆科牧草与带穗玉米秸3000千克或者每3000千克豆科牧草与100千克青高粱混贮都可以。

三是原料切铡。任何青贮原料装窖前必须铡短，质地粗硬的原料，如玉米秸等，以长1厘米为宜；柔软的原料，如藤蔓类，以长4～5厘米为宜。铡短后利于压实，减小原料间隙，入窖时层层踩实、压紧，造成无氧环境。

3. 青贮窖要封严

原料填装完后应立即密封。拖延封窖时间对于青贮料有不良影响。密封的方法是在顶部呈方形填装好的原料上面，盖一层秸秆或软草，再铺盖塑料薄膜，上压厚30～50厘米的土，压实成馒头状。封盖后应经常检查，发现有塌陷、渗漏等现象应及时处理。窖四周应有排水沟，防止水渍。

4. 青贮料的开窖取用

一般青贮在制作45天后（温度适宜30天即可）即可开始取用，长方形窖应从一端开始取料，从上到下，直到窖底。应坚持每天取料，每次取料层应在15厘米以上。切勿全面打开，防止暴晒、雨淋、结冰，严禁掏洞取料。每天取料后及时覆盖草帘或席片，防止二次发酵。如果青贮制作符合要求，只要不启封窖，青贮料保存多年不变质。

5. 喂法与喂量

育肥肉牛，日喂量每100千克体重4～5千克。初喂牛时肉牛不适应，应少喂，经短期训练，即可习惯采食。冰冻的青饲料待融化后再饲喂，每天用多少取多少，不能一次大量取用，连喂数日。防止青贮饲料霉烂变质，发霉变质后不能饲喂肉牛。

6. 防止青贮二次发酵

青贮料启窖后，由于管理不当引起霉变而出现温度再次上升的现象称为青贮的二次发酵。这是由于启窖后的青贮开始接触空气后，好气性细菌和霉菌开始大量繁殖所致，在夏季高温天气和品质优良的青贮饲料容易发生。

（六）秸秆饲料的调制利用

1. 揉搓处理

揉搓处理比铡短处理秸秆又进了一步。经揉搓的玉米秸成柔软的丝条状，适口性增加，牛的吃净率由秸秆全株的70%提高到90%以上，揉碎的玉米秸在肉牛日粮中可代替干草，对于肉牛，铡短的玉米秸更是一种价廉、适口性好的粗饲料。目前，揉搓机正在逐步取代铡草机，如果能和秸秆的化学、生物处理相结合，效果更好。

2. 秸秆碾青技术

秸秆碾青是将干秸秆铺在打谷场上，厚约0.33米，上面再铺0.33米左右的青牧草，牧草上面铺相同厚度的秸秆，然后用磙碾压，流出的牧草汁被干秸秆吸收。这样，被压扁的牧草可在短时间内晒制成干草，并且茎叶干燥速度一致，叶片脱落损失减少，而秸秆的适口性和营养价值提高，可一举两得。

3. 氨化处理

秸秆中含氮量低，秸秆氨化处理时与氨相遇，其有机物就与氨发生氨解反应，打断木质素与半纤维素的结合，破坏木质素-半纤维素-纤维素的复合结构，使纤维素与半纤维素被解放出来，被微生物及酶分解利用。氨是一种弱碱，处理后使木质化纤维膨胀，增大空隙度，提高渗透性。氨化能使秸秆含氮量增加 1 ～ 1.5 倍，牛对秸秆的采食量和消化率有较大提高。开始喂时，应由少到多，少给勤添，先与谷草、青干草等搭配饲喂，1 周后即可全部喂氨化秸秆，并合理搭配精料（玉米、麦麸、糟渣、饼类）。

四、饲养管理的细节

（一）犊牛饲养中的细节

1. 新生犊牛体表黏液清理

犊牛出生后，体表黏液清理具有刺激犊牛呼吸和加强血液循环的作用。正常情况下，母牛会及时舔去犊牛身上的黏液。特殊情况下，则需要用清洁毛巾擦除犊牛鼻腔以及体表的黏液，避免犊牛受冻，尤其要注意除去犊牛口鼻的黏液，防止呼吸受阻。若已造成呼吸困难，要尽快使其倒挂，并拍打胸部使黏液流出，呼吸畅通。

2. 断脐处理

犊牛产出后，脐带会自然扯断，如果脐带未扯断，要用消毒剪刀在距离腹部 6 ～ 8 厘米处剪断脐带，将脐带中残留的血液和黏液挤净，用 5%碘酊浸泡消毒 2 ～ 3 分钟。但不能将药物灌入脐带内，避免发生脐炎。断脐不要结扎，以自然脱落为好。另外，还要剥去犊牛软蹄。

3. 哺食初乳

犊牛出生后应在 0.5 ～ 2 小时内吃上初乳，方法是犊牛能站立时，让其接近母牛后躯，采食母乳。对个别体弱的犊牛可采取

人工辅助，挤几滴母乳于干净的手指上，让犊牛吸吮其手指，而后引导到乳头助其吸吮。

4. 补饲草料

从1周龄开始，在牛栏的草架内加入优质干草（如豆科青干草等），训练犊牛自由采食，以促进瘤胃、网胃发育；20日龄时开始喂胡萝卜、甜菜等青绿多汁饲料，每天先喂20克，逐渐增加喂量，到2月龄时可增加至1～1.5千克，3月龄时增加至2～3千克；2月龄开始喂品质优良的青贮饲料，每天100～150克，3月龄时每天1.5～2千克，4～6月龄时每天4～5千克；出生后10～15天开始训练犊牛采食精饲料，初喂时可将牛乳洒在精料上，或与调味品一起做成粥状或制成糖化料，涂抹犊牛口鼻，诱其舔食。开始日喂干粉料10～20克，1月龄150～300克/天，2月龄500～700克/天，3月龄750～1000克/天。

5. 犊牛管理做到“三勤”“三净”“四看”

“三勤”即勤打扫、勤换垫草和勤观察（喂奶时观察食欲、运动时观察精神、扫地时观察粪便）；“三净”即饲料净、牛体净和工具净；“四看”是看饲槽（如果犊牛没有吃净饲槽中的饲料就抬头慢慢走开，说明喂料量太多；如果槽内被舔得干干净净，说明喂料量不足；如果槽底或壁上留有像地图一样的料渣舔迹，说明喂料量适中）、看粪便（排粪量日渐增多，粪条粗而稍稠，说明喂料量正常。牛犊多在每天早、晚2次喂料前排粪，粪块多呈团块融在一起，有叠痕，油光发亮但发软。如果排出的粪便形状如粥状，说明喂料过量；如果排出的粪便像泔水一样稀，并且臀部有湿粪，说明喂料量太大或料水太凉，要及时调整）、看食相（每天一到喂料时间，牛犊就跑过来寻食，说明喂料正常；如果吃净饲料，向饲养员徘徊张望，不愿离开料槽，说明喂料不足；喂料

时牛犊没有反应，说明上次喂料过多或牛犊有问题）和看肚腹（喂食时如果牛犊腹陷很明显，不肯到槽前吃食，说明牛犊可能受凉感冒或患伤食症；如果牛犊腹陷很明显，食欲强烈，但到饲槽前只是闻闻，一会儿就走开，这说明饲料变换太大不适口或料水温度过高或过低；如果牛犊肚腹膨大，不吃食，说明上次吃食过量，可停喂一次或限制采食量）。

6. 犊牛调教

对犊牛进行调教，使之养成温驯性格，无论对于育种工作还是成年后的饲养管理与利用都很有利。调教方法是温和地对待牛，经常抚摸牛，刷拭牛体，测量体温、脉搏，时间久了，就能调教好犊牛，使其养成温驯的性格。

7. 防止舔癖

犊牛要单栏饲养。犊牛每次喂完奶后，应将犊牛口鼻部残留的奶擦净。对于形成舔癖的犊牛，可在鼻梁上套一个小木板来纠正。同时避免用奶瓶喂奶，可以用水桶。犊牛要有适度的运动，随母牛在牛舍附近牧场放牧时，放牧要适当放慢行进速度，保证休息时间。

（二）肉牛育肥饲养中的细节

1. 肉牛育肥应该注意的问题

一是要注意牛的来源。规模饲养肉牛应选杂交改良牛，杂交改良牛抗病力强、耐粗饲、增重快、肉质好、饲料报酬高，可选择饲养西黄一代母牛（西门塔尔牛与南阳黄牛、晋南牛、鲁西牛等地方黄牛的杂交后代）与夏洛来牛、利木赞牛、黑白花牛等种公牛杂交的后代，这样的杂交后代牛用于育肥增重快、效益高。

二是要注意资金储备。短期育肥时购买架子牛需要的资金更多，要考虑资金情况。应根据资金情况来确定饲养规模的大小。资金雄厚者，规模可大些；资金单薄者，宜小规模起步，滚动发展。

三是要注意技术条件。规模饲养肉牛投入资金较多，追求的利润高，不掌握肉牛的生长发育规律和生理特点，不使用科学的饲养技术，就难以获得最佳效益。

四是要注意场地的环境与建设面积。肉牛饲养场地要选择在地势高燥，排水良好，便于防疫，远离皮革厂、肉类加工厂、屠宰场等，距交通干线1000米以上的地方。按每头牛所需面积与饲养规模计算牛场建设面积。通栏育肥牛舍每头牛占2.3～4.6米^2，有隔栏的牛舍每头牛占1.6～2.6米^2。建牛场要请专家设计指导，牛舍建筑宜简单不宜“豪华”，切忌建成“牛公馆”。

五是要注意经营者的管理水平。管理水平决定着企业的盈利水平，要考虑自身的经营管理水平。

2. 肉牛育肥的精细饲养

（1）饲料搭配与混合　育肥牛的饲喂中可以把精料、粗料、糟渣料、青贮饲料、干草饲料分开饲喂；也可以混合拌匀后饲喂，将育肥牛日粮组成的各种饲料按比例（称量准确）全部混合，掺匀后投喂。所谓混合均匀，在有机械混合时，至少开动机器3分钟；在手工操作时，至少应搅拌3次（把所有饲料搅拌3次），以看不到饲料堆里有各种饲料层次为准。这样的饲料，牛不会挑食，而且先上槽牛和后上槽牛采食到的饲料比例基本都一样，提高了育肥牛生长发育的整齐度。

（2）干拌料和湿拌料　在饲喂育肥牛时，可以采用干拌料，也可以采用湿拌料。理想的育肥牛饲料应常年饲喂全株青贮玉米或糟渣饲料。因此，在喂牛前将蛋白饲料（棉籽饼、胡麻饼、葵花籽饼)、能量饲料(玉米粉、大麦粉)、青贮饲料、糟渣饲料、矿物质添加剂及其他饲料按比例称量放在一起来回翻倒3次，此时各种饲料的混合物(含水量在40%～50%，属半干半湿状态)喂牛最好。育肥牛不宜采食干粉状饲料，因为它一边采食，一边呼吸，极容易把粉状料吹起，也影响牛本身的呼吸。

育肥牛在采食半干半湿混合料时要特别注意，防止混合料发酵产热，发酵产热后饲料的适口性大大下降，影响了牛的采食量。因此，应采取多次拌料，每一次拌料量少一些，以能满足牛4～6小时的采食量为限，用完再拌；将拌匀的混合料摊放在阴凉处，10厘米厚为好。

（3）饲喂次数　育肥牛的饲喂次数在我国目前大多数是日喂2次或3次，少数实行自由采食。自由采食能满足牛生长发育的营养需要，因此长得快，牛的屠宰率高，出肉多，育肥牛能在较短时间内出栏；而采用限制饲养时，牛不能根据自身要求采食饲料，因此限制了牛的生长发育速度。采用自由采食法饲喂肉牛，其针扒(臀肉)、大米龙、腰肉的重量均提高。

（4）投料方式　将按比例配好的饲粮堆放在牛食槽边，少添勤喂，使牛总有不足之感，争食而不厌食或挑剔。但要注意牛的采食习惯，一般牛早上采食量大，因此早上第一次添料要多一些，太少了容易引起牛争料而顶撞斗架；晚上饲养人员休息前，最后一次添料量要多一些，因为牛在夜间也采食。

（5）饲料更换　随着牛体重的增加，各种饲料的比例也会有调整，因此在育肥牛的饲养过程中，饲料的变更是常常会发生的。但饲料的更换应采取逐渐更换的办法，决不可骤然变更，打乱牛的原有采食习惯，应该有3～5天的过渡期，逐渐让牛适应新更换的饲料。在饲料更换期间，要求饲养管理人员勤观察，发现异常，应及时采取措施，尽量减少因更换饲料给养牛者带来损失。

（6）饮水　育肥牛体内水有代谢水、饲料含水及饮水三个来源。水是廉价的资源，但常常被人们忽视而影响育肥牛的生长发育。要满足育肥牛的饮水需要，采用自由饮水法最为适宜。在每个牛栏内装有能让牛随意饮到水的装置，此饮水设备的位置最好设在牛栏粪尿沟的一侧或上方，使流出的水或供水系统流出的水很快进入粪尿沟，不会弄湿牛栏。冬季育肥牛饮用凉水即可，不必加温。

（7）放牧育肥　在牧区因地制宜，依靠廉价的草原资源，采用一面放牧、同时补料的办法育肥，也能收到良好的效果。放牧育肥的时间应选择在每年的7～10月，此时牧区牧草茂盛，尤其要抓好牧草结籽期的育肥；早出牧，午间在牧场休息，晚上到有食槽处补料，每天的放牧距离不要超过4～5千米；在放牧场临时建牛食槽，将混合精料就地补饲，节省牛因来回奔走而消耗的体能；补料时，一头牛一个槽，避免抢料格斗；补料量根据牛体重大小而异，按干物质计，每100千克体重补料量为体重的1%～1.5%；补料时要使牛充分饮水。

3. 肉牛育肥的一些诀窍

一是限制运动。限制肉牛运动是搞好肉牛快速育肥的一个关键问题。对于育肥肉牛应当实行一牛一桩，拴系牛绳不要太长，以防增大活动范围，增加运动量，消耗体力，并发生互相碰撞，一般一头牛占地面积在5米^{2}左右为宜。

二是科学饲养。饲草、饲料搭配，本着“价格低廉、多种多样、易于消化、营养全面、适口性好”的原则。粉碎的精料与铡碎的草料要拌湿喂给；不喂发霉变质的饲料；不饮污秽水；在更换饲草时，应由少到多，逐渐更换。

三是不予去势。育肥公牛在去势后很容易造成脂肪的大量沉积，使瘦肉率相应降低，而现在一些进口肉牛的国家往往以高瘦肉率为标准。而且去势之后，牛伤口疼痛，恢复正常需要消耗营养，增加成本，影响育肥速度。所以，作为出口肉牛应当不予去势。

四是及早驱虫。为了保证育肥牛的健康生长，在开始育肥前的35天，应对育肥牛进行一次统一、彻底的驱虫。驱虫药物可选用兽用敌百虫、抗虫灵、硫苯咪唑等。

五是把握关口。在饲料充足的条件下，肉牛的生长速度在12月龄前最快，以后逐渐变慢，尤其是到性成熟期生长速度更慢。为此，肉牛的屠宰年龄应在1.5～2岁较为适宜，最迟也不要超过2.5岁，这样可以降低饲养成本。

（三）夏季合理安排饲喂时间

在炎热夏季，在饲喂时间上要尽量避开气温高峰期，应当选择在一天中温度相对较低的时间段进行饲喂。可以把60%～70%的日粮在晚上8点到第二天早上8点期间饲喂，尤其粗饲料宜安排在晚上8点至早上5点前进行饲喂。同时由3次饲喂改为4～5次饲喂，夜间可进行一次补饲。

五、兽医操作技术规范的细节

（一）避免针头交叉感染

规模化养牛场，由于不注意注射针头的更换，导致牛群中带毒、带菌牛增加，牛之间交叉感染，为牛群的健康埋下隐患。因此，规模养牛场应建立完善的兽医操作规程，做到1牛1针头，切断人为的传播途径。

（二）搞好母牛临产前的产房消毒

临产母牛进入产房前，对产房不进行清洗消毒，或清洗消毒不彻底，或进入产房后再清洗消毒，都会污染产房，使犊牛感染细菌、病毒和寄生虫，影响生产发育，甚至导致发病，降低成

活率。所以，必须搞好母牛临产前的产房消毒。

（三）按正确方法接种疫苗

疫苗接种途径不当、接种剂量不准确，或稀释后的疫苗在室温条件下存放时间过久等，都会导致免疫失败，使牛群抗体水平参差不齐或出现阳性牛，给场内的健康牛留下隐患。所以，必须按照正确的方法进行疫苗接种，保证每头牛都产生符合要求的抗体水平。

（四）建立严格的消毒制度

消毒的目的就是杀死病原微生物，防止疾病的传播。各个牛场要根据各自的实际情况，制定严格规范的消毒制度，并认真执行。消毒剂的选择、配比要科学，喷雾方法要有效，消毒记录要准确。同时，室内消毒和室外环境的卫生消毒也是十分重要的，如果只重视室内消毒而忽视室外消毒，往往起不到防病治病和保障肉牛健康的作用。

（五）严把投入品质量关

假冒伪劣或不合格的药品、生物制品、动物保健品和饲料添加剂等投入品的进场使用，会使牛重大的传染病和常见病得不到有效控制，牛群持续感染病原并在场内蔓延。规模牛场应到有资质的正规单位购药，通过有效途径投药，并观察药品效价，达到安全治病的目的。

六、消毒的细节

（一）消毒注意事项

1. 消毒需要时间

一般情况下，高温消毒时，60℃就可以将多数病原杀灭，而汽油喷灯虽然温度达几百度，但喷灯火焰一扫而过，并不能杀灭病原，因时间太短。蒸煮消毒，要在水开后30分钟才可以将病原杀死。紫外线照射，消毒时间必须达到5分钟以上。

注意：这里说的时间，不单纯是消毒所用的时间，更重要的是病原体与消毒药接触的有效时间；因为病原体往往附着于其他物质上面或中间，消毒药与病原体接触需要先渗透，而渗透则需要时间，有时时间会很长。如把一块干粪便放到水中，浸透就需要较长时间。

2. 消毒需要药物与病原接触

消毒牛舍地面时，如果地面有很厚的一层粪，消毒药只能将最上面的病原杀死，而在粪便深层的病原却不会被杀死，因为消毒药还没有与病原接触。因此，对牛舍消毒前，要求先将牛舍清理、冲洗干净，使消毒药物与病原充分接触，杀死病原。

3. 消毒需要足够的剂量

消毒药在杀灭病原的同时往往自身也被破坏，1个消毒药分子可能只能杀死1个病原，如果1个消毒药分子遇到5个病原，便不能彻底地杀灭病原。关于消毒药的用量，一般是每平方米面积用1升药液；生产上常见到的则是不经计算，只是用消毒药将舍内全部喷湿即可，人走后地面马上干燥，这样的消毒效果是很差的，因为消毒药无法与掩盖在深层的病原接触。

4. 消毒需要避免干扰

许多消毒药遇到有机物会失效，如果在消毒池中使用这些消毒药，池中再放一些锯末，作为鞋底消毒的手段，效果就不会好了。

5. 消毒要选用对病原敏感的药物

不是每一种消毒药对所有病原都有效，而是有针对性的，所以使用消毒药时也是有目标的。如预防口蹄疫时，碘制剂效果

较好；预防感冒时，过氧乙酸可能是首选；预防传染性胃肠炎时，高温和紫外线可能更实用。

没有任何一种消毒药可以杀灭所有的病原，即使我们认为最可靠的高温消毒，也还有耐高温细菌不被破坏。这就要求我们使用消毒药时，应适时更换，这样才能达到最理想的效果。

6. 消毒需要条件

如火碱是好的消毒药，但如果把病原放在干燥的火碱上面，病原也不会死亡，只有火碱溶于水后变成火碱水才有消毒作用；生石灰消毒也是同样的道理。福尔马林熏蒸消毒必须符合三个条件：一是足够的时间，24 小时以上，需要严密封闭；二是需要温度，必须达到 15℃以上；三是必须有足够的湿度，最好在 85%以上。如果脱离了消毒所需的条件，效果就不会理想。在牛舍入口的消毒池中，只是例行把水和火碱放进去，也不搅拌，火碱靠自身溶解需要较长时间，那刚放好的消毒水的作用就很弱，必须等到火碱完全溶解后才有良好的消毒效果。

（二）消毒存在的问题

1. 光照消毒

紫外线的穿透力是很弱的，一张纸就可以将其挡住，布也可以挡住紫外线；所以，光照消毒只能作用于人和物体的表面，深层的部位则无法消毒；另一个问题是，紫外线照射到的地方才能消毒，如果消毒室只在头顶安一个灯管，那么只有头和肩部消毒彻底，其他部位的消毒效果较差。所以，不要认为安装有紫外线灯就能够彻底消毒。

2. 高温消毒

消毒时间不足是常见的现象，特别是使用火焰喷灯消毒时，仅一扫而过，病原或病原附着的物体尚没有达到足够的温度，病原是不会很快死亡的。这也就是为什么蒸煮消毒要 20 ～ 30 分钟以上的原因。

3. 喷雾消毒

常见问题是剂量不足。若喷雾过后地面和墙壁很快变干，消毒剂量一定不够。通常牛场规定，喷雾消毒后 1 分钟之内地面不能干，墙壁要流下水来，以表明消毒效果。

产房喷雾消毒容易导致舍内潮湿，但药量达不到要求也起不到消毒的效果。为避免舍内潮湿，可以 1 周进行一次彻底的喷雾消毒。

4. 熏蒸消毒时封闭不严

犊牛舍常用福尔马林熏蒸消毒。甲醛是无色的气体，容易从牛舍开放位置和缝隙逸出，所以，进行熏蒸消毒时犊牛舍必须封闭严实，不留缝隙。消毒后如果进入犊牛舍没有呛鼻的气味，眼睛没有刺痛的感觉，就说明牛舍一定有漏气的地方。

（三）怎样做好消毒

1. 必须清扫、清洗后再消毒

如果圈舍内存在大量粪便、饲料、牛毛、灰尘、杂物和污水等，会阻碍消毒药与病原微生物的接触，而且这些病原微生物可以在有机物中存活较长时间，有些有机物和消毒液结合后形成化合物，使消毒液的作用消失或减弱。这些因素常造成消毒液大量损耗，减弱消毒效果。牛舍在消毒前应先彻底清扫、清洗，水槽、料槽清除污物后用清水洗刷干净。再将地面彻底清洗，等地面干净后，消毒牛舍。

2. 选用合适的消毒液

在选用消毒液时要根据消毒的对象、目的和预防疾病的种类选择合适的消毒液。消毒液要定期更换，选择几种消毒液交替使用。牛场可选用的消毒液有很多种，常用的有生石灰、硫酸铜、新洁尔灭、甲醛、高锰酸钾、过氧乙酸、氢氧化钠、碘制剂、季铵盐等消毒液。针对圈舍的情况选择：空圈舍可以选择疗效好、价格低廉的消毒液，如生石灰、甲醛、高锰酸钾、过氧乙酸等；带牛消毒选择增强消毒效果的复合制剂，如复合碘制剂、复合季铵盐制剂、复合酚制剂等消毒液，消毒效果好且不损伤牛群。

3. 饮水消毒持续时间不宜过长，消毒剂剂量不宜过大

消毒液使用说明中推荐的饮水消毒是对畜禽饮水的消毒，是指消毒液将饮水中的微生物杀灭，从而达到净化饮水中微生物的目的。而有些养殖户则认为饮水消毒是通过饮用消毒液杀灭和控制畜禽体内的微生物，可起到控制和预防病情的作用，从而形成饮水消毒的误区。有的用户甚至盲目加大消毒液的浓度，给畜禽饮用，从而造成不必要的损失。如果长时间饮用加消毒液的水或饮水中消毒液的含量过大，除了可以引起畜禽急性中毒，还可以杀灭肠道内的正常细菌，造成肠道菌群平衡失调，甚至损伤畜禽的消化道黏膜，引起腹泻、消化不良等症状。饮水消毒时一般选用氯制剂、季铵盐等刺激性较小的消毒剂，使用低浓度的说明推荐用量，不要长时间使用或加大剂量使用，以免造成不必要的损失。

4. 做好进场前的消毒工作

在牛场的入口处常设紫外线灯，对进出人员照射，有杀菌效果。同时在牛舍周围、入口、产床、运动场等处撒生石灰或洒火碱水，还可以喷过氧乙酸或次氯酸钠溶液。使用新洁尔灭、碘

伏等的水溶液洗手、洗工作服。应用热碱水或酸水清洗饮水管道后，再用次氯酸水溶液消毒。

5.消毒制度

为了有效防控传染病的发生，规模化牛场必须建立严格的消毒制度。一是做好人员消毒工作，工作人员进入生产区必须更衣并进行紫外线消毒，工作服不得带出场外；外来人员不允许进入生产区，如必须进入的，要更换工作服和鞋，消毒进入后，要遵守场内检疫环境消毒制度。二是做好环境消毒工作，牛舍内及周围环境每周用2%氢氧化钠溶液或生石灰消毒一次；场周围及场内污水池、下水道出口，每月用次氯酸盐、酚类消毒一次；在大门口和牛舍入口设消毒池，消毒液可用2%氢氧化钠溶液或硫酸铜溶液。三是做好牛舍消毒工作，牛舍在每批牛转出后，应清扫干净并消毒。四是做好用具消毒工作，定期对饲喂用具、料槽消毒，用0.1%新洁尔灭或0.2%过氧乙酸溶液消毒。

七、用药的细节

药物使用关系到疾病控制和产品安全，使用药物必须慎重。生产中用药方面存在的一些细节问题会影响用药效果。如对抗生素过分依赖，很多养殖户误以为抗生素“包治百病”，还能作为预防性用药，在饲养过程中经常使用抗生素，以达到增强牛抗病能力、提高增重率的目的。主要存在如下现象：

一是盲目认为抗生素越新越好、越贵越好、越高级越好，殊不知各种抗生素都有各自的特点，优势也各不相同。其实抗生素并无高级与低级、新和旧之分，要做到正确诊断牛病，对症下药，就要从思想上彻底否定“以价格判断药物的好坏、高级与低级”的错误想法。

二是未用够疗程就换药。不管用什么药物，不论见效或不见效，通通用 2 天就停药，这对治疗牛病极为不利。

三是不适时更换新药。许多养殖户用某种药物治愈了疾病后，就反复使用这种药物，而忽略了病原对药物的耐药性。此外，一种药物的预防量和治疗量是有区别的，不能某种用量一用到底。

四是用药量不足或加大用量。现在许多兽药厂生产的兽药，其说明书上的用量用法大部分是按每袋拌多少千克料或兑多少升水。有些养殖户忽视了牛发病后采食量、饮水量会下降，如果不按下降后的日采食量计算药量，就人为造成用药量不足，不仅达不到治疗效果，而且容易导致病原的耐药性增强。另一种错误做法是无论什么药物，按照厂家产品说明书，通通加倍用药。

五是盲目搭配用药。不论什么疾病，不清楚药理药效，多种药物胡乱搭配使用。

六是盲目使用原粉。每一种成品药都经过了科学的加工，大部分由主药、增效剂、助溶剂、稳定剂组成，使用效果较好，而现在五花八门的原粉摆上了商家的柜台，并误导养殖户说“原粉纯度高，效果好”。原粉多无使用说明，养殖户对其用途不很明确，这样会造成原粉滥用现象。另外，现在一些兽药厂家为了赶潮流，其产品主要成分的说明中不用中文而仅用英文，养殖户懂英文者甚少，常常造成同类药物重复使用，这样不仅用药浪费，而且常出现药物中毒现象。

八、疫苗使用的细节

疫苗使用中存在一些混乱现象，如疫苗需求量统计不准确，进货过多，超过有效期；保存温度高，虽在有效期内，但已失效，仍不丢弃；供电不正常，无应急措施，疫苗反复冻融；管理混乱，疫苗保存不归类，活苗与灭活苗放一起，该保鲜的却冰冻；运输过程中温度高，有的运输时未包好，受紫外线照射；用河水、自来水稀释疫苗，直接影响疫苗的活性（最好用稀释液或蒸馏水、生理盐水等稀释疫苗）；疫苗稀释后放置的时间过长，导致疫苗滴度低；使用剂量不准确，如剂量不足，产生抗体少，或剂量过大造成免疫麻痹；使用活苗的同时，又在饲料中添加抗菌药。这些细节直接影响到免疫效果。

九、经营管理的细节

（一）树立科学的观念

树立科学的观念至关重要。只有树立科学的观念，才能注重自身的学习和提高，才能乐于接受新事物、新知识和新技术。传统庭院小规模生产对知识和技术要求较低，而规模化生产对知识和技术要求更高（如场址选择、规划布局、隔离卫生、环境控制、废弃物处理以及经营管理等知识和技术）；传统庭院小规模生产和规模化生产疾病防治策略不同（传统疾病防治方法是免疫、药物防治，现代疾病防治方法是生物安全措施）。所以，规模化养牛场仍然固守传统的观念，不能树立科学的观念，必然会严重影响养殖场的发展和效益的提高。

（二）正确决策

牛场需要决策的事情很多，大的方面如牛场性质、规模大小、类型用途、产品档次以及品种选择，小的方面如饲料选择、人员安排、制度执行、工作程序等，如果关键的事情能够进行正确的决策，就可能带来较大效益。否则，就可能带来巨大损失，甚至倒闭。而正确决策需要对市场进行大量调查。

（三）保证牛场人员的稳定性

随着养牛业集约化程度越来越高，牛场现有管理技术人员及饲养员的能力与现代化养牛需求之间的差距逐步暴露出来，因此养牛人员的地位、工资、福利待遇及技术培训也受到越来越多的关注。由于牛场存在封闭式管理环境、高养殖技术等特殊需求，因此要建立和完善一整套合理的薪酬激励机制，实施人性化管理措施，稳定牛场人员，保持良好的爱岗敬业精神和工作热情。

（四）增强饲养管理人员的责任心

责任心是干好任何事的前提，有了责任心才会想到该想到的，做到该做到的。责任心的增强来源于爱。有了责任心才能用心，才能想到各个细节。饲养员的责任心体现在：爱动物，保质保量地完成各项任务，尽到自己应尽的责任。管理人员和领导的责任心体现在：一是爱护饲养员，给职工提供舒心的工作空间，并注意加强人文关怀（你敬人一尺，人敬你一丈）；二是给动物提供舒适的生存场所。

（五）员工的培训为成功插上翅膀

员工的素质和技能水平直接关系到养殖场的生产水平。员工中能力差的人是弱者，牛场员工并不是清一色的优秀员工，要对员工进行培训，并按其所长安排到合适的岗位。养殖场不注重培训的原因：一是有些养殖场认识不到提高素质和技能的重要性；二是有的养殖场怕为人家做嫁衣裳，培训好的员工被其他养殖场挖走；三是有的养殖场舍不得增加培训投入。

（六）关注生产指标对利润的影响

牛场的主要盈利途径是降低成本，成本控制除平常所说的饲料、兽药、人工、工具等直观成本之外，对于牛场的管理还应该注意到影响养牛成本的另一个重要因素——生产指标。例如要降低每头出栏牛承担的固定资产折旧费用，需要通过提高母牛繁殖率和犊牛成活率来解决。影响牛群单位增重饲料成本的指标有料肉比、饲料单价、成活率等，需要优化饲料配方和科学饲养管理来实现。牛场管理者要从经营的角度来看待研究生产指标，对牛场进行数字化、精细化管理，才能取得长期、稳定、丰厚的利润。

（七）舍得淘汰

生产过程中，牛群内总会出现一些没有生产价值的个体或一些老弱病残牛，这些个体不能创造效益，要及时淘汰，减少饲料、人力和设备等消耗，降低生产成本，提高养殖效益。生产中有的养殖场舍不得淘汰或管理不到位而忽视淘汰，虽然存栏数量不少，但养殖效益不仅不高，反而降低。

（八）最佳的出栏日龄

肉牛在1岁前生长增重较快，1岁后生长速度减慢，特别是2岁以后生长更慢。以夏洛来肉牛为例，日增重从出生到6月龄为1.5～1.8千克，而7～12月龄为0.9～1.05千克。试验还证明，年龄小的肉牛增重1千克所需要的饲料较年龄大的肉牛要少得多。因此，从饲料总消耗量和资金及设备利用等方面考虑，饲养年龄小的肉牛较饲养年龄大的肉牛更有利。

（九）养牛省草的方法

1. 长草短喂

俗话说："寸草铡三刀，无料也增膘。"把饲草铡短后喂牛，比整喂节省20%左右，尤其是在饲喂采食较少或难以采食的粗、硬茎秆时，如果将其铡短饲喂，便能被充分利用，且消化率也有所提高。一般应把茎秆铡成3～5厘米长喂牛。

2. 粗草细喂

用作饲草的作物秸秆，若能进行盐化、碱化、氨化处理，或粉碎后拌精料喂牛，能提高饲草的利用率，增加适口性，从而节省了饲草。

3. 少喂勤添

一次喂给，牛易养成挑剔适口草料的毛病，造成饲草浪费。少喂勤添，可节省饲草。

4. 槽内饲喂

要改变把饲草直接扔在牛栏里饲喂的不良习惯，将饲草放在槽内饲喂。这样，饲草就不会被粪便污染，干净卫生，牛食后免生疾病，也节省了大量的饲草。

5. 先粗后精

先喂粗饲料，牛会饥不择食，采食粗饲料较多。之后，再按其营养需要饲喂精料或优良牧草。这样，充分发挥了牛对粗饲料的利用特点，节省了饲草。

6. 改造食槽

若食槽过浅，牛在吃草时常把草料弄到外面，造成了不少浪费。一般牛槽深度在 40 厘米左右为好。

7. 剩草加工

过去往往把牛吃剩下的粗硬茎秆当燃料烧掉。如果将其晾干后收集起来，用粉碎机粉碎成草粉，然后喂给牛，就能得到有效利用。

8. 节约垫草

要保持栏舍内卫生清洁，尽量用废弃的杂草作牛的垫草，以减少饲草浪费。

9. 看牛吃草

不少饲养人员在喂牛时，把草料放到牛槽就一走了之。这样，牛在吃草时把草料弄到槽外，落地草被牛踩后，就不能再喂饲。因此，饲养人员应尽量看守着牛将草料吃完再离开，发现饲草落地，要及时拾起重新给牛。这样可节约不少草料。

第八招 生产中常见问题处理

【核心提示】

养牛生产过程中，在牛的引进、饲料配制、牛舍建设、饲养管理、防疫消毒和疾病防治等方面都存在一些问题，影响到肉牛的生产潜力发挥和生产性能提高。必须注重这些问题的解决。

一、肉牛品种改良的问题处理

（一）改良只是杂交改良

“杂交”是加速动植物遗传改良、提高农业生产效率的重要技术手段，但有些地方或牛场陷入“改良只是杂交改良”的误区，导致黄牛肉用杂交改良工作处于无序状态：一方面缺乏对本地牛种资源的保护，热衷于推陈出新和引进新品种，杂交改良工作盲目性较大；另一方面缺乏对目标性状的定向选育，即便形成了杂交优势也难以固定，严重威胁地方牛种资源的持续发展，造成了许多优良基因缺失。

【处理措施】在组织开展肉牛改良工作的过程中，应遵循“点上保种选育提高、面上杂交改良开发”的原则，处理好“本品种选育”与“杂交改良”之间的关系；既要注重本地品种选育提高（其实这也是肉牛杂交改良对其母本的基本要求），又要根据实际需要，在科学论证的基础上慎重引种。正确选择杂交父本是杂交改良工作的基础，事关改良工作的成败。

不能单纯追求“新、奇、特”，更不能“是种就引”“见种就引”。每一个品种都有其特点，都有不同的适应性和生产性能，品种个体之间又有等级、优劣之分。引种前，从技术层面来讲，一定要考虑该品种产地自然条件是否与本地相近，体型大小是否与本地牛匹配，肉用性能是否符合改良计划要求，种牛个体表现是否优良等。

（二）忽视选种、选配和配合力测定而盲目杂交

开展肉牛杂交改良，不注意选种、选配和配合力测定而盲目杂交，导致杂交效果差。

【处理措施】大规模开展肉牛杂交改良之前，选种、选配和配合力测定十分关键。如果出于肉牛育种目的，双亲均选最优秀的个体，采用同质选配；如果出于经济杂交和商品化肉牛生产考虑，只要把父本选准、选好，第一次杂交时一般采用异质选配，第二次杂交时则要尽可能采用同质选配。事先做好配合力测定，筛选出最佳的杂交组合。

目前，国内用于肉牛改良的杂交方式主要是“经济杂交”和“级进杂交”。经济杂交则分二元杂交、三元杂交、四元杂交等，每一种杂交方式都有其优、缺点，采用经济杂交改良肉牛时，要确定好合适的品种数量，并不是“品种越多改良效果就越好”，一

般2～3个品种（即外来父本品种1～2个）就可以了，不宜太多；为充分发挥杂种优势，还要正确选择父本或终端父本；一般选择生长速度快、繁殖性能好、母性比较强的品种（如安格斯、利木赞牛等）作为杂交第一父本，而第二父本或者终端父本应重点考虑其胴体品质好的品种（如皮埃蒙特、黑毛和牛等）。采用级进杂交改良肉牛时，要确定好适宜的级进代数，并不是“代数越多改良效果就越好”，因为随着级进代数的增加，后代部分生产性能就会下降，研究证明，级进2～3代后改良效果比较理想。

（三）忽视对引进品种及其杂交后代的选育，重“杂”轻“育”

随着杂交代数的提高，肉牛改良工作对父本和母本的质量要求越来越高。长期以来，我国在肉牛良种引进方面重“引”轻“选”，种牛缺乏性能测定，更谈不上后裔测定，在肉牛改良方面重“杂”轻“育”，缺乏对杂交后代优秀母牛的选留，更谈不上定向培育，从而影响了黄牛杂交改良进程。

【处理措施】加强良种繁育体系建设。对从国外引进的肉牛品种逐一筛选梳理，对不符合种用要求的品种或个体要坚决淘汰。在引进国外优秀肉牛品种种公牛的同时，还要适当引进其优秀种母牛，以便能够自主培育种公牛。要全面开展肉用种公牛性能测定和后裔测定，以提高良种供种能力；同时，要加大对杂交后代优秀母牛的选留强度，良种、良法配套，为后续杂交改良提供优秀基础母牛，不断巩固遗传进展，努力增强肉牛产业发展后劲。

（四）认为牛体型越大越好

黄牛改良，从单一役用向肉食方面发展。但有的存在选种时只注重体型大小而忽视其他性状的误区。如利用夏洛来牛与黄牛杂交改良，夏洛来以白色、体大、腿粗、初生体重大为优良品种，但与某些中、小型品种相比，也有出肉率低、肉质较差，而且饲草的消耗相对较多，饲养周期长，出栏率低等不足。

【处理措施】在改良黄牛时不仅要考虑体型大小，还要注意肉质、饲料转化率等指标。

（五）长期应用单一品种

因为夏洛来牛长期以来给养殖户留下的印象很深，所以很多地区长期使用这一单一品种，对其他品种的生产性能不信任，这种局面造成近亲繁殖，使牛的生活力和生产性能出现退化，有的地区甚至出现改良牛肉色越来越白、体格越来越小的现象。

【处理措施】在改良过程中应采取三元杂交。较好的杂交组合是一代用西门塔尔牛与当地牛杂交，F_1代（西黄一代）再与夏洛来牛杂交，或F_1代与比利时兰牛或皮埃蒙特牛进行杂交（终端）。这样既防止了近亲杂交，同时又能更好地发挥杂交优势。

（六）片面强调毛色

肉牛毛色及体形外貌为品种特征，但肉牛与当地黄牛杂交后出现毛色变异，有的显现出父本毛色性状，有的显现出中间毛色性状。所以，从毛色不易辨别种牛的优劣。如比利时兰牛杂交后代出现灰色、黑色或杂色。有的养殖户误认为夏洛来牛杂交的后代就应是白色的，如果出现草白、草黄色则认为品种不好。这样只注重毛色而不看其生产性能的错误做法导致了优良品种用量少，覆盖率较低。

（七）杂种公牛配种

有些养殖户缺乏科学知识，图方便省钱，利用杂种公牛本交配种；少数杂种公牛养殖户受经济利益驱动，以赢利为目的对外收费配种，不仅损害了养牛者的利益，也干扰了冷冻精液配种新

技术的推广。杂种公牛虽然体高力大，但遗传性状不稳定，极易造成近亲繁殖，后代退化，经济效益低下。

【处理措施】要加强有关知识的宣传，加大肉牛改良工作的力度。

（八）种公牛利用问题处理

生产中存在种公牛利用不当的问题，采精次数过多，特别是长期过度使用（配种式采精），不仅对种公牛健康和精液品质有不良影响，还易造成未老先衰，缩短其利用年限；相反，采精次数过少，或长期不使用，则会降低公牛的性反射，造成精液数量减少，甚至会使种公牛性情变坏。

【处理措施】种公牛的采精次数要适当。种公牛的采精要结合公牛的体况、年龄及营养状况等确定，同时要及时检查公牛体重、精液品质及射精动作，发现异常要马上采取相应措施，以达到正确饲养种公牛的目的。

二、肉牛引进的问题处理

（一）过于追求良种，非“纯肉牛”不养

随着养殖户良种意识的提高，养殖户都愿意购买良种肉牛进行育肥，这是很正确的选择。但一些养殖户过于追求良种，非“纯肉牛”不养，结果很难购买到自己满意的肉牛。因为我国没有专门的肉牛品种，专门的肉牛品种多是国外引进的，引种费用高，饲养数量少，远远不能满足需要，另外价格也高。

【处理措施】可以选择用利木赞、夏洛来、西门塔尔等良种肉牛与本地母牛杂交所生产的杂交牛进行育肥，这也是良种牛，其生长发育速度都很快，如果结合科学饲养，养殖效益也是比较高的。

（二）购牛或售牛忽视检疫和隔离

部分牛场从农户或市场新购进的牛不检疫，连最起码的临床检疫也不做，更别说一些必要的实验室检查了，从而为养殖场埋下了隐患，这在有的地方并不少见。规模越大隐患越大，往往会给一个场或一定区域带来较大的经济损失。大多数养殖场（小区）无隔离圈舍（区）。有的牛场仅感染简单的疥癣病就造成流行和较大的损失。

【处理措施】

（1）引进牛时要调查疫情、把好检疫关　要调查当地的历史疫情和近期疫病流行情况，引进牛（或出栏）时要注意临床检查和规定疫病的检疫（必要时应进行实验室检验）。观察牛采食、饮水、精神、反刍、鼻镜水珠、皮毛色泽及粪便等情况。

（2）隔离观察　特别是引进牛后，必须在隔离圈舍饲养观察2～4周，确认健康后方可合群饲养。动物疫病都有一定时间的潜伏期，从几小时到几十天不等，但大多疫病潜伏期在15天以内，因此新购进牛应先在处于下风向的隔离圈舍观察至少15天，防止疫病传播。隔离期间，如果发现牛有发病，则可及时治疗或采取相应措施，以减少损失。

（三）购买架子牛时只考虑体重不考虑年龄

牛的增重速度、胴体质量、饲料报酬等，均和牛的年龄有着密切的关系，因此在选择架子牛时，对年龄的选择应十分重视。但生产中，有的养殖者只考虑架子牛的体重大小，而忽视牛的年龄，结果买回的架子牛年龄过大，影响育肥效果。

【处理措施】年龄较小的牛，主要是靠肌肉、骨骼和各种器官的生长增加体重，饲料中粗料可占较高的比例，饲养成本低，饲养期短，经济效益相对较高；而年龄大的牛则主要依靠体内储积脂肪增加体重，显然，应该选择年龄小的牛饲养。架子牛的年龄

最好是 1.5 ～ 2 岁，经 2 ～ 6 个月育肥能达经济成熟，出售屠宰。年龄小的牛增重速度快，饲料转化率高。

究竟应该购买什么年龄的牛饲养，还要与以下几方面结合起来考虑：①计划饲养 100 ～ 150 天出售的，应选择 1 ～ 2 岁的架子牛；②秋天购牛第二年出栏的，应选购 1 岁左右的牛，不要买膘情好、体重大的牛；③利用大量粗料育肥牛时，以购 2 岁左右的架子牛为好。

判定牛的年龄最准确的方法是根据出生记录，但在无出生记录时只能依靠估测，根据外貌、角轮和牙龄的变化鉴定牛的年龄。依角轮鉴定，又受地区环境、营养变化影响，根据牛牙龄变化规律较为准确实用。牛有 4 对门齿，随年龄增长，牙齿发生相应变化，由乳齿更换为永久齿，门齿表面出现不同程度的磨损，门齿间隙发生变化。牛的门齿变化规律常因品种、饲养管理方式的不同而不同。早熟型肉牛由乳齿变换成永久齿的时间较晚熟型牛早；饲料粗硬或以放牧为主的肉牛，其门齿磨损较舍饲或精料型的肉牛要早、快；引进品种牛比我国地方黄牛换齿早。小牛出生后就出现第一对、第二对门齿 (如果出生时没有，约在出生后 1 周内可长出)，第三对门齿在出生后 2 周长出，第四对门齿约在出生后 3 周长出，在 1 月龄时门齿大致长齐，5 ～ 6 月龄时门齿开始磨损。在 2 岁前乳齿一般不会脱落更换。

三、肉牛场建设的问题处理

（一）忽视场址选择和布局

许多养牛者往往忽视牛场场址选择和规划布局，如养殖场（小区）离公路、居民点太近，选址随意性大，既不论证又不报畜牧兽医行政主管部门审批，不符合《动物防疫法》和《畜牧法》的相关规定。草料库、青贮池（窖）、犊牛舍等在下风向，而隔离舍、病牛舍、粪污处理设施等却在上风向，净道和污道不分，交叉感染以及疫病的风险加大。

【处理措施】牛场地址应选择在地势高燥、历史疫情清楚、水源洁净充足（水质应符合饮用水标准）、用电便利、通路（通光纤、网络）及地势较平坦之处，距离村庄、工厂、交通要道、水源地等1000米以上，建设前，要先向当地畜牧兽医行政主管部门提出申请，经审核批准后方可建设。

牛场环境要相对封闭，布局合理，生产区和办公区要严格分开。要考虑牛场的主风向，办公区应设在上风向；其次是生产区（犊牛舍在上风向，其次是育成牛舍，然后是成年牛舍）；下风向布局，由上到下依次是兽医室、隔离圈舍、病牛舍、粪便及粪污处理设施（系统）；草料库和青贮池（窖）在生产区上风向；场区内的道路要把净道（草料等洁净物料的运送通道）和污道（污染物及粪尿等物料的运送通道）严格区分，不可混用，以减少交叉感染。场门、生产区和牛舍出入口处应设置消毒池。

（二）认为绿化是增加投入，没有多大用处

肉牛场的绿化需要增加场地面积和资金投入，由于对绿化的重要性缺乏认识，许多养殖者认为绿化只是美化一下环境，没有什么实际意义，还需要增加投入、占用场地等，设计时缺乏绿化设计的内容，或即使有设计也因为要减少投入不进行绿化，或场地小没有绿化的空间等，从而导致肉牛场夏季太阳辐射强度大，冬季风沙大，场区小气候环境差。

【处理措施】

（1）高度认识绿化的作用　绿化不仅能够改变自然面貌，改善和美化环境，还可以减少污染，保护环境，为饲养管理人员创造一个良好的工作环境，为肉牛创造一个适宜的生产环境。良好的绿化可以明显改善肉牛场的温度、湿度和气流等状况。一定程

度的绿化，夏季能够降低环境温度，原因在于：一是植物的叶面面积较大，如草地上草叶面积大约是草地面积的25～35倍，树林的树叶面积是树林的种植面积的75倍，这些比绿化面积大几十倍的叶面面积通过蒸腾作用和光合作用可吸收大量的太阳辐射热，从而显著降低空气温度；二是植物的根部能保持大量的水分，也可从地面吸收大量热能；三是绿化可以遮阳，减少太阳的辐射热，茂盛的树木能挡住50%～90%的太阳辐射热。在牛舍的西侧和南侧搭架种植爬蔓植物，在南墙窗口和屋顶上形成绿阴棚，可以挡住阳光进入舍内。一般绿地夏季气温比非绿地低3～5℃，草地的地温比空旷裸露地表温度低得多。冬季可以降低严寒时的温度日较差，昼夜气温变化小。另外，绿化林带对风速有明显的减弱作用，因气流在穿过树木时被阻截、摩擦和过筛等作用，将气流分成许多小涡流，这些小涡流方向不一，彼此摩擦可消耗气流的能量，故可降低风速。冬季能降低风速20%，其他季节可降低50%～80%，场区北侧的绿化可以降低寒风的风力，减少寒风的侵袭，这些都有利于牛场温热环境的稳定。良好的绿化可以净化空气。绿色植物等进行光合作用，吸收大量的二氧化碳，同时又放出氧气，如每公顷阔叶林，在生长季节，每天可以吸收约1000千克的二氧化碳，生产约730千克的氧；许多植物如玉米、大豆、棉花或向日葵等能从大气中吸收氨而促其生长，这些被吸收的氨，占生长中的植物所需总氮量的10%～20%，可以有效地降低大气中的氨浓度，减少对植物的施肥量；有些植物还能吸收空气中的二氧化硫、氟化氢等，这些都可使空气中的有害气体大量减少，使场区和牛舍的空气新鲜洁净。另外，植物叶子表面粗糙不平，多茸毛，有些植物的叶子还能分泌油脂或黏液，能滞留或吸附空气中的大量的微粒。当含微粒量很大的气流通过林带时，由于风速的降低，可使较大的微粒下降，其余的粉尘和飘尘可被树木的枝叶滞留或黏液物质及树脂吸附，使大气中的微粒量减少，使细

菌因失去附着物也相应减少。在夏季，空气穿过林带，微粒量下降35.2%～66.5%，微生物减少21.7%～79.3%。树木总叶面积越大，吸滞烟尘的能力越大，好像是空气的天然滤尘器；草地除可吸附空气中的微粒外，还能固定地面的尘土，不使其飞扬；同时，某些植物的花和叶能分泌一种芳香物质，可杀死细菌和真菌等。含有大肠杆菌的污水经30～40米的林带流过，细菌数量可减少为原有的1/18。场区周围的绿化还可以起到隔离卫生作用。

（2）留有充足的绿化空间　在保证生产用地的情况下要适当留下绿化隔离用地。

（3）科学绿化　参见第四章相关内容。

（三）肉牛牛舍太简陋

许多肉牛养殖户为图省事，利用厕所、房前、屋后、夹道等地建简易圈养肉牛，栏舍结构极不科学，冬不御寒夏不防暑。有的肉牛舍地面长期积水积尿，肉牛关在圈中等于坐水牢，臭气熏天，严重影响肉牛的健康生长。

【处理措施】最好设计建设专用牛舍，并设计要科学，地面要高出舍外地面30厘米以上，以保持干燥；牛舍要保温隔热，避免夏季过热和冬季过冷。

（四）忽视牛舍设施设计

不注意舍内设施的设计，如牛槽过高、牛床过于光滑等，导致牛采食不方便，增加饲养人员的劳动强度，易导致牛滑倒而损伤等。

【处理措施】牛的食槽不宜过高，应符合牛采食方便、减少人的劳动强度和方便操作的原则；牛床要牢固但不宜过于光滑。

（五）忽视肉牛舍内表面的处理，内表面粗糙不光滑

肉牛饲养中，要不断对肉牛舍进行清洁消毒，肉牛出售后的间歇，更要对肉牛舍进行清扫、冲洗和消毒，所以，建设肉牛

舍时，舍内表面结构要简单，平整光滑，具有一定耐水性，这样容易冲洗和清洁消毒。生产中，为了降低建设投入，有的肉牛场对肉牛舍不进行必要处理，如内墙面不抹面，裸露的砖墙粗糙、凹凸不平，屋顶内层使用苇箔或秸秆，地面不进行硬化等，一方面影响到舍内的清洁消毒，另一方面也影响到肉牛舍的防潮和保温隔热。

【处理措施】一是屋顶处理。根据屋顶形式和材料结构进行处理，如混凝土、砖结构平顶、拱形屋顶或人字形屋顶，使用水泥砂浆将内表面抹光滑即可。如果屋顶是苇箔、秸秆、泡沫塑料等不耐水的材料，可以使用石膏板、彩条布等作为内衬，既光滑平整，又有利于冲洗和清洁消毒。二是墙体处理。墙体的内表面要用防水材料（如混凝土）抹面。三是地面处理。地面要硬化，但不要过于光滑。

（六）牛场的基础设施落后

许多肉牛场（户）片面地认为养得多才能多赚钱，注重养殖数量而忽视养殖质量，在引种、饲料、免疫接种以及用药方面等舍得投入，不舍得在牛舍、隔离卫生设施以及卫生管理等方面投入，结果隔离卫生条件差，饲养环境差，导致疫病的不断发生。

【处理措施】一是合理设置防疫墙、消毒室、消毒池等隔离消毒设施；二是制定隔离卫生制度；三是加强卫生消毒管理，将病原拒于牛场之外，从而减少疫病的发生。

四、关于废弃物的问题处理

（一）不重视废弃物的储放和处理，随处堆放和不进行无害化处理

牛场的废弃物主要为粪便。废弃物内含有大量的病原微生物，

是最大的污染源，但生产中许多养殖场不重视废弃物的贮放和处理，如没有合理地规划和设置粪污存放区和处理区，随便堆放，也不进行无害化处理，结果导致场区空气质量差，有害气体含量高，尘埃飞扬，污水横流，蚊蝇叮咬，臭不可闻，土壤、水源严重污染，细菌、病毒、寄生虫卵和媒介虫类大量滋生传播，牛场和周边相互污染。

【处理措施】一是树立正确的观念，高度重视废弃物的处理。有的人认为废弃物处理需要投入，是增加自己的负担，这是极其错误的。粪便处理不善不仅会严重污染周边环境和危害公共安全，更关系到牛场的兴衰。二是科学规划废弃物存放和处理区。三是设置处理设施并进行处理。

（二）认为污水不处理无关紧要，随处排放

有的牛场认为污水不处理无关紧要或污水处理投入大，建场时，不考虑污水的处理问题；有的场只是随便在排水沟的下游挖个大坑，谈不上几级过滤沉淀，有时遇到连续雨天，沟满坑溢，污水四处流淌；或直接排放到牛场周围的小渠、河流或湖泊内，严重污染水源和场区及周边环境，也影响到本场牛的健康。

【处理措施】一是牛场要建立各自独立的雨水和污水排水系统，雨水可以直接排放，污水要进入污水处理系统；二是采用干清粪工艺，可以减少污水的排放量；三是加强污水的处理，要建立污水处理系统，污水处理设施要远离牛场的水源，进入污水池中的污水经处理达标后才能排放，如按污水收集沉淀池→多级化粪池或沼气池→处理后的污水或沼液 →外排或排入鱼塘的途径设计，以达到既利用变废为宝的资源——沼气、沼液（渣），又能实现立体养殖增效的目的。

五、人工授精方面的问题处理

当前，我国牛的人工授精技术已经普及，它对我国的黄牛改

良起到了很重要的作用，使良种覆盖率不断提升，肉牛的体格有所增大，对我国的国民经济发展起到了推动作用。但是，我们必须清醒地看到，许多输精员在牛的人工授精操作上存在着问题，给畜牧生产带来很大的损失。具体说来，不规范的人工授精操作会造成牛的生殖道疾病，同时也会传播生殖道疾病，降低受胎率，造成人畜误伤，扩大胎间距，影响牛场的经济效益。

（一）发情症状判断误区

绝大多数的配种员都是通过观察母牛发情然后确定输精时间，早上发情下午配种，下午发情次日早上配种，这种方法有一定的道理，但是不够准确。

【处理措施】确定准确的输精时间是对母牛内在与外在表现的综合判定。一是外部表现，发情母牛转入发情后期，母牛表现安静，食欲逐渐恢复正常，被其他牛爬跨时，臀部躲避，阴门肿胀渐退，有皱纹；二是黏液，阴道黏膜呈暗红色，黏液量小，黏液颜色混浊或灰白色；三是直肠检查，子宫颈由外向内逐渐变硬，但有弹性，卵泡壁薄，波动感明显，有一触即破之感。

（二）排卵时间的误区

正确掌握母牛的排卵时间是人工授精成功与否的关键步骤，也就是说，要正确判断母牛什么时候排卵。大多数配种员认为母牛发情结束后6～10小时排卵，其实这也是误区。母牛排卵时间是母牛发情结束后的4～16小时，因此有些配种员就会错过母牛发情后4～6小时和10～16小时这两个排卵时间段，从而降低了受胎率。

【处理措施】为了保证较高的受胎率，应当通过直肠检查，检查卵巢上的卵泡发育状况，一般情况下卵泡发育到1.5～2.0厘米，卵泡顶端很薄、很胀，有一触即破的感觉。这时候输精，一般来说有百分之百的把握。

（三）直肠检查卵巢上卵泡的误诊

有的配种员进行直肠检查，但是许多配种员直接检查卵巢上的卵泡，这样就容易出现误诊，没有排除子宫炎症、2个月内的妊娠母牛。因为这两种情况下母牛仍然可以发情，因而造成误配，浪费精液，既费时又费力，有时还会造成不必要的损失。

【处理措施】正确的直肠检查方法是，手心向上缓慢伸进直肠，手心翻转，从子宫颈口开始，子宫颈、子宫体、子宫角、输卵管、卵巢，逐个触摸，这样的检查顺序能够排除生殖道非正常的生理状况，从而正确把握母牛生殖道的正常生理状况，为母牛妊娠、发情、炎症做出正确的判断（必须掌握正常生殖道结构）。

（四）人工授精程序不正确

人工授精操作中程序不正确，如液氮罐盖子不倒置、外阴部不消毒、动作粗暴、输完精后抽枪速度过快等，都会影响输精效果。

【处理措施】正确的人工授精程序不但省时省力，而且不容易造成人畜伤害。首先，打开液氮罐时，罐盖子应当倒置，以免污染；细管精液剪口后不得接触任何没有消毒的物体（进入生殖道以前）；如果用清水冲洗外阴，则必须再用0.1％高锰酸钾溶液清洗，输精枪头不得接触清水污染的外阴；输精枪不要正对输精人员身体，以免母牛后退时，输精枪直插生殖道造成伤害；上举尾根或母牛后躯保定，以免母牛误伤输精人员；输精完毕后缓慢抽出输精枪，手捏阴蒂或腰背中央，使其塌腰，防止精液倒流。

六、饲料饲养方面的问题处理

（一）忽视饲料原料的选择

饲料原料质量和搭配直接关系到配制的全价饲料质量，同样一种饲料原料的质量可能有很大差异，配制出的全价饲料饲养效果就有很大不同。有的养殖者在选择饲料原料时存在注重饲料原料的数量而忽视质量，甚至认为牛适应能力强，对饲料质量要求不高等误区，有的为图便宜或害怕浪费，将发霉变质、污染严重或掺杂使假的饲料原料配制成全价饲料，结果严重影响到全价饲料的质量和饲养效果，甚至危害牛的健康。

【处理措施】充分认识饲料质量对牛的影响，注意饲料原料的选择。在配制全价饲料选择饲料原料时，必须注意不仅要考虑各种饲料原料的数量，更应注重质量，要选择优质的、不掺杂使假、没有发霉变质的饲料原料。掺杂使假后配制的日粮达不到营养标准要求，营养水平低，影响生产性能，如果掺有有害的物质，可能影响牛的健康和产品安全。霉变饲料适口性差，饲用价值低，而且霉味越大，颜色变化越明显，营养损失就越多。饲喂霉变饲料的牛会出现采食量下降问题，随之而来的便是饲料转化不良和生产性能降低。严重霉变的饲料可引起牛急性、慢性或蓄积性中毒，也可引起肺炎、肝癌甚至死亡。所以要严禁饲喂劣质和霉变饲料。以各种饲料原料的质量指标及等级作为选择的参考。

（二）忽视饲料原料的合理搭配

规模化舍内养牛与传统的放牧饲养有很大不同，要求提供的饲料营养必须全面和充足，否则容易影响生长、生产，要保证营养全面充足，必须合理地配制日粮，利用饲料的互补性，选择多种饲料原料合理搭配。但生产中有的养殖户饲料搭配不合理，饲料单一。如有的将麸皮作为牛的唯一精饲料原料，不搭配其他精饲料，这是很不科学的。虽然麸皮是一种重要的饲料原料(也是一种保健饲料，如麸皮中的低聚糖具有表面活性，可吸附肠道中有毒物质及病体，提高机体抗病能力；麸皮中粗纤维和磷的有机化合物含量高，具有轻泻性，所以母牛产犊后，在饮水中加入麸皮和少量食盐，有助于恶露排除，通便利肠)，但营养含量低、营养单调，影响牛的生长速度。

【处理措施】配制日粮时，要多种饲料原料合理搭配（如麸皮与玉米、饼粕等），提高饲料的全价性，降低饲料成本。精料的配制，要做到饲料品种多样化，同时要充分利用价格低廉、容易取得的原料。粗饲料是各种家畜不可缺少的饲料，对促进肠胃蠕动和增强消化力有重要作用，它还是草食家畜冬春季节的主要饲料。应充分利用天然牧草、秸秆、树叶、农副产品及各种下脚料，扩大饲料来源。

(三)选用饲料添加剂时的问题

饲料添加剂可以完善日粮的全价性，提高饲料利用率，促进牛生长发育，防治某些疾病，减少饲料储藏期间营养物质的损失或改进产品品质等。饲料添加剂包括营养性添加剂和非营养性添加剂。在使用饲料添加剂时，也存在一些问题：一是不了解饲料添加剂的性质特点盲目选择和使用；二是不按照使用规范使用；三是搅拌不匀；四是不注意配伍禁忌，影响使用效果。

【处理措施】

（1）正确选择　目前饲料添加剂的种类很多，每种添加剂都有自己的用途和特点。因此，使用前应充分了解它们的性能，然后结合饲养目的、饲养条件、牛的品种及健康状况等选择使用。另外应选择国家允许使用的添加剂。

（2）用量适当 用量少，达不到目的；用量过多，会引起中毒，增加饲养成本。用量多少应严格遵照生产厂家在包装上所注的说明或实际情况确定。

（3）搅拌均匀 搅拌均匀程度与饲喂效果直接相关。具体做法是先确定用量，将所需添加剂加入少量的饲料中，拌和均匀，即为第一层次预混料；然后把第一层次预混料掺到一定量（饲料总量的 1/5 ～ 1/3）饲料中，再充分搅拌均匀，即为第二层次预混料；最后把第二层次预混料掺到剩余的饲料中，拌匀即可。这种方法称为饲料三层次分级拌和法。由于添加剂的用量很少，只有多层分级搅拌才能混匀。如果搅拌不均匀，即使是按规定的量饲用，也往往起不到作用，甚至会出现中毒现象。

（4）混于干的精饲料中 饲料添加剂只能混于干的精饲料（粉料）中，短时间贮存待用才能发挥它的作用。不能混于加水的饲料和发酵的饲料中，更不能与饲料一起加工或煮沸使用。

（5）注意配伍禁忌 多种维生素最好不要直接接触微量元素和氯化胆碱，以免降低药效。在同时饲用两种以上的添加剂时，应考虑有无拮抗、抑制作用，是否会产生化学反应等。

（6）贮存时间不宜过长 大部分添加剂不宜久放，特别是营养性添加剂、特效添加剂，久放后易受潮发霉变质或氧化还原而失去作用，如维生素添加剂、抗生素添加剂等。

（7）使用允许使用的饲料添加剂品种 饲料中使用的添加剂应具有该品种应有的色、臭、味和组织形态特征，无异味、异臭。允许使用的饲料添加剂品种目录和允许用于肉牛饲料的饲料药物添加剂的品种和使用规定分别见表 8-1、表 8-2。

表 8-1 允许使用的饲料添加剂品种目录

类别	饲料添加剂名称
饲料级氨基酸（7 种）	L- 赖氨酸盐酸盐，DL- 蛋氨酸，DL- 羟基蛋氨酸，DL- 羟基蛋氨酸钙，*N*- 羟甲基蛋氨酸，L- 色氨酸，L- 苏氨酸
饲料级维生素（26 种）	*β*- 胡萝卜素，维生素 A，维生素 A 乙酸酯，维生素 A 棕榈酸酯，维生素 D_2，维生素 E，维生素 E 乙酸酯，维生素 K_3（亚硫酸氢钠甲萘醌），二甲基嘧啶醇亚硫酸甲萘醌，维生素 B_1（盐酸硫胺），维生素 B_1（硝酸硫胺），维生素 B_2（核黄素），维生素 B_6，烟酸，烟酰胺，D- 泛酸钙，DL- 泛酸钙，叶酸，维生素 B_{12}（氰钴胺），维生素 C（L- 抗坏血酸），L- 抗坏血酸钙，L- 抗坏血酸 -2- 磷酸酯，D- 生物素，氯化胆碱，L- 肉碱盐酸盐，肌醇
饲料级矿物质、微量元素（43 种）	硫酸钠，氯化钠，磷酸二氢钠，磷酸氢二钠，磷酸二氢钾，磷酸氢二钾，碳酸钙，氯化钙，磷酸氢钙，磷酸二氢钙，磷酸三钙，乳酸钙，七水硫酸镁，一水硫酸镁，氧化镁，氯化镁，七水硫酸亚铁，一水硫酸亚铁，三水硫酸亚铁，六水柠檬酸亚铁，富马酸亚铁，甘氨酸铁，蛋氨酸铁，五水硫酸铜，一水硫酸铜，蛋氨酸铜，七水硫酸锌，一水硫酸锌，无水硫酸锌，氧化锌，蛋氨酸锌，一水硫酸锰，氯化锰，碘化钾，碘酸钾，碘酸钙，六水氯化钴，一水氯化钴，亚硒酸钠，酵母铜，酵母铁，酵母锰，酵母铬
饲料级酶制剂（12 类）	蛋白酶（黑曲霉，枯草芽孢杆菌），淀粉酶（地衣芽孢杆菌，黑曲霉），支链淀粉酶（嗜酸乳杆菌），果胶酶（黑曲霉），脂肪酶，纤维素酶（reesei 木霉），麦芽糖酶（枯草芽孢杆菌），木聚糖酶（insolens 腐质霉），*β*- 葡聚糖酶（枯草芽孢杆菌，黑曲霉），甘露聚糖酶（缓慢芽孢杆菌），植酸酶（黑曲霉，米曲霉），葡萄糖氧化酶（青霉）
饲料级微生物（11 种）	干酪乳杆菌，植物乳杆菌，粪链球菌，乳酸片球菌，枯草芽孢杆菌，纳豆芽孢杆菌，嗜酸乳杆菌，乳链球菌，啤酒酵母菌，产朊假丝酵母，沼泽红假单胞菌
抗氧化剂（4 种）	乙氧基喹啉，二丁基羟基甲苯（BHT），丁基羟基茴香醚（BHA），没食子酸丙酯

续表

类别	饲料添加剂名称
防腐剂、电解质、平衡剂（25种）	甲酸，甲酸钙，甲酸铵，乙酸，双乙酸钠，丙酸，丙酸钙，丙酸钠，丙酸铵，丁酸，乳酸，苯甲酸，苯甲酸钠，山梨酸，山梨酸钠，山梨酸钾，富马酸，柠檬酸，酒石酸，苹果酸，磷酸，氢氧化钠，碳酸氢钠，氯化钾，氢氧化铵
着色剂（6种）	β-阿朴-8′-胡萝卜素醛，辣椒红，β-阿朴-8′-胡萝卜素酸乙酯，虾青素，β-胡萝卜素-4,4-二酮（斑蝥黄），叶黄素（万寿菊花提取物）
调味剂、香料［6种（类）］	糖精钠，谷氨酸钠，5′-肌苷酸二钠，5′-鸟苷酸二钠，血根碱，食品用香料
黏结剂、抗结块剂和稳定剂［13种（类）］	α-淀粉，海藻酸钠，羧甲基纤维素钠，丙二醇，二氧化硅，硅酸钙，三氧化二铝，蔗糖脂肪酸酯，山梨醇酐脂肪酸酯，甘油脂肪酸酯，硬脂酸钙，聚氧乙烯20山梨醇酐单油酸酯，聚丙烯酸树脂Ⅱ
其他（10种）	糖萜素，甘露低聚糖，肠膜蛋白素，果寡糖，乙酰氧肟酸，天然类固醇萨洒皂角苷（YUCCA），大蒜素，甜菜碱，聚乙烯聚吡咯烷酮（PVPP），葡萄糖山梨醇

表8-2　允许用于肉牛饲料药物添加剂的品种和使用规定

品名		剂型	用量	休药期/天	其他注意事项
饲料药物添加剂	莫能菌素钠	预混剂	混饲，每头每天200～360毫克（以有效成分计）	5	禁止与泰妙菌素、竹桃霉素并用；搅拌配料时禁止与人的皮肤、眼睛接触
	杆菌肽锌	预混剂	混饲，每1000千克饲料，犊牛10～100克（3月龄以下）、4～40克（3～6月龄）（以有效成分计）	0	
	黄霉素	预混剂	混饲，每头每天30～50毫克	0	
	盐霉素钠	预混剂	每1000千克饲料添加10～30克（以有效成分计）		禁止与泰妙菌素、竹桃霉素并用
	硫酸黏菌素	预混剂	混饲，每1000千克饲料，犊牛5～40克（以有效成分计）		

（四）不注重饲喂全价饲料

有些农户养肉牛大都不懂饲料的科学配合或不明白全价饲料的含义或认为肉牛食性广、消化能力强，对饲料要求不高等，就有啥喂啥，造成饲料营养不全或不平衡，肉牛生长缓慢。

【处理措施】要科学合理地配制肉牛的日粮，保证精饲料的全价性，同时饲喂多种优质的粗饲料。根据不同体重和增重速度决定饲料给量，如：育肥前期，酒糟6～8千克、玉米面2～3千克、豆粕0.75～1.0千克、食盐50克、添加剂50克、玉米秸5千克，开始喂酒糟时少量添加，待10天适应后再逐渐增加喂量；育肥中期，酒糟10～15千克、玉米面3千克、豆粕1千克、食盐50克、添加剂50克、玉米秸4～5千克；育肥后期，酒糟10～15千克、玉米面2千克、豆粕0.5～1千克（或尿素100克）、食盐50克、添加剂50克、玉米秸3.5～5千克。吃剩下的饲草饲料不能过顿或过夜，酒糟要新鲜优质，腐败、发霉及冰冻或带砂土的不能饲喂，以防中毒。如利用尿素代替豆粕时，要将尿素先溶解在少量水中，拌在精料中喂给，切忌溶在水中直接饮用，尿素喂量一般成年牛以每头日喂量不超过100克为宜，以免中毒。

（五）饲喂不科学

生产中存在不按时饲喂（如闲时勤喂、有事少喂、农忙断顿的粗放饲养）、饲料熟喂以及突然更换饲料等情况，使肉牛产生应激反应，饲料中的营养成分被破坏，影响肉牛的食欲和生长。

【处理措施】饲喂时间、次数要固定和稳定，不要随意变动；饲料要生喂，更换饲料要有5～7天的过渡期。

（六）秸秆不处理直接喂牛

有的养殖户多用整捆玉米秸喂牛，利用率仅为30%左右。育肥户也只做到秸秆切短，而青贮、氨化等处理秸秆的新技术普及

面小，数量少。

【处理措施】秸秆处理后可提高利用率、采食量和育肥效果；稻草和麦秸氨化后，粗蛋白含量可提高1倍多，不仅能降低饲养成本，也能提高养牛经济效益，因此，要大力推广普及秸秆青贮、半干贮和氨化等秸秆处理新技术。

（七）精料喂得越多越好

肉牛属反刍动物，应该以粗饲料为主，但有的养殖户认为精料喂得越多，获得营养越足，肉牛就长得越快。其实不然，给肉牛饲喂含很多精料的日粮，常常致使肉牛发生消化系统疾病。

【处理措施】肉牛日粮中粗饲料所占份额通常不应少于60%。

（八）忽视添加剂的应用

育肥牛饲料多以酒糟、精料、秸秆为主，除补饲食盐外，其他添加剂几乎不用，影响育肥效果。

【处理措施】添加尿素是解决我国蛋白质饲料短缺的有效途径；磷酸脲、瘤胃素可提高日粮和饲料转化率10%～15%；碳酸氢钠（小苏打）可提高饲料利用率12%以上；近年来研制推广的脲酶抑制剂也有良好的增重效果；此外，多种维生素、矿物质、微量元素等添加剂均可选择使用。

（九）忽视粗饲料的科学利用

粗饲料是养殖肉牛的重要饲料资源，人们常忽视粗饲料的科学利用和非常规粗饲料的开发利用，影响肉牛养殖的效益。

【处理措施】养殖肉牛的粗饲料主要是玉米秸秆、麦秸、豆秸、花生秧、红薯秧、秕壳等，要充分利用这些资源，进行加工调制，如铡短、揉搓、粉碎、青贮、氨化、秸秆发酵活杆菌微贮、碱化等物理化学处理，可以提高粗饲料的品质和消化利用率，以提高肉牛的育肥效果；同时要大力开发非常规粗饲料资源，如各种糟渣类（酒糟、啤酒糟、豆腐渣、淀粉渣、苹果渣、蔗糖渣等，这些糟渣类可以鲜喂、鲜贮，也可以晾干后饲喂，还可以加入精料中使用）、各种树叶类，还有鸡粪再生饲料等，都是很好的粗饲料。

（十）忽视人工种草

种植优质牧草进行肉牛养殖，在目前产业结构调整和生态环境建设中越来越受到社会的关注。优质牧草可以为肉牛生长、发育、育肥提供丰富的营养物质，并能降低对精饲料的依赖性，减少精饲料的费用。但人们往往忽视优质牧草的种植，影响肉牛的增重和生产成本的降低。

【处理措施】要在充分利用现有粗饲料资源的前提下，结合自身实际进行种植，用以混入青粗饲料中，以提高青粗饲料质量；或是晒成干草、加工成草粉混入饲料中，减少精饲料用量，提高饲料利用率，达到提高肉牛增重的效果。

（十一）育肥牛使用尿素的问题

育肥牛生产使用尿素，可以减少蛋白质饲料的使用量，降低饲料成本，提高养殖效益，但生产中常存在一些误区。

1. 开始喂尿素的时间把握不准确

有的牛场育肥牛开始喂尿素的时间比较晚，一般在出栏前 2 个月才开始饲喂，原因是怕饲喂的时间过早、过长会损伤牛胃。

【处理措施】其实饲喂尿素的时间，应该在肉牛出生后 3.5 个月左右为宜，过早添加会引起中毒，过晚添加则起的作用不大；开始饲喂时要经过 7 ～ 10 天的适应期，最初要少给，待瘤胃中能利用尿素的微生物大量繁殖后，再逐渐增加到正常的饲喂量；饲喂时，应将尿素的饲喂量平均分配在全天的日粮中，分几次饲喂，切不可一次饲喂完 1 天的量。

2. 用量不准确

许多养殖户都是用手抓一下，估计差不多就行。这样会造成饲喂量过多引起中毒，或量不够起不到作用。

【处理措施】具体做法是一般按牛采食日粮（干物质）的2%～4%饲喂，也可按牛体重的0.02%～0.05%来饲喂，成年牛每天每头120克，分3～4次饲喂。特别应该引起注意的是尿素提供的氮可占牛日粮蛋白质提供的氮量的1/3，其余2/3可从采食的精粗料中得到补充。如果添加尿素的日粮蛋白质超过14%，尿素则不起作用，所以添加尿素的日粮蛋白质含量以低于14%为宜。

3. 饲喂方法不当

近年来，有些养殖户出现了因饲喂尿素不当造成育肥牛死亡的情况，许多养殖户因此不敢给育肥牛饲喂尿素，这也是影响尿素使用的原因之一。如牛饥饿或空腹时饲喂尿素、将尿素溶于水中让牛饮用、直接单独饲喂尿素或饲喂时不控制饮水，造成育肥牛边吃边饮水，这些都可造成血液中尿素浓度过高而引起中毒；再就是把生豆类、生豆饼类等含脲酶多的饲料与尿素混喂，使脲酶分解尿素，导致牛中毒。

【处理措施】投喂时将尿素均匀拌入草料中混喂，饲喂尿素1小时后再饮水。

4. 饲喂尿素后不观察导致严重后果

经常观察能较快掌握尿素的正确饲喂方法。但生产中，有的养牛者不进行观察，出现问题也不能及时处理，例如不能及时发现牛的中毒症状并错过治疗的最佳时间，导致严重的后果。

【处理措施】一般情况下，饲喂尿素最初10天及采食后1小时无异常反应，且饲喂一段时间后上膘显著，肉牛体力增加，即为正常；若肉牛采食尿素后出现流涎并伴有泡沫，肌肉震颤，瘤胃臌气，回头顾腹，严重者出现肢体抽搐、喘气、呼吸困难等现象，则为尿素中毒，应进行紧急救治。具体做法是：①服用食醋，成年牛1000毫升（用水3～5倍稀释）灌服；②用10%葡萄糖1000～2000毫升加入10%碳酸氢钠150～200毫升给牛静脉注射。事实上，牧区通常是对小公牛进行育肥，受传统观念的影响以及草料、运输等因素的限制，其育肥时间较短，从整个育肥牛的生产周期看，在第1阶段育肥后，又被农区的育肥牛大户收购，然后再进行第2阶段育肥。在农区应用尿素育肥肉牛已经很普遍，所以牧区适当提高应用尿素育肥牛的比例，则可减少蛋白质饲料的使用量，降低饲料成本，对于整个育肥牛生产都有着非常重要的意义。

（十二）果渣使用不当

果渣营养丰富，如1千克果渣中，含干物质18.7%、蛋白质1.3%、精纤维4.06%、粗脂肪1.12%、无氮浸出物11.79%、粗灰粉0.43%、总能量达到3.54兆焦，是一种较好的粗饲料。由于苹果加工业的迅速发展，产量日益增多，许多肉牛养殖户把果渣作为饲料。但由于使用不当（如不注意合理搭配，使用量过大等）导致出现酸中毒、日粮消化吸收不良等问题，影响果渣的利用效果和牛的正常增重。

果渣含有大量的维生素、果胶等有益物质，属于多汁饲料，既有轻泻作用，又有较大酸度（pH值为3～4），过量饲喂或饲喂不当就容易出现问题，必须正确使用。

【处理措施】

（1）注意日粮搭配　如日粮中用6.5千克左右麦秸，果渣使用量达到10千克，无任何不良反应，这是因为这种搭配既可用麦秸等干草中的碱性物质中和果渣中的酸性物质，还可克服果渣轻泻作用。如果以青贮玉米秸等青绿多汁饲料为主的日粮喂牛，应尽

量以干果渣饲喂，这样既可以延长日粮在瘤胃中的停留时间，也有利于增加肉牛反刍，利用唾液降低其酸度，提高消化效果。

（2）注意调节酸碱度　由于果渣酸度大（pH值在3～4之间），如果日粮中主要饲料原料为中性饲料或弱酸性饲料（如日粮中以青贮玉米秸为主，其pH值为4.2～4.5），每头牛每日饲喂2千克果渣，肉牛依靠唾液可予以调节，不会出现不良反应，但若超过2千克，则会出现不良反应，如牛采食量下降、口流涎、粪中残留玉米糁量加大（这是因为果渣量大，降低了牛瘤胃中的pH，抑制了微生物的活动，从而导致消化率下降）。在这种情况下就必须在饲料中添加碱性物质，以调节其酸碱度。据测定，1千克干果渣浸泡后pH值为3～4，需加入30克纯碱方能将pH值升至6.5左右。在使用纯碱时应注意混匀，最好是搅拌机操作，也可以按比例混到水中浸泡玉米糁，这样既可混匀，又可缩短玉米糁浸泡时间。

（3）使用时注意循序渐进　由于果渣适口性差，酸度较大，要求在添加时用量应逐步加大，一般日粮中从1千克起，适应3天左右，再加1千克，这样一方面可以避免因适口性差造成采食量减少，另一方面又可以避免因酸度加大，而造成瘤胃微生物群活性急剧下降，影响肉牛对日粮的消化。

（4）注意选料与贮存　捡出果渣中的塑料碎屑（苹果套袋生产，果渣往往残留一些塑料碎屑，肉牛误食后很易引起肠管堵塞）。秋冬季节气温较低，加上果渣酸度较大，较易保存，但应堆积密封，不能暴露在空气中。如果量大可以晒干备用，但最好在干净的水泥地面上晒干，避免混入过多的尘土等杂质。

（十三）忽视饲料污染

饲料污染影响牛的健康、生长发育及牛肉质量，生产中人们常常忽视饲料的卫生管理，出现饲料污染，如饲料生产过程中的混杂物、加工过程中产生的毒物交叉污染、非营养性添加剂污染、有害化学物质污染、抗营养因子污染以及微生物类污染等，严重影响饲料的质量和生产效果。

【处理措施】饲料加工过程必须加强卫生管理。一是在饲料加工生产过程中要留意清扫设备，避免饲料在输送及混合过程中分解和残留；二要注意控制采用科学的加工工艺，避免饲料中成分复杂添加剂在破碎摧毁、输送、混合、制粒、膨化等特殊的加工过程中发生降解反应、氧化还原反应，减少一些复杂化合物的生成；三是抗生素、激素、抗氧化剂、防霉剂和镇定剂等非营养性添加剂的使用，应严格遵守使用原则和控制使用对象、安全用量及停药时间，避免药物及其代谢产物在畜产品中残留，并通过机体排泄物污染环境；四要注意有害化学物质污染，避免农药、产业“三废”、营养性矿物质添加剂等有害化学物质污染；五要注意抗营养因子污染，避免使用或减少抗营养因子含量高的饲料原料用量；六要注意微生物类污染，选用无霉变饲料，霉变饲料进行处理后再利用等；七要注意虫害鼠害污染，虫害可造成饲料营养损失，或在饲料中留下毒素，在温度相宜、湿度较大的情况下螨类对饲料危害较大，鼠害不仅会造成饲料损失，还会造成饲料污染，传播疾病，要加强防治。

七、管理方面的问题处理

（一）不刷拭牛体、不修蹄

为促进肉牛皮肤新陈代谢，提高产肉性能，对肉牛必须坚持刷拭。由于受营养及环境因素的影响，不少肉牛会出现畸形蹄、蹄部腐烂病等，影响肉牛正常运动和产肉性能的提高，因此要进行检蹄、修蹄。但生产中许多养殖户不刷拭牛体、不修蹄，影响牛的健康和生长。

【处理措施】每天必须坚持刷拭牛体 2 ～ 3 次，最好每次早上

8 点前完成；每年春、秋两季要进行检蹄、修蹄。

（二）不分群饲养

由于牛的年龄、体格大小对饲养管理水平和饲草料营养的需要不同。但有的养殖户却将公、母牛混养，这往往导致牛的增重慢、伤残多、淘汰率高，而母牛妊娠和产犊时间不易确定，产活率低，犊牛品种和素质均差，养牛效益下降；有的养殖户大、小肉牛同圈饲养，造成肉牛以大欺小、以强欺弱、互相撕咬，不仅不利于小肉牛和弱肉牛的生长，而且不能根据肉牛年龄特点合理供料。

【处理措施】牛进场时应先称重，按体重大小、体质强弱分群饲养，给以不同的饲料和管理，促进肉牛的生长发育；牛生长到一定阶段时再按牛的品种、性别、年龄、强弱等分群饲养，以便制定适宜的饲养方案和保证出栏时肉牛的均匀度。

（三）不定期称重

为了及时了解育肥效果，需定时称重，并根据增重情况调整饲料和饲喂量。但生产中许多肉牛场不定期称重，甚至不称重。

【处理措施】牛进场时应先称重，按体重大小分群，以便于饲养管理；在育肥期也要定时称重。由于牛采食量大，为了避免称量误差，应在早晨空腹时称重，最好连续称 2 天取其平均数。

（四）养牛不驱虫

养牛驱虫常被忽视，甚至一些肉牛育肥场（户）也不进行驱虫。牛在放牧时由于采食牧草和接触地面，体内、外常感染多种寄生虫，使日增重降低 35%，饲料转化率降低 30%，使皮张价值严重降低，严重时甚至会造成死亡。

【处理措施】驱虫是养牛不可缺少的重要环节，农户养牛可在春季 3 ～ 5 月和秋季 9 ～ 10 月进行两次驱虫，育肥牛在育肥开始时要进行驱虫，驱虫药的最佳选择是虫克星，该药可同时驱除牛体内线虫及体外虱、蜗、蝇蛆等寄生虫，增膘效果显著。

（五）忽视牛舍建设及肉牛的日常管理

许多养殖户忽视牛舍建设，导致牛舍多数较简陋，育肥牛舍温度偏低；另外也忽视肉牛的日常管理，牛每日排出的粪尿清理不及时使舍内阴暗潮湿，常年对牛体不刷拭，常年将牛拴在舍内不运动，不晒太阳等，都严重影响肉牛的增重。

【处理措施】要想使牛增重快，出栏率高，效益好，必须高度重视牛舍建设及肉牛的日常管理。如注重牛舍建设，使牛舍冬暖夏凉，冬季使舍内的温度保持在5℃以上；每日定时清理粪尿，舍内要注意通风换气；对牛体要每日进行刷拭；每日要将牛赶到舍外，进行晒太阳和运动，以增强牛的体质和抗病力，达到增膘、增重快的目的。

（六）忽视夏季管理

夏季天气炎热，蚊蝇大量滋生，如果管理不善会严重影响牛的采食和休息。生产中，人们常常忽视肉牛的夏季管理，降温措施不力，饲喂方法不当等，使肉牛增重缓慢。

【处理措施】

（1）注意防暑降温　夏季外界气温高，肉牛容易出现热应激。牛舍屋顶隔热性能要好，运动场要有遮阳物或周围种植有高大的落叶乔木遮阳；加强牛舍通风。

（2）夜间多喂食　夏季高温，肉牛一般多在夜间温度较低时活动和采食，在晚间休息之前，在肉牛舍里放足食料即可。肉牛采食后，1天能睡足18个小时，有利于肉牛的增重。要使肉牛在夏季快速增重，可采用每晚饲喂三次的方法，在晚7点、夜间11点、凌晨4点各喂一次饲料，白天则需在上午10点和下午2点半各喂一次0.5%食盐水即可。

（3）多喂些清洁泻火的饲料和添加剂　常见的有麦麸、豆饼、花生饼、去火增食剂、人工盐、南瓜等，可根据条件任意选用添加，高粱、瓜干、棉秆和酒糟等热性饲料，则尽量少喂。

（4）驱除蚊蝇　夜间肉牛舍内可点燃蚊香或挂上用纱布包好的晶体敌百虫，以防牛被蚊虫叮咬。还可定期给肉牛吃适量兽用土霉素，每天做好饲用器具的冲洗和肉牛舍的清洁工作，避免病菌的传染。

（5）供给清洁饮水　夏季肉牛饮水较多，其中哺乳肉牛和仔肉牛需水量更大，所以夏季饲养最好是喂稀食。在舍内放上水盆或槽，随时供应清洁饮水。在高温情况下，可以在肉牛舍内挖一个坑，灌足凉井水，供肉牛"打泥"用，但切不可将凉井水直接泼到肉牛身上。

（七）忽视规范化饲养管理

饲养管理规范化，可以形成一套稳定的饲养管理程序，减少肉牛的应激，提高劳动效率和生产水平。但生产中人们往往忽视规范化管理，随意性大，容易影响肉牛的生长。

【处理措施】规范化管理需要制定具体操作程序，每天严格执行。如每天清晨用扫帚或铁刷清洁牛体（通过刷拭刺激血液流通，促进人与牛的和谐关系，使牛不伤及饲养人员）；冬季应在早晨 9：00 之后打开通风口予以换气，下午 16：00 之前关闭通风口予以保暖；冬季正中午将牛牵出，拴系在运动场的固定桩上，缰绳可长一些，时间为 0.5 ～ 1.0 小时；夏季须运动 2 次，早 11：00 ～ 12：00，下午 15：30 ～ 16：30，均拴系运动；夏季要搭遮凉棚，防止太阳直晒，使牛勤饮水，防暑降温；每天每头牛的饲喂时间和饲喂量要一定，不轻易变换饲料，要勤喂勤添，每次喂完后要清扫食槽，切忌将新草添到剩草上，而影响牛的采食量；精饲料和粗饲料的质量比（按干物质）为 1 ∶ 4；早、晚 2 次喂精饲料，粗饲料和精饲料拌匀饲喂；自由饮水，冬季防止饮用水带冰，要求水温不能低于 0℃，尽量减少牛体御寒能量消耗等。

八、兽医卫生和消毒方面的问题处理

（一）忽视兽医卫生防疫制度的建立或措施不健全

有的养殖场（小区）无防疫消毒制度，即使有，对制度坚持好的也很少。无定期消毒制度，或认准一种消毒液长期反复使用，导致微生物产生耐药性。无专用工作服，或有但是场内场外都在穿，不定期清洗消毒。大门口、圈舍门口无消毒池，或消毒池不够长不够深，不放消毒液或不定期更换。人员互串，饲喂工具不专用或串用，甚至有的用清粪工具添加草料。

【处理措施】牛场应有为其服务的畜牧兽医等专业技术人员（最好是专职），以减少疫病风险；牛场内不准饲养宠物；不能将其他动物及动物产品带入场区清洗、加工；不在场区内进行解剖、屠宰等活动；牛的胎衣要无害化处理，不可随意丢弃；牛及其产品的购进与出售应在场外的下风向进行。

非本场工作人员和车辆，未经场长或兽医部门同意不准随意进入生产区；生产区和牛舍入口应设消毒池，内置消毒液，并定期更换，以保证药效；大门消毒池长度，以进出该场最大车轮周长的1.5～2倍进行建设，消毒池的深度，应以浸没半只轮胎以上为宜，任何车辆和人员须经消毒后方可进入；有条件的牛场可设消毒室及更衣间，消毒室设紫外线灯和喷雾消毒设施，设置的人行通道曲曲折折，通道地面须铺设可渗水的麻袋等材料，并定期喷洒消毒液，人员更换专用消毒工作服、鞋帽后方可进入；工作人员和饲养人员等的工作服、工具要保持清洁，饲养用具要专用（如草料运送车辆不能拉运其他物品、添草工具不能用于清理粪便，清理污物工具不能用于添加草料，拉运粪污的车辆更不能用于饲草料的运输等），经常清洗消毒，不得带出牛舍，各牛舍的工具不能相互

借用；饲草料生产加工人员不得随意进入牛舍，饲养人员也不要进入与自己工作无关的牛舍、饲草加工车间等场所。

制定卫生消毒制度。要注重产房、犊牛舍、隔离舍、病牛舍及整个牛场环境的定期卫生消毒和保洁工作；要注重牛体的刷拭，注意保持牛体卫生；牛舍每天都要进行粪便等污物的清理工作，保持干燥洁净；每年春、夏、秋季，要进行大范围灭虫灭鼠、大扫除和大消毒活动，平时要有经常性的灭虫灭鼠措施，以降低虫鼠害造成的损失；建立符合环保要求的牛粪尿等污物处理系统。

消毒液的选择要结合本场疫病发生种类、污染程度等因素综合考虑，选取几种不同化学成分的消毒剂交替使用，以减少病原微生物的耐药性，提高消毒质量，保证消毒效果。

牛场全体员工每年必须进行一次健康检查，发现结核病、布鲁氏杆菌病等人畜共患传染病的患者，应及时调离生产区；新来员工必须进行健康检查，证实无上述疾病后方能上岗工作。

有条件的牛场应设立兽医室，配备相应的器械和设备，如常规治疗及预防用药品（疫苗）、消毒药品、显微镜、冰箱、常规手术器械、消毒设备及试剂等。兽医室应有常规记录登记统计表及日记簿等，如牛的病史卡、疾病统计分析表、药品领用情况记录表、结核病及布鲁氏杆菌病的检疫监测结果记录表、预防注射疫苗的记录表、寄生虫检测记录表、病（死）牛的尸体剖检记录表及尸体处理情况表等，并做好资料的整理和保存工作。

（二）消毒卫生方面的问题

1. 忽视休整期间的清洁

疾病，特别是疫病的不断发生，可能许多人都能说出许多原因来，但有一个原因是不容忽视的，就是牛淘汰后牛场或牛舍清理不够彻底，间隔期不够长。目前在牛场清理消毒过程中，很多牛场只重视舍内清理工作，往往忽视舍外的清理。

【处理措施】整理工作要求做到冲洗全面干净、消毒彻底完全；牛出售后要从清理、冲洗和消毒三方面下功夫整理牛场和牛舍，才能达到所要求的标准。清理起到决定性的作用，做到以下几点才能保证牛的安全生产和正常生长：一是淘汰第一批牛到第二批牛进入要间隔2周以上；二是5天内舍内完全冲洗干净，舍内干燥期不低于7天，任何病原体在干燥情况下都很难存活，最少也能明显减少病原体存活时间；三是舍内墙壁、地面冲洗干净，空舍7天以后，再用20%生石灰水刷地面与墙壁，管理重点是生石灰水刷得均匀一致；四是对刷过生石灰水的牛舍，所有消毒（包括甲醛熏蒸消毒在内）重点都放在屋顶上，这样效果会更加明显；五是舍外也要如新场一样，污区土地面清理干净露出新土后，地面最好铺撒生石灰，所有人员不进入活动，以确保生石灰所形成的保护膜不被破坏，净区地面严格清理露出的新土，并一定要撒上生石灰，但不要破坏生石灰形成的保护膜；六是舍外水泥路面冲洗干净后，洒20%生石灰水和5%火碱水各1次，若是土地面，应铺1米宽砖路供饲养管理人员行走。

2. 消毒过程中的问题

牛场消毒方面存在问题有：消毒前不清理污物，消毒效果差；消毒不严格，留有“死角”；消毒药选择和使用不科学以及忽视日常消毒工作。

【处理措施】

（1）消毒前彻底的清洁　彻底的机械清除是有效消毒的前提。消毒表面不清洁会阻止消毒剂与细菌的接触，使杀菌效力降低。例如牛舍内有粪便、牛毛、饲料、蜘蛛网、污泥、脓液、油脂等存在时，常会降低消毒剂的效力。在许多情况下，表面的清洁甚至比消毒更重要。进行各种表面的清洗时，除了刷、刮、擦、扫外，还应用高压水冲洗，效果会更好，有

利于有机物的溶解与脱落。消毒前应先将可拆除的用具运至舍外清扫、浸泡、冲洗、刷刮，并反复消毒，舍内从屋顶、墙壁、门窗，直至地面和粪池、水沟等按顺序认真清理和冲刷干净，然后再进行消毒。

（2）消毒要严格　消毒是非常细致的工作，要全方位地进行消毒，如果留有“死角”或“空白”，就起不到良好的消毒效果。对进入生产区的人员必须严格按程序和要求进行消毒，禁止工作人员不按要求消毒而随意进入生产区或串舍。制定科学合理的消毒程序并严格执行。

（3）消毒药选择和使用要科学　长期使用同一种消毒药，细菌、病毒对药物会产生耐药性，对消毒剂也可能产生耐药性，因此，最好是几种不同类型的消毒剂交叉使用；在养殖场或牛舍入口的消毒池中，堆放厚厚的干石灰，这起不到有效的消毒作用，使用石灰消毒最好的方法是加水配成10%～20%的石灰乳，用于涂刷牛舍墙壁1～2次，既可消毒灭菌，又有涂白美观的作用；消毒池中的消毒液要经常更换，保持相应的浓度，才能达到预期的消毒效果；消毒液要现配现用，否则可能会发生化学变化，造成“失效”；用强酸、强碱等刺激性强的消毒药带牛消毒，会造成牛眼、呼吸道的刺激，严重时甚至会造成皮肤的腐蚀；空栏消毒后一定要冲洗，否则残留的消毒剂会造成牛的蹄爪和皮肤的灼伤。

（4）注意日常消毒　虽然没有发生传染病，但外界环境可能已存在传染源，传染源会排出病原体。如果此时没有采取严密的消毒措施，病原体就会通过空气、饲料、饮水等传播途径，入侵易感牛，引起疫病，所以要加强日常消毒，杀灭或减少病原，避免疫病发生。

3. 忽视疫病发生时的处理

疫病，特别是一些急性、恶性传染病发生时，许多养牛场（户）重视不够，不能采取有效的处理措施，导致疫病传播迅速，危害严重。

【处理措施】

（1）隔离　当牛群发生传染病时，应尽快作出诊断，明确传染病性质，立即采取隔离措施。一旦病性确定，对假定健康牛可进行紧急预防接种。隔离开的牛群要专人饲养，用具要专用，人员不要互相串门。根据该种传染病潜伏期的长短，经一定时间观察不再发病后，再经过消毒后可解除隔离。

（2）封锁　在发生及流行某些危害性大的烈性传染病时，应立即报告当地政府主管部门，划定疫区范围进行封锁。封锁应根据该疫病流行情况和流行规律，按“早、快、严、小”的原则进行。封锁是针对传染源、传播途径、易感动物群三个环节采取相应措施。

（3）紧急预防和治疗　一旦发生传染病，在查清疫病性质之后，除按传染病控制原则进行诸如检疫、隔离、封锁、消毒等处理外，对疑似病牛及假定健康牛可紧急预防接种，预防接种可应用疫苗，也可应用抗血清。

（4）淘汰病牛　淘汰病牛，是控制和扑灭疫病的重要措施之一。

九、免疫接种存在的问题处理

（一）忽视疫苗贮存或认为在冷藏设备内长期存放不影响疫苗的使用效果

疫苗的质量关乎免疫效果，影响疫苗质量的因素主要有产品的质量、运输、贮存等。但生产中存在忽视疫苗贮存或认为在冷藏设备内长期存放不影响疫苗使用效果这一误区，严重影响到牛的免疫效果。

【处理措施】

（1）根据不同疫苗特性科学保存疫苗　疫苗要冷链运输，要

保存在冷藏设备内。油佐剂灭活疫苗和氢氧化铝乳胶疫苗可以常温保存或在 2 ～ 4℃冰箱内低温保存，不能冷冻；冻干弱毒疫苗应当按照厂家的要求贮藏在－ 20℃温度条件下。常温保存会使得活疫苗很快失效。停电是疫苗贮存失效最常见的原因。反复冻融会显著降低弱毒活疫苗的活性。疫苗稀释液也非常重要，有些疫苗生产厂家会随疫苗带来特制的专用稀释液，不可随意更换。疫苗稀释液可以在 2 ～ 4℃冰箱内保存，也可以在常温下避光保存，但是，绝不可在 0℃以下冷冻保存。不论在何种条件下保存的稀释液，临用前必须认真检查其清晰度和容器及其瓶塞的完好性。瓶塞松动、脱落，瓶壁有裂纹，稀释液混浊、沉淀或内有絮状物漂浮者，禁止使用。

（2）避免长期保存　一次性大量购入疫苗也许能省时省钱，但是，由于疫苗中含有活的病毒，如果不能及时使用，它们就会失效。要根据牛场免疫计划来决定疫苗的采购品种和数量。要切实做好疫苗的进货、贮存和使用记录，随时注意冰箱的实际温度和疫苗的有效期。特别要做到疫苗“先进先出”制度，超过有效期的疫苗应当放弃使用。

（二）过分依赖免疫接种，认为只要进行过免疫接种就可以“高枕无忧”

疫苗的免疫接种可以提高牛体的特异性抵抗力，是防止疫病发生的重要措施之一，但在生产中，有的牛场过分依赖免疫接种，把免疫接种看作是防止疫病发生的唯一方法，而忽视其他疫病控制方法，甚至认为免疫接种过了，就可以“高枕无忧”，殊不知免疫接种也不是百分之百保险，因为免疫接种也有一定的局限性，影响免疫接种效果的因素很多，任何一个方面出现问题，都会影响免疫效果。

【处理措施】

（1）正确认识免疫接种的作用　免疫接种可以提高牛体特异

性抵抗力，但必须是确切的接种。生产中多种因素影响到确切免疫接种，如许多疾病无疫苗或无高质量疫苗或疫苗研制开发跟不上病原变化，不能进行有效的免疫接种。疫苗接种产生的抗体只能有效地抑制外来病原入侵，并不能完全杀死牛体内的病原，有些免疫牛向外排毒。免疫同样具有副作用，如活疫苗毒力反强、中等毒力疫苗造成免疫抑制或发病、疫苗干扰以及非 SPF 胚制备的疫苗通常含有病原，接种后更会增加牛群对多种细菌和病毒的易感性以及造成对疫苗的反应抑制。疫苗因素（疫苗内在质量差、贮运不当、选用不当）、牛群自身因素（遗传、应激、健康水平、潜在感染和免疫抑制等）、操作原因（免疫程序不合理、接种途径不当、操作失误）等都可造成免疫失败。所以，疫病控制必须采取隔离、卫生、消毒、免疫接种等综合措施，单一依靠疫苗接种是不行的。

（2）进行正确的免疫接种，尽量提高免疫效果　一要选择优质疫苗，疫苗质量是免疫成败的关键因素，判定疫苗质量好必须具备的条件是安全和有效，应选择规范的、信誉高的厂家生产的疫苗，注意疫苗的运输和保管；二要接种适宜的免疫剂量，疫苗接种后抗体在牛体内的形成有个过程，接种到牛体内的疫苗必须含有足量的有活力的抗原，才能激发机体产生相应抗体，获得免疫，若免疫的剂量不足将导致免疫力低下或诱导免疫力耐受，而免疫的剂量过大则会产生强烈应激，使免疫应答减弱甚至出现免疫麻痹现象；三要避免干扰作用，同时免疫接种两种或多种弱毒苗往往会产生干扰现象，有干扰作用的疫苗要保证一定的免疫间隔；四要环境良好，牛体内免疫功能在一定程度上受到神经、体液和内分泌的调节，当环境过冷过热、湿度过大、通风不良时，都会引起牛体不同程度的应激反应，导致牛体对抗原免疫应答能力下降，接种疫苗后不能取得相应的免疫效果，所以要保持环境适宜、洁净卫生；五要减少应激，免疫接种是利用致弱的病毒或

细菌（疫苗）去感染牛机体，这与感染得病一样，只是病毒的毒力较弱而不发病死亡，但机体克服疫苗病毒的作用后才能产生抗体，所以在接种前后应尽量减少应激反应。

（三）免疫接种时消毒和使用抗菌药物的失误

接种疫苗时，传统做法是防疫前后各 3 天不消毒，接种后 3 天不用抗生素，造成该消毒时不消毒，有病不能治，小病养成了大病。有些养殖户使用病毒性疫苗对牛进行注射接种免疫时，习惯在稀释疫苗的同时加入抗菌药物，认为抗菌药对病毒没有伤害，还能起到抗菌、抗感染的作用。须知，由于抗菌药物的加入，使稀释液的酸碱度发生变化，会引起疫苗病毒失活，效力下降，从而导致免疫失败。

【处理措施】接种前后各 4 小时不能消毒，其他时间可正常消毒，疫苗接种 4 小时后可以投抗生素，但禁用抗病毒类药物和清热解毒类中草药；不应在稀释疫苗时加入抗菌药物。

（四）联合应用疫苗的误区

因为多种疫苗进入牛体后，其中的一种或几种抗原所产生的免疫成分，可被另一种抗原性最强的成分产生的免疫反应所遮盖；病毒性疫苗进入牛体内后，在复制过程中会产生相互干扰作用。生产中有的养牛者为了减少程序，将几种疫苗混合使用或同时使用，或不按照间隔时间使用等，都会影响到免疫的效果。

【处理措施】一般不要多种疫苗混合使用；多种疫苗同时使用或在相近的时间接种时，应注意疫苗间的相互干扰。

十、疫病防治程序化的问题处理

疫病发生、发展有一定规律，疫病防治程序化可以起到事半功倍的效果，能够减少疫病的发生。但生产中许多牛场忽视疫病防治的程序化，导致疫病不断。

【处理措施】疫病防治程序化就是根据疫病发生规律制定一定的防控程序，按照程序进行防控，减少病原传播和疫病发生。如严把检疫关，在市场购牛时，首先查验卖主持原产地兽医部门出具的产地检疫证明，且佩戴免疫标识，方可收购，严禁将病牛购入；将购入的牛拴系在隔离观察室 2 ～ 3 天，在观察期间用 0.3％过氧乙酸消毒液逐头进行一次喷体消毒，在 3 天内用 0.25％螨涂乳化剂对牛进行一次普擦或用 2%的敌百虫溶液喷洒牛体，以防体表寄生虫病的发生，正常后转入育肥舍；进栏 1 周内，按 10 毫克 / 千克体重一次口服苯丙硫咪唑或按 5 ～ 7 毫克 / 千克体重用抗蠕敏驱除体内寄生虫，若有体外寄生虫也要及时进行治疗；进场后 7 ～ 8 天，用健胃散对所有牛进行健胃，体重不足 250 千克的牛每头灌服 250 克，体重 250 千克以上的牛每头灌服 500 克；随着牛体况的恢复和对环境的适应，逐步添加精饲料；在牛进舍前，要定期或不定期地用生石灰水或来苏尔对牛舍进行消毒；在门口设消毒池，以防病菌被带入；每天清晨要观察牛的体况变化，有异常及时对症治疗，并定期进行口蹄疫疫苗、魏氏梭菌病疫苗的免疫注射等。

十一、犊牛消化不良的处理

犊牛消化不良以腹泻为特征，可以引起较高死亡率。初期犊牛精神尚好，之后随病情加重出现相应症状：腹泻，粪便呈粥状、水样，呈黄色或暗绿色，肠音高朗，有臌气及腹痛症状；脱水时，心跳加快，皮无弹性，眼球下陷，衰弱无力，站立不稳；当肠内容物发酵腐败，毒素吸收出现自体中毒时，可出现神经症状，如兴奋、痉挛，严重时嗜睡、昏迷。其病因：一是母牛与犊牛饲养管理不当，多在犊牛吸吮母乳不久，或过 1 ～ 2 天发病，

犊牛吃不到初乳或初乳量不足，使体内形成抗体的免疫球蛋白来源贫乏，导致犊牛抗病力差，乳头或喂乳器不洁、人工给乳不足、乳的温度过高或过低、由哺乳向喂料过渡不好等，均可引起该病发生；二是妊娠母牛的不全价营养，尤其是蛋白质、维生素、矿物质缺乏，可使母牛的营养代谢紊乱，影响胎儿正常发育，造成犊牛发育不良、体质衰弱，抵抗力低下，如母乳中缺乏维生素A时可引起犊牛消化道黏膜上皮角化，维生素B不足时可使犊牛胃肠蠕动机能障碍，维生素C缺乏时可减弱犊牛胃的分泌机能；三是犊牛周围环境不良，如温度过低、圈舍潮湿、缺乏阳光、闷热拥挤、通风不良等。

【处理措施】一是做好预防工作，加强母牛妊娠期饲养管理，尤其妊娠后期应给予充足的营养，保证蛋白质、维生素及矿物质的供应量，改善卫生条件及饲养护理措施；犊牛出生后要尽早吃到初乳，圈舍既要防寒保暖，又要通风透光，并定期清洗消毒、更换垫草等。二是发病后及时治疗。治疗方法：①饥饿疗法，禁乳8～10小时，此间可喂给口服补液盐（即氯化钠3.5克，氯化钾1.5克，碳酸氢钠2.5克，葡萄糖20克），加水至1000毫升，按50～100毫升/千克体重标准补给；②排除胃肠内容物，用缓泻剂或温水灌肠排除胃肠内容物，促进消化，同时可补充胃蛋白酶和适量维生素B、维生素C；③服用抗菌药物，为防止肠道感染可服用卡那霉素0.005～0.01克/千克体重，为防止肠内容物腐败、发酵，也可适当用克辽林、鱼石脂、高锰酸钾等防腐制酵药物。

附　录

附录一　参考饲料配方

1. 犊牛、育成牛、青年牛的饲料配方

见附表 1-1 ～附表 1-5。

附表 1-1　哺乳期犊牛、幼龄犊牛典型饲料配方

饲料原料 /%	配方 1	配方 2	配方 3	配方 4	配方 5	配方 6
玉米	48	49	45	46.5	54.5	51
高粱	10.5	10	10	9.9	8.6	
大豆粕	29.7	26.7	26	30	29.4	32
亚麻仁粕		3	5			
麸皮	3.4	3	4.6	4.7	1	
苜蓿草粉	2	2	2	2	1	5
糖蜜	3	3	3	2	2	10
油脂			1.0	1.5		
食盐	0.5	0.5	0.5	0.5	0.5	1
碳酸钙	0.8	0.8	0.9	0.9	0.9	
磷酸三钙	1.8	1.7	1.7	1.7	1.8	1

续表

饲料原料 /%	配方 1	配方 2	配方 3	配方 4	配方 5	配方 6
复合预混料	0.3	0.3	0.3	0.3	0.3	
土霉素						50mg/kg

附表 1-2　4～6 月龄肉用犊牛典型饲料配方　　单位：kg

饲料原料	配方 1	配方 2	配方 3	配方 4	配方 5
小麦秸或稻草	0.5～1.0				
豆荚粉	0.5～1.0				
苜蓿干草		0.5			
玉米青贮		4.0			
田间干草			1.0～1.2		
甜菜渣			—		2.5
玉米	2.0		0.25	0.5	
干树叶					1.0
小麦麸	1.5	1.0	1.0	0.5	0.75
豆粕		—			0.5
棉籽饼	0.5	0.5	0.5	1.0	0.75
酒糟				3.5～4.0	
尿素	0.08				
菜籽饼		1.0	0.75	0.5	0.5
食盐	0.05	0.05	0.05	0.05	0.05
磷酸氢钙	0.1	0.05	0.05	0.05	0.1
石粉	0.15	0.15	0.15	0.1	0.15
复合预混料	0.1	0.1	0.1	0.1	0.1

注：每千克复合预混料内提供：维生素 A50000～55000 国际单位，维生素 D 25000～30000 国际单位，维生素 E300～500 国际单位，烟酸 750～1000 毫克，铁 2～2.5 克，铜 0.8～1.0 克，锌 4.5～5.0 克，锰 2.0～2.5 克，碘 25～30 毫克，硒 30～35 毫克，钴 35～40 毫克，碳酸氢钠 450 克，氧化镁 150 克。

附表 1-3　7～12 月龄育成牛典型饲料配方　　单位：千克

饲料原料	配方 1	配方 2	配方 3	配方 4	配方 5
稻草				2.0	
玉米秸		3.0		2.5	
苜蓿草粉	0.2	0.5			
玉米青贮（带穗）	12.0				
田间干草			3.0		

续表

饲料原料	配方 1	配方 2	配方 3	配方 4	配方 5
干甜菜渣	1.0				3.5
玉米		1.5	0.25	1.4	
大麦	0.4				
小麦麸	0.5		1.25	0.5	1.5
葵花粕		0.5			
鲜酒糟				5.0	
菜籽饼	0.4		0.8		0.8
糖蜜					0.5
复合预混料	0.4	0.4	0.4	0.4	0.4

注：每千克复合预混料提供：维生素 A 5000 国际单位，维生素 D 2500 国际单位，维生素 E 80 国际单位，铜 0.05 克，锌 0.2 克，锰 0.15 克，碘 20 毫克，硒 10 毫克，钴 15 毫克，食盐 120 克，磷酸氢钙 200 克，石粉 350 克。

附表 1-4 犊牛育肥不同阶段饲料喂量

月龄	青干草 /［kg/（头·天）］	青贮料 /［kg/（头·天）］	精料补充料 /［kg/（头·天）］	尿素
3 ～ 6	1.5	1.8	2.0	—
7 ～ 12	3.0	3.0	3.0	15 克 / 千克混合精料
13 ～ 16	4.0	8.0	4.0	15 克 / 千克混合精料

精料补充料配方：玉米 40%，棉籽饼 34%，麸皮 20%，磷酸氢钙 2%，食盐 0.6%，微量元素维生素复合预混料 0.4%，沸石 3%。

附表 1-5 青年牛配合饲料配方

饲料原料 /%	配方 1	配方 2	配方 3
玉米	27.6	20	62
高粱	23	17.6	—
大麦	13	11	—
大豆粕	4.5	6.4	21
亚麻仁粕	3	6	—
麸皮	7	13.6	—
脱脂米糠	3.7	6.3	—
苜蓿草粉	10	11	10
糖蜜	5	5	5
油脂	—	—	—
食盐	0.5	0.5	—

续表

饲料原料 /%	配方 1	配方 2	配方 3
碳酸钙	1.6	2.2	—
磷酸三钙	0.9	0.2	1
微量元素预混料	0.1	0.1	1
维生素预混料	0.1	0.1	—

2. 育肥肉牛的典型日粮配方

（1）不同粗饲料类型日粮配方　见附表 1-6 ～附表 1-10。

附表 1-6　青贮玉米秸秆类型日粮系列配方

体重阶段 /kg	300 ～ 350		350 ～ 400		400 ～ 450		450 ～ 500	
	配方 1	配方 2	配方 3	配方 4	配方 5	配方 6	配方 7	配方 8
精料配比 /%								
玉米	71.8	77.7	80.7	76.8	77.6	76.7	84.5	87.6
麸皮	3.3	2.4	3.3	4.0	0.7	5.8	0	0
棉籽粕	21.0	16.3	12.0	15.6	18.0	14.2	11.6	8.2
尿素	1.4	1.3	1.7	1.4	1.7	1.5	1.9	2.2
食盐	1.5	1.5	1.5	1.5	1.2	1.0	1.2	1.2
石粉	1.0	0.8	0.8	0.7	0.8	0.8	0.8	0.8
日喂精料量 / 千克	5.2	7.2	7.0	6.1	5.6	7.8	8.0	8.0
营养水平								
肉牛能量单位（RND）	6.7	8.5	8.4	7.2	7.0	9.2	8.8	10.2
粗蛋白质 / 克	747.8	936.6	756.7	713.5	782.6	981.76	776.4	818.6
钙 / 克	39	43	42	36	37	46	45	51
磷 / 克	21	36	23	22	21	28	25	27

注：本系列配方适合于玉米种植密集、有较好青贮基础的地区，使用本系列配方，青贮玉米秸日喂量 15 千克。

附表 1-7　酒糟型日粮系列配方

体重阶段 /kg	300 ～ 350		350 ～ 400		400 ～ 450		450 ～ 500	
	配方 1	配方 2	配方 3	配方 4	配方 5	配方 6	配方 7	配方 8
精料配比 /%								
玉米	58.9	69.4	65	75.1	73.1	80.8	78.0	85.2
麸皮	20.3	14.3	16.6	11.1	12.1	7.8	9.6	5.9
棉籽粕	17.7	12.7	14.9	9.7	11.0	7.0	4.6	4.5

续表

体重阶段 /kg	300 ～ 350		350 ～ 400		400 ～ 450		450 ～ 500	
	配方 1	配方 2	配方 3	配方 4	配方 5	配方 6	配方 7	配方 8
精料配比 /%								
尿素	0.4	1.0	1.0	1.6	1.5	2.1	4.4	2.3
食盐	1.5	1.5	1.5	1.5	1.5	1.5	1.9	1.5
石粉	1.2	1.1	1.0	1.0	0.8	0.8	1.5	0.6
采食量 / [kg/（天·头）]								
精料	4.1	6.8	4.6	7.6	5.2	7.5	5.8	8.2
酒糟	11.8	10.4	12.1	11.3	14.0	12.0	15.3	13.1
玉米秸	1.5	1.3	1.9	1.7	2.0	1.8	2.2	1.8
营养水平								
肉牛能量单位（RND）	7.4	9.4	9.4	11.8	10.7	12.3	11.9	13.2
粗蛋白质 / 克	787.8	919.4	1016.4	272.3	1155.7	1306.6	1270.2	1385.6
钙 / 克	46	54	47	57	48	52	49	51
磷 / 克	30	37	32	39	34	37	37	39

附表 1-8　干玉米秸类型日粮配方

体重阶段 /kg	300 ～ 350		350 ～ 400		400 ～ 450		450 ～ 500	
	配方 1	配方 2	配方 3	配方 4	配方 5	配方 6	配方 7	配方 8
精料配比 /%								
玉米	66.2	69.6	70.5	72.0	72.7	74.0	78.3	79.1
麸皮	2.5	1.4	1.9	4.8	6.6	6.5	1.6	2.0
棉籽粕	27.9	25.4	24.1	19.5	16.8	15.9	16.3	15.0
尿素	0.9	1.0	1.2	1.3	1.43	1.5	1.8	1.90
食盐	1.5	1.5	1.5	1.5	1.5	1.5	1.5	1.5
石粉	1.0	1.1	0.8	0.9	1.0	0.6	0.5	0.5
采食量 / [kg/（天·头）]								
精料	4.8	5.6	5.4	6.1	6.0	6.3	6.7	7.0
酒糟	3.6	3.0	4.0	3.0	4.2	4.5	4.6	4.7
玉米秸	0.5	0.2	0.3	1.0	1.1	1.2	0.3	0.3
营养水平								
肉牛能量单位（RND）	6.1	6.4	6.8	7.2	7.6	8.0	8.4	8.8
粗蛋白质 / 克	660	684	691	713	722	744	754	776
钙 / 克	38	40	38	40	37	39	36	38
磷 / 克	27	27	28	29	31	32	32	32

附表 1-9　青贮玉米+麦秸+苜蓿干草搭配型配方

单位：千克

种类	粗饲料			精饲料	
	青贮玉米	麦秸	苜蓿干草	推荐配方	喂量
青年母牛	8	2	1	1 玉米 60%，胡麻饼 20%，麸皮 20%	1.5 ～ 2.0
妊娠母牛	10	3	1.5	玉米 65%，麸皮 35%	2.5 ～ 3.0
架子牛	12	3	1	玉米 70%，胡麻饼 10%，麸皮 20%	3.0 ～ 4.0
育肥牛	10	4	1	玉米 85%，胡麻饼 5%，麸皮 10%	5.0 ～ 6.0

附表 1-10　玉米秸黄贮+麦秸+苜蓿干草型配方

单位：千克

种类	粗饲料			精饲料	
	青贮玉米	麦秸	苜蓿干草	推荐配方	喂量
青年母牛	8	2	1.5	玉米 70%，胡麻饼 15%，麸皮 15%	1.5 ～ 2.0
妊娠母牛	10	3.5	1.5	玉米 75%，胡麻饼 15%，麸皮 10%	2.5 ～ 3.0
架子牛	10	4	1	玉米 80%，胡麻饼 10%，麸皮 10%	3.0 ～ 4.0
育肥牛	12	4	1	玉米 85%，麸皮 15%	5.0 ～ 6.0

（2）肉牛育肥后期配合饲料配方　见附表 1-11 ～附表 1-15。

附表 1-11　肉牛育肥后期饲料配方一

饲料名称	组成比例 /%	营养成分	含量
玉米	40.7	维持净能 /（兆焦 / 千克）	7.67
大麦	8.0	生产净能 /（兆焦 / 千克）	4.71
棉籽饼	8.1	粗蛋白质 /%	10.7
全株玉米青贮饲料	26.0	钙 /%	0.34
甜菜干粕	16.0	磷 /%	0.28
添加剂	1.0		
食盐	0.2		

注：预计日采食量（自然重）14.3 千克，预计日增重 1200 克。

附表 1-12　肉牛育肥后期饲料配方二

饲料名称	组成比例 /%	营养成分	含量
玉米	35.5	维持净能 /（兆焦 / 千克）	7.66
玉米胚芽饼	16.0	生产净能 /（兆焦 / 千克）	4.77
玉米酒精蛋白料（干）	7.2	粗蛋白质 /%	13.46
全株玉米青贮饲料	25.1	钙 /%	0.35

续表

饲料名称	组成比例 /%	营养成分	含量
苜蓿草	4.6	磷 /%	0.33
玉米秸	2.6		
玉米皮	7.3		
添加剂	1.0		
食盐	0.3		
石粉	0.4		

注：预计日采食量（自然重）14.5 千克，预计日增重 1200 克。

附表 1-13　肉牛育肥后期饲料配方三

饲料名称	组成比例 /%	营养成分	含量
玉米	24.7	维持净能 /（兆焦 / 千克）	7.28
玉米肚芽饼	17.8	生产净能 /（兆焦 / 千克）	4.56
玉米酒精蛋白料（干）	4.1	粗蛋白质 /%	12.60
全株玉米青贮饲料	32.6	钙 /%	0.40
玉米秸	9.2	磷 /%	0.35
玉米皮	10.0		
添加剂	1.0		
食盐	0.2		
石粉	0.4		

注：预计日采食量（自然重）15.1 千克，预计日增重 1100 克。

附表 1-14　肉牛育肥后期饲料配方四

饲料名称	组成比例 /%	营养成分	含量
玉米	30.4	维持净能 /（兆焦 / 千克）	7.53
玉米胚芽饼	17.0	生产净能 /（兆焦 / 千克）	4.69
玉米酒精蛋白料（湿）	17.0	粗蛋白质 /%	12.90
全株玉米青贮饲料	18.0	钙 /%	0.32
玉米秸	9.0	磷 /%	0.31
小麦秸	5.0		
玉米皮	1.8		
添加剂	1.0		
食盐	0.3		
石粉	0.5		

注：预计日采食量（自然重）16.5 千克，预计日增重 1000 克。

附表 1-15　肉牛育肥后期饲料配方五

饲料名称	组成比例 /%	营养成分	含量
玉米	48.5	维持净能 /（兆焦 / 千克）	7.53
大麦	8.6	生产净能 /（兆焦 / 千克）	4.69
棉籽饼	6.0	粗蛋白质 /%	12.90
菜籽饼	2.5	钙 /%	0.32
全株玉米青贮饲料	21.0	磷 /%	0.31
甜菜干粕	12.2		
添加剂	1.0		
食盐	0.2		

注：预计日采食量（自然重）13.6 千克，预计日增重 1300 克。

3. 不同体重阶段、不同日增重的配方

见附表 1-16。

附表 1-16　不同体重阶段、不同日增重的配方

饲料原料 /%	300 千克以下体重		300 ～ 400 千克体重		400 ～ 500 千克体重		500 千克以上体重	
	配方 1	配方 2	配方 3	配方 4	配方 5	配方 6	配方 7	配方 8
玉米	15	10	26	37.6	38.6	25.8	27	29.6
大麦粉							5	5
棉籽饼		12				13		11
菜籽饼			12		9		8.6	
胡麻饼	13.6			10				
玉米青（黄）贮	35			19	22		19	
玉米青贮（带穗）		44.6	37			37		
玉米秸		3	3			3	6	
干草粉	5			5	4			
白酒糟	31	30	21.1	28	26	20.3	34	17
食盐	0.4	0.4	0.4	0.4	0.4	0.4	0.4	0.4
石粉			0.5			0.5		
说明	每日干物质采食量为 7.2 千克 / 头，预计日增重为 900 克		每日干物质采食量为 8.5 千克 / 头，预计日增重为 1100 克		每日干物质采食量为 9.8 千克 / 头，预计日增重为 1000 克		每日干物质采食量 10.4 千克 / 头，预计日增重均为 1100 克	

4. 架子牛饲料配方实例

见附表 1-17 ～附表 1-31。

附表 1-17　体重 300 千克架子牛过渡期饲料配方一

饲料名称	组成比例 /%	营养成分	含量
玉米	20.6	维持净能 /（兆焦 / 千克）	6.14
棉籽饼	13.9	生产净能 /（兆焦 / 千克）	3.64
甜菜干粕	6.9	粗蛋白质 /%	11.40
全株玉米青贮饲料	43.5	钙 /%	0.46
玉米秸	13.6	磷 /%	0.32
添加剂	1.0		
食盐	0.2		
石粉	0.3		

注：预计日采食量（自然重）13.1 千克，预计日增重 900 克。

附表 1-18　体重 300 千克架子牛过渡期饲料配方二

饲料名称	组成比例 /%	营养成分	含量
玉米	8.5	维持净能 /（兆焦 / 千克）	7.32
玉米胚芽饼	20.9	生产净能 /（兆焦 / 千克）	1.09
玉米酒精蛋白料（湿）	15.1	粗蛋白质 /%	13.70
全株玉米青贮饲料	46.2	钙 /%	0.44
玉米皮	4.5	磷 /%	0.36
小麦秸	3.2		
添加剂	1.0		
食盐	0.2		
石粉	0.4		

注：预计日采食量（自然重）12.0 千克，预计日增重 900 克。

附表 1-19　体重 300 千克架子牛过渡期饲料配方三

饲料名称	组成比例 /%	营养成分	含量
玉米	14.3	维持净能 /（兆焦 / 千克）	6.39
棉籽饼	13.2	生产净能 /（兆焦 / 千克）	3.73
全株玉米青贮饲料	49.0	粗蛋白质 /%	11.00
玉米秸	22.0	钙 /%	0.40

续表

饲料名称	组成比例 /%	营养成分	含量
添加剂	1.0	磷 /%	0.34
食盐	0.2		
石粉	0.3		

注：预计日采食量（自然重）13.7 千克，预计日增重 900 克。

附表 1-20　体重 300 千克架子牛过渡期饲料配方四

饲料名称	组成比例 /%	营养成分	含量
玉米	4.7	维持净能 /（兆焦 / 千克）	6.19
玉米胚芽饼	14.8	生产净能 /（兆焦 / 千克）	3.68
玉米酒精蛋白料（湿）	15.3	粗蛋白质 /%	14.40
玉米酒精蛋白料（干）	5.4	钙 /%	0.37
全株玉米青贮饲料	35.1	磷 /%	0.36
玉米秸	15.8		
玉米皮	5.0		
小麦秸	2.4		
添加剂	1.0		
食盐	0.2		
石粉	0.3		

注：预计日采食量（自然重）13.7 千克，预计日增重 800 克。

附表 1-21　体重 300 千克架子牛过渡期饲料配方五

饲料名称	组成比例 /%	营养成分	含量
棉籽饼	3.6	维持净能 /（兆焦 / 千克）	5.77
小麦麸	9.7	生产净能 /（兆焦 / 千克）	3.26
玉米酒精蛋白料（干）	10.1	粗蛋白质 /%	14.7
全株玉米青贮饲料	43.1	钙 /%	0.58
苜蓿	8.2	磷 /%	0.55
玉米秸	17.1		
玉米皮	6.8		
添加剂	1.0		
食盐	0.2		
石粉	0.2		

注：预计日采食量（自然重）14.5 千克，预计日增重 700 克。

附表 1-22　体重 300 ～ 350 千克架子牛饲料配方一

饲料名称	组成比例 /%	营养成分	含量
玉米	31.2	维持净能 /（兆焦 / 千克）	7.28
棉籽饼	6.4	生产净能 /（兆焦 / 千克）	4.45
棉籽	3.4	粗蛋白质 /%	11.0
全株玉米青贮饲料	44.1	钙 /%	0.37
玉米秸	3.4	磷 /%	0.32
甜菜干粕	10.0		
添加剂	1.0		
食盐	0.2		
石粉	0.3		

注：预计日采食量（自然重）13.2 千克，预计日增重 1200 克。

附表 1-23　体重 300 ～ 350 千克架子牛饲料配方二

饲料名称	组成比例 /%	营养成分	含量
玉米	18.4	维持净能 /（兆焦 / 千克）	6.95
玉米胚芽饼	13.2	生产净能 /（兆焦 / 千克）	4.20
玉米酒精蛋白料（湿）	18.6	粗蛋白质 /%	12.8
全株玉米青贮饲料	27.0	钙 /%	0.33
玉米秸	10.7	磷 /%	0.30
玉米皮	4.4		
小麦秸	6.2		
添加剂	1.0		
食盐	0.2		
石粉	0.3		

注：预计日采食量（自然重）15.2 千克，预计日增重 1000 克。

附表 1-24　体重 300 ～ 350 千克架子牛饲料配方三

饲料名称	组成比例 /%	营养成分	含量
玉米	17.3	维持净能 /（兆焦 / 千克）	7.03
玉米胚芽饼	14.1	生产净能 /（兆焦 / 千克）	4.27
玉米酒精蛋白料（湿）	15.0	粗蛋白质 /%	12.96
全株玉米青贮饲料	40.0	钙 /%	0.38
玉米秸	10.6	磷 /%	0.32
玉米皮	1.5		
添加剂	1.0		
食盐	0.2		
石粉	0.3		

注：预计日采食量（自然重）14.1 千克，预计日增重 1000 克。

附表 1-25　体重 300 ~ 350 千克架子牛饲料配方四

饲料名称	组成比例 /%	营养成分	含量
玉米	21.1	维持净能 /（兆焦 / 千克）	6.81
棉籽饼	9.4	生产净能 /（兆焦 / 千克）	4.09
全株玉米青贮饲料	50.0	粗蛋白质 /%	10.4
玉米秸	18.0	钙 /%	0.34
添加剂	1.0	磷 /%	0.31
食盐	0.2		
石粉	0.3		

注：预计日采食量（自然重）14.2 千克，预计日增重 1000 克。

附表 1-26　体重 300 ~ 350 千克架子牛饲料配方五

饲料名称	组成比例 /%	营养成分	含量
玉米	16.9	维持净能 /（兆焦 / 千克）	6.95
玉米胚芽饼	15.4	生产净能 /（兆焦 / 千克）	4.23
棉籽饼	2.3	粗蛋白质 /%	14.31
玉米酒精蛋白料（干）	10.7	钙 /%	0.37
全株玉米青贮饲料	34.1	磷 /%	0.37
玉米秸	7.0		
玉米皮	12.0		
添加剂	1.0		
食盐	0.2		
石粉	0.4		

注：预计日采食量（自然重）14.5 千克，预计日增重 1000 克。

附表 1-27　体重 350 ~ 400 千克架子牛饲料配方一

饲料名称	组成比例 /%	营养成分	含量
玉米	26.4	维持净能 /（兆焦 / 千克）	6.94
棉籽饼	7.2	生产净能 /（兆焦 / 千克）	4.25
棉籽	3.6	粗蛋白质 /%	12.55
菜籽饼	3.6	钙 /%	0.39
全株玉米青贮饲料	41.0	磷 /%	0.37
甜菜干粕	7.0		
玉米秸	10.7		

续表

饲料名称	组成比例 /%	营养成分	含量
食盐	0.2		
石粉	0.3		

注：预计日采食量（自然重）14.8 千克，预计日增重 1000 克。

附表 1-28　体重 350 ～ 400 千克架子牛饲料配方二

饲料名称	组成比例 /%	营养成分	含量
玉米	30.7	维持净能 /（兆焦 / 千克）	7.27
棉籽饼	9.8	生产净能 /（兆焦 / 千克）	4.46
棉籽	3.3	粗蛋白质 /%	11.20
全株玉米青贮饲料	48.4	钙 /%	0.34
玉米秸	7.4	磷 /%	0.32
食盐	0.2		
石粉	0.2		

注：预计日采食量（自然重）15.9 千克，预计日增重 1100 克。

附表 1-29　体重 350 ～ 400 千克架子牛饲料配方三

饲料名称	组成比例 /%	营养成分	含量
玉米	31.2	维持净能 /（兆焦 / 千克）	7.31
棉籽饼	7.0	生产净能 /（兆焦 / 千克）	4.47
棉籽	3.5	粗蛋白质 /%	11.20
全株玉米青贮饲料	44.0	钙 /%	0.39
甜菜干粕	13.7	磷 /%	0.33
食盐	0.2		
石粉	0.4		

注：预计日采食量（自然重）15.2 千克，预计日增重 1100 克。

附表 1-30　体重 350 ～ 400 千克架子牛饲料配方四

饲料名称	组成比例 /%	营养成分	含量
玉米	34.0	维持净能 /（兆焦 / 千克）	7.24
麸皮	2.9	生产净能 /（兆焦 / 千克）	4.44
玉米胚芽饼	2.0	粗蛋白质 /%	14.20
棉籽饼	3.6	钙 /%	0.39

续表

饲料名称	组成比例 /%	营养成分	含量
玉米酒精蛋白料（干）	18.0	磷 /%	0.36
玉米秸	19.3		
苜蓿草	5.0		
玉米皮	14.7		
食盐	0.2		
石粉	0.3		

注：预计日采食量（自然重）15.5 千克，预计日增重 1100 克。

附表 1-31　体重 350 ～ 400 千克架子牛饲料配方五

饲料名称	组成比例 /%	营养成分	含量
玉米	46.4	维持净能 /（兆焦 / 千克）	7.81
棉籽饼	7.7	生产净能 /（兆焦 / 千克）	4.86
棉籽	2.3	粗蛋白质 /%	10.95
全株玉米青贮饲料	32.0	钙 /%	0.39
甜菜干粕	11.0	磷 /%	0.37
食盐	0.2		
石粉	0.4		

注：预计日采食量（自然重）13.2 千克，预计日增重 1200 克。

5. 母牛精料补充料配方

见附表 1-32。

附表 1-32　母牛精料补充料配方

饲料原料 /%	青年母牛	妊娠母牛	哺乳母牛	空怀母牛
玉米	54	48	50	65
小麦麸	35.6	34	12	15
大豆饼	7	10.3	30	18
饲料酵母			5	
复合预混料	3	3	1	1
食盐	0.4	0.7	0.9	
磷酸氢钙		4	1.1	

续表

饲料原料 /%	青年母牛	妊娠母牛	哺乳母牛	空怀母牛
说明	干物质采食量按体重的2.5%～3.0%计算，精料喂量1.5～2.0千克/（头·天）	干物质采食量按体重2%计算，精料喂量1.5～2.0千克/（头·天）	干物质采食量按体重3%计算，精料喂量3～4千克/（头·天）	干物质采食量按体重的2.5%计算，精料喂量1.5～2.0千克/（头·天）

附录二　常用的消毒药物

见附表2-1。

附表2-1　常用的消毒药物

名称	概述	名称	性状和性质	使用方法
碘类消毒剂	碘与表面活性剂（载体）及增溶剂等形成的稳定络合物。作用机制是碘的正离子与酶系统中蛋白质所含的氨基酸起亲电取代反应，使蛋白质失活；碘的正离子具氧化性，能对酶中的硫氢基进行氧化，破坏酶活性	碘酊（碘酒）	碘的醇溶液，红棕色澄清液体，微溶于水，易溶于乙醚、氯仿等有机溶剂，杀菌力强	2%～2.5%用于皮肤消毒
		碘伏（络合碘）	红棕色液体，随着有效碘含量的下降逐渐向黄色转变。碘与表面活性剂及增溶剂形成的不定形络合物，其实质是一种含碘的表面活性剂，主要剂型为聚乙烯吡咯烷酮碘和聚乙烯醇碘等，性质稳定，对皮肤无害	0.5%～1%用于皮肤消毒，10毫升/升浓度用于饮水消毒
		威力碘	红棕色液体，含碘0.5%	1%～2%用于畜舍、家畜体表及环境消毒，5%用于手术器械、手术部位消毒
含氯消毒剂	含氯消毒剂是指在水中能产生具有杀菌作用的活性次氯酸的一类消毒剂，包括有机含氯消毒剂和无机含氯消毒剂，作用机制是：①氧化作用；②氯化作用；③新生态氧的杀菌作用。目前生产中使用较为广泛	漂白粉（含氯石灰，含有效氯25%～30%）	白色颗粒状粉末，有氯臭味，久置空气中失效，大部分溶于水和醇	5%～20%的悬浮液用于圈舍、地面、水沟、水井、粪便、运输工具等消毒；每50升水加1克饮水消毒；5%的澄清液消毒食槽、玻璃器皿、非金属用具等，宜现配现用

续表

名称	概述	名称	性状和性质	使用方法
含氯消毒剂	含氯消毒剂是指在水中能产生具有杀菌作用的活性次氯酸的一类消毒剂，包括有机含氯消毒剂和无机含氯消毒剂，作用机制是：①氧化作用；②氯化作用；③新生态氧的杀菌作用。目前生产中使用较为广泛	漂白粉精	白色结晶，有氯臭味，含氯稳定	0.5％～1.5％用于地面、墙壁消毒；0.3～0.4克/千克饮水消毒
		氯胺-T（含有效氯24％～26％）	含氯的有机化合物，白色微黄晶体，有氯臭味。对细菌的繁殖体及芽孢、病毒、真菌孢子有杀灭作用。杀菌作用慢，但性质稳定	0.2％～0.5％水溶液喷雾用于室内空气及表面消毒；1％～2％浸泡物品、器材消毒；3％水溶液用于排泄物和分泌物的消毒；0.1％～0.5％水溶液用于黏膜消毒；饮水消毒，1升水用4毫克。配制消毒液时，如果加入一定量的氯化铵，可大大提高消毒能力
		二氯异氰尿酸钠（含有效氯60％～64％，优氯净），强力消毒净、84消毒液、速效净等均含有二氯异氰尿酸钠	白色晶粉，有氯臭味。室温下保存半年仅降低有效氯0.16％。是一种安全、广谱和长效的消毒剂，不遗留残余毒性	一般0.5％～1％溶液可以杀灭细菌和病毒；5％～10％的溶液用于杀灭芽孢；3％的水溶液，空气喷雾用于排泄物和分泌物消毒；饮水消毒，每1升水4～6毫克，作用30分钟；1％～4％的溶液消毒工具、用具、牛舍，可杀灭病毒和细菌。本品宜现配现用（注：三氯异氰尿酸钠，其性质特点和作用同二氯异氰尿酸钠基本相同。球虫囊消毒，每10升水中加入10～20克）
		二氧化氯［益康（ClO_2）、消毒王、超氯］	白色粉末，有氯臭味，易溶于水，易湿潮。可快速地杀灭所有病原微生物，制剂有效氯含量为5％。具有高效、低毒、除臭和不残留的特点	可用于畜禽舍、场地、器具、种蛋、屠宰厂消毒及饮水消毒和带畜消毒。含有效氯5％时，环境消毒，每1升水加药5～10毫克，泼洒或喷雾消毒；饮水消毒，100升水加药5～10毫克；用具、食槽消毒，1升水加药5毫克，浸泡5～10分钟。现配现用

续表

名称	概述	名称	性状和性质	使用方法
醛类消毒剂	能产生自由醛基，在适当条件下与微生物的蛋白质及某些其他成分发生反应。作用机理是可与菌体蛋白质中的氨基结合使其变性或使蛋白质分子烷基化，可以和细胞壁脂蛋白发生交联，和细胞磷壁酸中的酯联产基形成侧链，封闭细胞壁，阻碍微生物对营养物质的吸收及其废物的排出	福尔马林，含36％～40％甲醛水溶液	无色有刺激性气味的液体，90℃下易生成沉淀。对细菌繁殖体及芽孢、病毒和真菌均有杀灭作用，广泛用于防腐消毒	2％～4％水溶液，对工具、用具、兔笼、地面消毒；按每立方米空间用28毫升福尔马林对兔舍熏蒸消毒（不能带兔熏蒸）
		戊二醛	无色油状体，味苦。有微弱甲醛气味，挥发度较低。可与水、酒精作任何比例的稀释，溶液呈弱酸性。碱性溶液有强大的灭菌作用	2％水溶液，用0.3％碳酸氢钠调整pH值在7.5～8.5范围可消毒，不能用于热灭菌的精密仪器、器材的消毒
		多聚甲醛（含甲醛90%～99%）	甲醛的聚合物，有甲醛臭味，为白色疏松粉末。常温下不能分解出甲醛气体，加热时分解加快，释放出甲醛气体与少量水蒸气。难溶于水，但能溶于热水，加热至150℃时，可全部蒸发为气体	多聚甲醛的气体与水溶液，均能杀灭各种类型病原微生物。1％～5％溶液作用10～30分钟，可杀灭除细菌芽孢以外的各种细菌和病毒；用于杀灭芽孢时，需8%浓度作用6小时。用于熏蒸消毒，用量为3～10克/米3，消毒时间为6小时
氧化剂类	一些含不稳定结合态氧的化合物。作用机制是：这类化合物遇到有机物和某些酶可释放出初生态氧，破坏菌体蛋白或细菌的酶系统；分解后产生的各种自由基（如巯基）、活性氧衍生物等破坏微生物的通透性屏障、蛋白质、氨基酸、酶等最终导致微生物死亡	过氧乙酸	无色透明酸性液体，易挥发，具有浓烈刺激性，不稳定，对皮肤、黏膜有腐蚀性，对多种细菌和病毒杀灭效果好	400～2000毫克/升，浸泡2～120分钟；0.1％～0.5％用于擦拭物品表面；0.5％～5％用于环境消毒；0.2％用于器械消毒；5%溶液1米^{3}空间用2.5毫升喷雾消毒实验室、无菌室
		过氧化氢（双氧水）	无色透明，无异味，微酸苦，易溶于水，在水中分解成水和氧。可快速灭活多种微生物	1％～2％用于创面消毒；0.3％～1％用于黏膜消毒
		过氧戊二酸	有固体和液体两种。固体难溶于水，为白色粉末，有轻度刺激性作用，易溶于乙醇、氯仿、乙酸	2％用于器械浸泡消毒和物体表面擦拭消毒，0.5％用于皮肤消毒，雾化气溶胶用于空气消毒

续表

名称	概述	名称	性状和性质	使用方法
氧化剂类	一些含不稳定结合态氧的化合物。作用机制是：这类化合物遇到有机物和某些酶可释放出初生态氧，破坏菌体蛋白或细菌的酶系统；分解后产生的各种自由基（如巯基）、活性氧衍生物等破坏微生物的通透性屏障、蛋白质、氨基酸、酶等最终导致微生物死亡	臭氧	臭氧（O_3）是氧气（O_2）的同素异构体，在常温下为淡蓝色气体，有鱼腥臭味，极不稳定，易溶于水。臭氧对细菌繁殖体、病毒、真菌和枯草杆菌黑色变种芽孢有较好的杀灭作用；对原虫和虫卵也有很好的杀灭作用	30毫克/米^3，15分钟，用于室内空气消毒；0.5毫克/升10分钟，用于水消毒；15～20毫克/升用于传染源污水消毒
		高锰酸钾	紫黑色斜方形结晶或结晶性粉末，无臭，易溶于水，容易以其浓度不同而呈暗紫色至粉红色。低浓度可杀死多种细菌的繁殖体，高浓度（2%～5%）在24小时内可杀灭细菌芽孢，在酸性溶液中可以明显提高杀菌作用	0.1%水溶液可用于饮水消毒，杀灭肠道病原微生物；0.1%用于创面和黏膜消毒；0.01%～0.02%用于消化道清洗；用于体表消毒时使用的浓度为0.1%～0.2%
酚类消毒剂	酚类消毒剂是消毒剂中种类较多的一类。作用机制是：①高浓度下可裂解并穿透细胞壁，与菌体蛋白结合，使微生物原浆蛋白质变性；②低浓度下或较高分子的酚类衍生物，可使氧化酶、去氢酶、催化酶等细胞的主要酶系统失去活性	苯酚（石炭酸）	白色针状结晶，弱碱性易溶于水，有芳香味	杀菌力强。3%～5%用于环境与器械消毒；2%用于皮肤消毒
		煤酚皂（来苏尔）	由煤酚和植物油、氢氧化钠按一定比例配制而成。无色，见光和空气变为深褐色，与水混合成为乳状液体。毒性较低	3%～5%用于环境消毒；5%～10%用于器械消毒、处理污物；2%的溶液用于术前、术后和皮肤消毒
		复合酚（农福、消毒净、消毒灵、菌毒敌）	由冰醋酸、混合酚、十二烷基苯磺酸、煤焦油按一定比例混合而成，为棕色黏稠状液体，有煤焦油臭味，对多种细菌和病毒有杀灭作用	用水稀释100～300倍后，用于环境、畜禽舍、器具的喷雾消毒，稀释用水温度不低于8℃；1∶200杀灭烈性传染病，如口蹄疫；1∶（300～400）药浴或擦拭皮肤，药浴25分钟，可以防治猪、牛、羊螨虫等皮肤寄生虫病，效果良好

续表

名称	概述	名称	性状和性质	使用方法
酚类消毒剂	酚类消毒剂是消毒剂中种类较多的一类。作用机制是：①高浓度下可裂解并穿透细胞壁，与菌体蛋白结合，使微生物原浆蛋白质变性；②低浓度下或较高分子的酚类衍生物，可使氧化酶、去氢酶、催化酶等细胞的主要酶系统失去活性氯	氯甲酚溶液（菌球杀）	为甲酚的氯代衍生物，一般为5％的溶液。杀菌作用强，毒性较小	主要用于畜禽舍、用具、污染物的消毒。用水稀释33～100倍后用于环境、畜禽舍的喷雾消毒
表面活性剂	又称清洁剂或除污剂（双链季铵盐类消毒剂）。作用机理是：①可以吸附在菌体表面，改变细胞渗透性，溶解损伤细胞使菌体破裂，细胞内容物外流；②表面活性物在菌体表面浓集，阻碍细菌代谢，使菌体细胞结构紊乱；③渗透到菌体内使蛋白质发生变性和沉淀；④破坏细菌酶系统	新洁尔灭（苯扎溴铵）。市售的一般为浓度5％的苯扎溴铵水溶液	无色或淡黄色液体，振摇产生大量泡沫。对革兰氏阴性菌的杀灭效果比对革兰氏阳性菌强，能杀灭有囊膜的亲脂病毒，不能杀灭亲水病毒、芽孢菌、结核菌，易产生耐药性	皮肤、器械消毒用0.1％的溶液（以苯扎溴铵计）；黏膜、创口消毒用0.02％以下的溶液；0.5％～1％溶液用于手术局部消毒
		度米芬（杜米芬）	白色或微白色片状结晶，能溶于水和乙醇。主要用于杀灭细菌病原，消毒能力强，毒性小，可用于环境、皮肤、黏膜、器械和创口的消毒	皮肤、器械消毒用0.05％～0.1％的溶液，带畜禽消毒用0.05％的溶液喷雾
		癸甲溴铵溶液（百毒杀）。市售一般为浓度10％癸甲溴铵溶液	白色、无臭、无刺激性、无腐蚀性的溶液。本品性质稳定，不受环境酸碱度、水质硬度、粪便血污等有机物及光、热影响，可长期保存，且适用范围广	饮水消毒，日常1∶（2000～4000）倍稀释，可长期使用，疫病期间1∶（1000～2000）倍稀释连用7天；畜禽舍及带畜消毒，日常1∶600倍稀释；疫病期间1∶（200～400）倍稀释，喷雾、洗刷、浸泡

续表

名称	概述	名称	性状和性质	使用方法
表面活性剂	又称清洁剂或除污剂（双链季铵盐类消毒剂）。作用机理是：①可以吸附在菌体表面，改变细胞渗透性，溶解损伤细胞使菌体破裂，细胞内容物外流；②表面活性物在菌体表面浓集，阻碍细菌代谢，使菌体细胞结构紊乱；③渗透到菌体内使蛋白质发生变性和沉淀；④破坏细菌酶系统	双氯苯双胍己烷	白色结晶粉末，微溶于水和乙醇	0.5%用于环境消毒；0.3%用于器械消毒；0.02%用于皮肤消毒
		环氧乙烷（烷基化合物）	常温下为无色气体，沸点10.3℃，易燃、易爆，有毒	50毫克/升密闭容器内用于器械、敷料等消毒
		氯己定（洗必泰）	白色结晶，微溶于水，易溶于醇，禁与升汞配伍	0.022%～0.05%水溶液，术前洗手浸泡5分钟；0.01%～0.025%水溶液用于腹腔、膀胱等冲洗
醇类消毒剂	醇类物质。作用机理是：使蛋白质变性沉淀；快速渗透过细菌胞壁进入菌体内，溶解破坏细菌细胞；抑制细菌酶系统，阻碍细菌正常代谢；可快速杀灭多种微生物	乙醇（酒精）	无色透明液体，易挥发，易燃，可与水和挥发油任意混合。无水乙醇含乙醇量为95%以上。主要通过使细菌菌体蛋白凝固并脱水而发挥杀菌作用。以70%～75%乙醇杀菌能力最强。对组织有刺激作用，浓度越大刺激性越强	70%～75%用于皮肤、手背、注射部位、器械及手术、实验台面消毒，作用时间3分钟。注意：不能作为灭菌剂使用，不能用于黏膜消毒。浸泡消毒时，消毒物品不能带有过多水分，物品要清洁
		异丙醇	无色透明液体，易挥发，易燃，具有乙醇和丙酮混合气味，与水和大多数有机溶剂可混溶。作用浓度为50%～70%，过浓过稀，杀菌作用都会减弱	50%～70%的水溶液涂擦与浸泡，作用时间5～6分钟。只能用于物体表面和环境消毒。杀菌效果优于乙醇，但毒性也高于乙醇。有轻度的蓄积和致癌作用

续表

名称	概述	名称	性状和性质	使用方法
强碱类	碱类物质。作用机理是：氢氧根离子可以水解蛋白质和核酸，使微生物的结构和酶系统受到损害，同时可分解菌体中的糖类而杀灭细菌和病毒。尤其是对病毒和革兰氏阴性杆菌的杀灭作用最强。但其腐蚀性也强	氢氧化钠（火碱）	白色干燥的颗粒、棒状、块状或片状结晶，易溶于水和乙醇，易吸收空气中的CO_2形成碳酸钠或碳酸氢钠盐。对细菌繁殖体、芽孢体和病毒有很强的杀灭作用，对寄生虫卵也有杀灭作用，浓度增大，作用增强	2%～4%溶液可杀死病毒和繁殖型细菌；30%溶液10分钟可杀死芽孢；4%溶液45分钟杀死芽孢，如加入10%食盐能增强杀芽孢能力；2%～4%的热溶液用于喷洒或洗刷消毒，以及畜禽舍、仓库、墙壁、工作间、入口处、运输车辆、饮饲用具等消毒；5%溶液用于炭疽消毒
		生石灰（氧化钙）	白色或灰白色块状或粉末，无臭，易吸水，加水后生成氢氧化钙	加水配制成10%～20%石灰乳涂刷畜舍墙壁、畜栏等消毒
		草木灰	新鲜草木灰主要含氢氧化钾。取筛过的草木灰10～15千克，加水35～40千克，搅拌均匀，持续煮沸1小时，补足蒸发的水分即成20%～30%草木灰	20%～30%草木灰可用于圈舍、运动场、墙壁及食槽的消毒。应注意水温在50～70℃

参考文献

[1] 魏刚才主编 . 肉牛安全生产技术 . 北京：化学工业出版社，2012.

[2] 董一春主编 . 奶牛用药知识手册 . 北京：中国农业出版社，2011.

[3] 中国兽药典委员会 . 兽药手册 . 北京：中国农业出版社，2011.

[4] 王传福，董希德主编 . 兽药手册 . 北京：中国农业出版社，2011.

[5] 魏刚才主编 . 养殖场消毒指南 . 北京：化学工业出版社，2013.